能源化工专业系列教材

现代煤化工技术

主编 郝海刚 张 军

高等教育出版社·北京

内容提要

　　本书对我国现代煤化工技术及应用做了较为全面的介绍，重点介绍每一项煤化工技术的化学反应原理与主要工艺流程，详细描述每一项煤化工技术实现工业化的关键因素，最后介绍国内外典型的工艺技术及在我国应用情况。全书共 11 章，第 1 章介绍了我国的能源结构、煤化工发展概况及煤化工产业链；第 2 章从煤的物理化学性质出发，介绍了传统的煤热解技术和高温炼焦技术；第 3 章介绍现代煤化工的龙头技术煤炭气化及其配套的煤气净化技术；第 4 章至第 9 章，依次重点介绍了在我国已经成功商业化运行的煤直接液化技术、煤间接液化技术、煤制甲醇技术、煤基甲醇制烯烃技术、煤制天然气技术、煤制乙二醇技术，以及这些技术在我国的发展状况；第 10 章简要介绍了煤基炭材料的种类和生产工艺；第 11 章则以煤化工为背景，简述了化工设计的基本知识。

　　本书可作为高等学校能源化学工程、化学工程与工艺等专业的教材，也可以作为煤化工技术领域工程技术人员、科研人员和管理人员的参考资料。

图书在版编目（C I P）数据

　　现代煤化工技术 / 郝海刚，张军主编 . -- 北京：高等教育出版社，2022.1
　　ISBN 978-7-04-057287-2

　　I. ①现…　Ⅱ. ①郝… 　②张… 　Ⅲ. ①煤化工－高等学校－教材　Ⅳ. ①TQ53

　　中国版本图书馆 CIP 数据核字（2021）第 231247 号

Xiandai Mei Huagong Jishu

| 策划编辑 | 刘　佳 | 责任编辑 | 刘　佳 | 封面设计 | 王　鹏 | 版式设计 | 杜微言 |
| 插图绘制 | 邓　超 | 责任校对 | 张　薇 | 责任印制 | 刘思涵 | | |

出版发行	高等教育出版社	网　　址	http://www.hep.edu.cn
社　　址	北京市西城区德外大街 4 号		http://www.hep.com.cn
邮政编码	100120	网上订购	http://www.hepmall.com.cn
印　　刷	中农印务有限公司		http://www.hepmall.com
开　　本	787mm×1092mm　1/16		http://www.hepmall.cn
印　　张	14.5		
字　　数	320 千字	版　　次	2022 年 1 月第 1 版
购书热线	010-58581118	印　　次	2022 年 1 月第 1 次印刷
咨询电话	400-810-0598	定　　价	30.00 元

前 言

　　煤炭是我国重要的基础能源和化工原料，为国民经济发展和社会稳定提供了重要支撑。相比于石油和天然气，煤炭是我国最丰富、最基础的能源资源，占我国已探明化石能源资源总量的 90% 以上。与其他能源资源相比，煤炭是我国最经济的能源资源，从能源比价关系看，折算成同等发热量价格，煤炭、天然气、石油比价为1:5:11。在我国特殊的能源结构中，煤炭是最安全的能源资源。我国石油、天然气对外依存度逐年快速上升，据国家统计局和海关总署公布的数据，2020 年我国石油、天然气对外依存度分别高达 73.6% 和 43%，能源安全战略形势严峻。

　　2016 年，在神华宁煤 400 万吨 / 年煤制油项目建成投产之际，习近平总书记发来贺信说，这一重大项目建成投产，对我国增强能源自主保障能力、推动煤炭清洁高效利用、促进民族地区发展具有重大意义，是对能源安全高效清洁低碳发展方式的有益探索，是实施创新驱动发展战略的重要成果。2021 年，习近平总书记在考察调研胜利油田时指出，能源的饭碗必须端在自己手里。因此，针对我国富煤、贫油、少气的资源禀赋，发展现代煤化工技术对于保障我国能源安全具有重要意义。

　　2020 年我国原煤产量 39 亿吨，同比增长 1.4%，预测到 2025 年全国煤炭产量将达 45 亿吨左右。然而，煤炭资源低效、无序的使用对我国环境造成了较为严重的影响，国家出台了一系列宏观调控政策大力发展现代煤化工和洁净煤技术。从长期来看，煤炭在我国能源结构中所占比例会逐步下降，但是绝对数量还会逐步增加，我国以煤炭为主的能源结构在短期内不会改变。因此，从我国能源战略安全和环境保护两方面考虑，大力发展现代煤化工技术势在必行。

　　本书在编写时紧密结合我国煤化工发展动向和对现代煤化工人才培养的需求，遵循物质结构决定性质，性质决定用途的科学规律。本书在内容上先从煤的化学组成与结构开始，让读者从分子层面上认识煤，为后续学习煤化工技术奠定基础，继而介绍煤热转化加工过程中重要的煤热解过程。只有清楚理解煤的化学组成、结构及其热解过程，读者才能对煤的气化、直接液化，以及其他煤化工技术原理和工艺过程有更深入的认识。编者以章为单位，详细介绍了我国主要煤化工技术，包括煤炭气化、煤直接液化、煤间接液化、煤制甲醇、煤基甲醇制烯烃、煤制天然气、煤制乙二醇等。本书的编写目的在于传播知识，因此编者对于每一项煤化工技术（对应于每一章）都简要介绍其在我国的发展现状和未来的发展趋势，重点介绍每一项煤化工技术的化学反应原理与主要工艺流程，详细描述每一项煤化工技术实现工业化的关键因素，最后介绍国内外典型的工艺技术及其在我国的应用情况。煤炭的非能源利用主要是以煤为原料生产大宗化工产品，另一种煤炭的非能源利用是以煤为原料生产炭材料。因此，本书在第 10 章对常用炭材料的性能、生产工艺进行了简要介绍，以求形成完整的知识体系。

学习的目的是创造，对于化工技术而言，其创造过程就是将"想象"变成"现实"的"化工设计"。因此，从培养人才的角度出发，编者在第 11 章简要介绍了煤化工设计的基础知识，希望读者能学以致用，为将来的创造性工作予以铺垫。本书在每章都配有"思考题"，读者独立完成这些思考题，既能检验自己的学习成果，又能巩固加深对各知识点的理解，做到查缺补漏、增长见识。

本书主要面向有志从事煤化工相关专业的研究生、本科生和专科生，为其提供一本体系结构相对完整、内容详略得当的教材，也可为化工、化学等技术人员提供学习参考。曹成、张铭元、李刚、崔林霞、石可等研究生在本书编撰过程中做了大量的制图和文字校对工作，在此表示感谢。由于编者水平有限，书中难免有欠妥之处，恳请读者批评指正，并提出宝贵意见。

编者

2021 年 8 月

目 录

第1章

绪　论

1.1　中国的能源结构及能源安全战略

能源是人类社会生存和发展的重要物质基础，攸关国计民生和国家战略安全。世界经济发展的历程证明，能源是国民经济的命脉，与人民生活和人类的生存环境息息相关，在社会可持续发展中起着举足轻重的作用。从 20 世纪 70 年代以来，能源就与人口、粮食、环境、资源一起被列为世界面临的五大问题。从世界范围来看，人类的能源结构经历了从远古时期的薪柴时期，到近现代的化石能源（煤炭、石油、天然气）时期。然而由于化石能源的大规模利用带来的资源紧张、环境污染、气候变化等问题日益突出，面对化石能源的不可再生性及其大量使用对自然环境造成的破坏，人类能源的消费结构被动（或主动）进入了一个新的转变时期，即从以化石能源为主的能源生产、消费结构逐渐向清洁、可再生的能源生产、消费结构转变。这必将是一次痛苦而漫长的转变过程，可能需要上百年的时间。

根据《BP 世界能源统计年鉴》第 69 版（2020 年）公布的数据来看，在可预见的未来，化石能源仍将是世界能源供应的主体。如表 1-1 世界一次能源消费结构所示，从 2005 年到 2019 年的 15 年间，随着世界经济的快速发展，能源消费总量也在逐年增长，2005 年全世界消费的能源总量为 10537.1 百万吨油当量，2019 年全世界消费的一次能源总量为 14048.6 百万吨油当量，一次能源消费增长率高达 33%。在世界范围内，化石能源（煤炭、石油和天然气）在一次能源消费结构中所占比例为 85% 左右。核能在一次能源结构中所占的比例从 2005 年的 6.0% 缓慢下降到 2019 年的 4.3%，体现了人们对核能安全的担忧。水力发电所占的比例则从 2005 年的 6.3% 增加到 2016 年的 6.9%，2019 年又下降到 6.5%。这主要是因为全球范围内的水能资源是有限的，可以预见在未来的一次能源消费中水力发电所占比例将基本保持不变。可再生能源在 2010 年之前的贡献率基本为零，但之后增长较快，2019 年可再生能源在一次能源消费中所占比例增长到 5.0%，在未来的一次能源消费结构中可再生能源所占的比例还会进一步增加。从表 1-1 还可以看出，从 2005 年到 2019 年的 15 年间，在化石能源的消费结构中，石油所占比例略有降低，约为 33%，天然气所占的比例略有增加，约为 24%，而煤炭所占比例有少许波动，约为 28%。通过以上分析可以看出化石能源推动和支撑了整个世界经济的发展。

表 1-1　世界一次能源消费结构

年份	一次能源总量 / 百万吨油当量	一次能源消费结构中的份额 /%						清洁 能源
		石油	天然气	煤炭	核能	水力 发电	可再生 能源	
2005	10537.1	36.1	23.5	27.8	6.0	6.3	—	—
2006	10878.5	35.8	23.7	28.4	5.8	6.3	—	—
2007	11099.3	35.6	23.8	28.6	5.6	6.4	—	—
2008	11294.9	34.8	24.1	29.2	5.5	6.4	—	—
2009	11164.3	34.8	23.8	29.4	5.5	6.6	—	—
2010	12002.4	33.6	23.8	29.6	5.2	6.5	1.3	13.0
2011	12225.0	33.4	23.8	29.7	4.9	6.5	1.7	13.1
2012	12476.6	33.1	23.9	29.9	4.5	6.7	2.0	13.2
2013	12730.4	32.9	23.7	30.1	4.4	6.7	2.2	13.3
2014	12928.4	32.6	23.7	30.0	4.4	6.8	2.8	13.7
2015	13147.3	32.9	23.8	29.2	4.4	6.8	2.8	14.0
2016	13276.3	33.3	24.1	28.1	4.5	6.9	3.2	14.6
2017	13474.6	34.2	23.3	27.6	4.4	6.8	3.6	14.9
2018	13864.9	33.6	23.9	27.2	4.4	6.8	4.1	15.3
2019	14048.6	33.1	24.2	27.0	4.3	6.5	5.0	15.7

　　2018 年，全世界大约消费了 138.6 亿吨油当量的一次能源，但是从表 1-2 中给出的数据可以看出，世界上几个主要经济体消费的一次能源总量大约为 109.1 亿吨油当量，约占全世界一次能源消费量的 78.7%。

　　2018 年我国消费的一次能源高达 30.53 亿吨油当量，美国消费的一次能源约为 22.73 亿吨油当量，欧盟消费的一次能源约为 16.42 亿吨油当量，与我国人口规模相当的印度一次能源消费量大约只有 7.24 亿吨油当量。按人均占有量来说，我国人均消费的一次能源约 2.18 吨油当量（按 14 亿人计），美国人均消费的一次能源高达 7.10 吨油当量（按 3.2 亿人计），欧盟人均消费的一次能源约为 3.22 吨油当量（按 5.1 亿人计），印度人均消费的一次能源只有 0.54 吨油当量（按 13.5 亿人计）。通过以上分析可以看出，虽然我国消费的一次能源总量排名世界第一，但我国的人均消费量依然靠后，美国依然是世界上最大的能源消费国。

　　从表 1-2 可以看出，2018 年在美国的一次能源消费结构中，石油消费占比约为 39.98%，天然气消费占比为 30.54%，而煤炭的消费占比仅为 13.78%；欧盟的一次能源消费结构中，石油占比也高达 38.31%，天然气消费占比约为 23.35%，煤炭的消费占比为 13.17%；2018 年，我国一次能源消费结构中，煤炭消费占比高达 58.25%，而石油和天然气的消费占比仅有 19.59% 和 7.43%；人口规模和我国相当的印度能源消费结构与我国类似，煤炭消费占比高达55.89%，而石油和天然气的消费占比仅有29.55%和6.17%。通过以上分析可以发现，发达国家一次能源消费结构中，石油和天然气占比较高，而煤炭消费占比较低；但是在我国的能源消费结构中，煤炭占比巨大，石油占比较低，天然气占比最低。我国特殊的资源特点决定了我国以煤为主的能源消费结构。

表1-2　2018年世界主要经济体一次能源消费结构

国家、地区或组织	一次能源消费结构中的份额/%						一次能源总量/百万吨油当量	清洁能源/%
	石油	天然气	煤炭	核能	水力发电	可再生能源		
美国	39.98	30.54	13.78	8.35	2.84	4.51	2272.7	15.70
英国	40.06	35.28	3.95	7.65	0.62	12.43	188.1	20.71
法国	32.52	15.13	3.46	38.54	5.98	4.37	235.9	48.89
德国	34.96	23.44	20.51	5.31	1.17	14.61	322.5	21.09
欧盟	38.31	23.35	13.17	11.09	4.62	9.45	1642.0	25.16
日本	40.16	21.91	25.87	2.44	4.03	5.59	445.3	12.07
印度	29.55	6.17	55.89	1.09	3.91	3.40	723.9	8.39
俄罗斯	21.13	54.23	12.21	6.42	5.97	0.04	673.9	12.43
中东	45.67	52.71	0.88	0.18	0.38	0.19	895.1	0.74
中国	19.59	7.43	58.25	2.03	8.31	4.38	3053.0	14.73

我国是一个"富煤、贫油、少气"的国家。根据《BP世界能源统计年鉴》第69版（2020年），截至2019年底，我国探明能源储量中，煤炭约1416亿吨，石油约36亿吨，天然气约8.4万亿立方。其中，煤炭储量占世界总储量的13.2%，天然气约占世界总储量的4.2%，石油仅占世界总储量的1.5%。煤炭是我国最丰富的能源资源，占我国已探明化石能源资源总量的90%以上，是我国最丰富、最基础的，同时也是最经济的能源资源。煤炭作为我国重要的基础能源和化工原料，为国民经济发展和社会稳定提供了重要支撑。在可预见的未来，煤炭在一次能源消费结构中的占比会逐年降低，如图1-1所示，但煤炭依然是我国最主要的能源资源，煤炭消费绝对量将依然保持强劲增长。在我国，煤炭主要用来发电和作为各种工业锅炉及民用取暖燃料，少部分用于冶金和化工产品的制造。

虽然煤炭作为我国的主要能源，支撑、推动了我国的经济发展，但是石油对我国经济发展的重要性是不言而喻的。石油是一个国家工业体系的血液，人们日常生活的衣、食、住、行都离不开石油，可以说石油工业已经融入了人们日常生活的每时每刻。

我国能源结构的特点是"富煤、贫油、少气"，这就决定了我国是全球主要的煤炭生产、消费大国，而石油、天然气及整个石化产业链中的化工品则需要大量进

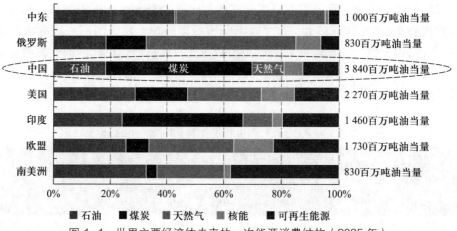

图 1-1 世界主要经济体未来的一次能源消费结构（2035 年）

口。截至 2020 年，我国石油表观消费量达到 7.4 亿吨，其中进口量 5.4 亿吨，对外贸易依存度高达 73.6%。此外，我国整个石化产业链中的化工产品对外贸易依存度同样很高，2015 年，我国乙烯、芳烃和乙二醇对外贸易依存度分别高达 50.4%、55.9% 和 66.9%。我国进口石油约 80% 是来自中东地区波斯湾，而且要经过长距离的海洋运输，经过印度洋和马六甲海峡才能到达我国。

马六甲海峡现为新加坡、马来西亚、印度尼西亚三国共管，是沟通太平洋与印度洋的重要水道。西北至东南走向，长约 900 km，北口宽，南口窄，峡底较平坦，水深由北向南、由东向西递减，一般为 25～27 m。马六甲海峡宽度最窄处只有 37 km，而其深度只有 25 m。由于马六甲海峡十分狭窄，所以易于封锁。

我国日益增长的石油需求和供给能力的严重不足，对我国的能源安全和经济发展造成了巨大的威胁。如何解决我国对石油、天然气进口的过度依赖是涉及我国能源安全的重大战略问题。自中国共产党第十八次代表大会以来，我国走出了一条多渠道保障国家能源安全的道路。

（1）努力拓宽原油进口渠道，如修建中俄原油管道、中亚－中国油气管道；探讨修建从吉大港到云南昆明的输油管道，铺设从缅甸皎漂港至云南昆明的输油管道或建设从巴基斯坦的卡拉奇港到新疆的输油管道。但是拓宽原油进口渠道的缺点也比较明显，大部分基础设施修建在别的国家，我们的掌控能力比较弱。

（2）大力发展我国的国防力量，特别是远洋海军，如建造航空母舰等。大力发展我国的国防力量可以有效震慑国外敌对势力，使其对我国的原油进口渠道不敢轻举妄动。但这只是辅助手段，不能解决我国原油对外贸易依存度过高的根本性问题。

（3）大力发展新能源和可再生能源，但是在可预见的未来，新能源技术还不够成熟，只能作为辅助手段。

（4）依托我国自身资源特点，大力发展现代新型煤化工。因为我国本身煤炭资源丰富，不会受制于人，而且现代新型煤化工技术可以以煤为原料生产几乎所有石油化工产业链中的产品。

因此，大力发展现代新型煤化工技术，不仅可以保障我国的能源战略安全，而且可以对解决传统煤化工生产过程中对环境造成的严重污染起到重要的作用，同时带动整个行业进行"技术创新、产业升级、节能减排"，进而推动我国经济发展更上一层楼。

1.2 现代煤化工发展概况

煤化工主要是指以煤为原料经过化学加工，使煤转化为气体、液体和固体燃料及化学品的过程。包括煤的高温干馏、煤的低温干馏、煤的气化、煤的液化、煤制化学品及其他煤制品加工。

煤的加工业始于 18 世纪后半叶至 19 世纪中叶，由于工业革命的进展，炼铁用焦炭的需求量大增，炼焦化学工业应运而生。到了 18 世纪末，开始由煤生产民用煤气。当时用烟煤干馏法，生产的干馏煤气首先用于欧洲城市的街道照明。20 世纪，许多有机化学品都是以煤为原料进行生产，煤化工是当时化学工业的重要组成部分。

煤化工在我国出现较晚，1925 年，我国在石家庄建成了第一座炼焦化学厂。在 20 世纪 20—30 年间，煤的低温干馏发展较快，所得半焦可作为民用无烟燃料，而低温干馏焦油则进一步加氢生产液体燃料。1934 年，在上海建成立式炉和增热水煤气炉的煤气厂，生产城市煤气。

在第二次世界大战前后，煤化工得到了迅速的发展，当时主要是用煤生产液体燃料。在第二次世界大战的前期和战期，纳粹德国为了战争，投入大量人力和物力开展煤制液体燃料的研究和工业生产。1931 年，科学家 Bergius 开发成功了由煤直接液化制取液体燃料的技术，并获得了诺贝尔化学奖；到 1939 年，这种用煤高压加氢直接液化所制的液体燃料年产量达 110 万吨。1932 年，Fischer 和 Tropsch 发明了由 CO 加 H_2 合成液体燃料的费托合成法，称为煤间接液化法，并于次年实现工业化生产，1938 年产量达 59 万吨。同时，德国还建立了大型的低温干馏工厂，所得半焦用于造气，再经费托合成制取液体燃料。所得低温干馏焦油经过简单处理，用作海军船用燃料，或经过高压加氢制取汽油或柴油，到 1944 年，低温焦油年产量达 94.5 万吨。到第二次世界大战末期，德国用加氢液化法由煤及焦油生产的液体燃料总量达到 400 万吨 / 年。与此同时，德国还从煤焦油中提取各种芳烃及杂环有机化学品，作为染料、炸药等的原料。

第二次世界大战后，煤化工的发展受到石油化工的冲击。由于廉价石油、天然气的大量开采，除了炼焦随着钢铁工业的发展而不断发展外，工业上大规模地由煤制液体燃料的生产暂时中断，煤在世界能源结构中的比例由 67% 降到 28%，代之兴起的是以石油和天然气为原料的石油化工。

20 世纪 50 年代之后，持续开展煤制液体燃料技术开发与应用的国家是南非。南非由于所处的特殊地理位置、政治环境以及资源特点，以煤为原料合成液体燃料的工业一直连续地发展。南非在决定进行煤基合成液体燃料时，就直接液化工艺和间接液化工艺进行了考察，发现南非的煤炭资源不适合进行煤直接液化，所以选择了煤间接液化工艺。南非于 1955 年在最大城市约翰内斯堡以南 80 km 的萨索尔堡兴建了第一座煤制油工厂，即萨索尔一厂（SASOL-I）；20 世纪 70 年代石油危机后，又在约翰内斯堡东南 120 km 的塞康达相继建起了第二座和第三座工厂。萨索尔公司已多年稳居《福布斯》全球企业 500 强和全球化工企业 50 强行列，目前生产汽油、柴油、蜡、乙烯、丙烯、聚合物、氨、醇、醛、酮等 113 种化工产品，年生产成品油约 800 万吨。

到 1973 年，煤化工的发展又出现了转机。由于第四次中东战争，为迫使以色列从阿拉伯被占领土上撤军，1973 年 10 月阿拉伯地区产油国采取了减少石油产量和对美国、荷兰等国禁运石油的措施。这次石油危机导致全球油价大涨，从而使得以煤为原料生产液体燃料及化学品的技术又受到了各国的重视，发达国家纷纷投入大量科研经费加强煤化工技术的研究开发工作，并取得了一系列重要成果。美国、德国、日本等发达国家相继开发出了各具特色的煤直接液化技术；在此期间，Mobil公司成功实现了由合成气制甲醇，再由甲醇转化制汽油的技术成功实现了工业化生产。从 20 世纪 70 年代开始的这股煤化工技术开发研究热潮一直持续到 21 世纪初。进入 21 世纪后，由于大量化石燃料的使用，造成了严重的环境污染及面对化石能源、资源枯竭的危险，各国政府和科研院校都将研发的重点转向了可再生的新能源和清洁能源的研究，使得煤化工的研究进入一个相对低潮时期。

由于我国特殊的资源特点和保障国家能源战略安全的需求，我国对煤炭资源清洁、高效的转化利用研究一直没有中断。我国在新型煤化工的产业化和基础研究方面一直处于活跃状态。在国家的大力推动和支持下，我国在新型煤化工领域的技术研发方面已经处于国际领先地位，我国已成为全球煤化工的研发中心，在工程化、大型化方面取得了长足的发展和进步。

在煤液化方面，我国从 20 世纪 50 年代初即开始进行煤炭间接液化技术的研究，曾在锦州进行过煤间接液化试验，后因发现大庆油田而中止。由于 20 世纪 70 年代的两次石油危机，以及"富煤少油"的能源结构带来的一系列问题，我国自 20 世纪 80 年代又恢复对煤间接液化合成汽油技术的研究，由中国科学院山西煤炭化学研究所组织实施。早在"七五"期间，中国科学院山西煤炭化学研究所的煤基合成汽油技术就被列为国家重点科技攻关项目。

自 1997 年至 2000 年，中国科学院山西煤炭化学研究所研发团队用 4 年时间完成了浆态床费托合成技术的理论模拟计算和实验室小试，系统地开展了费托合成详细机理动力学研究，在实验室装置上优选出高活性的浆态床铁基催化剂，构建了基于浆态床费托合成的煤制油全流程工艺模拟计算软件，实现了对不同工艺方案的技术经济分析与评价。在实验室装置上解决了浆态床费托合成蜡与催化剂分离的技术难题，实现了浆态床费托合成铁基催化剂上千小时的稳定运转，突破了煤制油工艺技术瓶颈，并在太原中试基地着手规划千吨级浆态床费托合成中试装置建设。

2001 年至 2005 年，中国科学院山西煤炭化学研究所研发团队用 5 年时间完成了千吨级中试装置的建设与运行。2001 年承担国家科技部 863 计划、中国科学院十五知识创新工程重大项目"煤基合成液体燃料浆态床工业化技术",启动了千吨级浆态床合成油中试装置建设。2002 年中试装置打通全部工艺流程,2004 年中试装置实现了上千小时的连续稳定运转,形成了成熟的低温浆态床合成工艺技术,达到了国际先进水平。2005 年,由中国科学院山西煤炭化学研究所承担的国家科技部863 计划和中国科学院知识创新工程重大项目"煤基合成液体燃料浆态床工业化技术",通过了科技部和中国科学院的验收,开始规划和设计 16 万吨 / 年至 20 万吨 /年合成油示范厂的建设,同时提出了高温浆态床费托合成概念。

2006 年至 2010 年,中国科学院山西煤炭化学研究所研发团队用 5 年时间完成了 16 万吨级示范厂的建设与运行,同时开发出了先进高效的高温浆态床费托合成新技术。2006 年,该所联合业内伙伴组建了中科合成油技术有限公司。同年,伊泰和潞安两个 16 万吨 / 年合成油示范厂开工建设,2009 年成功产出高品质油品。2010 年,两个示范厂实现了"安、稳、长、满、优"的工业运行,同年 7 月,内蒙古自治区发展和改革委员会委托中国国际工程咨询公司完成对伊泰示范厂 72 h 现场性能标定,各项指标达到世界先进水平,标志着自主知识产权的煤炭间接液化技术16 万吨级工业示范成功。

2011 年至 2017 年,中国科学院山西煤炭化学研究所研发团队用 7 年时间完成了神华宁煤、山西潞安、伊泰杭锦旗 3 个百万吨级产业化示范项目的设计、建设和运行。2013 年,神华宁煤项目开工建设,同年,山西潞安项目开工建设。2014 年,伊泰杭锦旗百万吨级煤制油项目开工建设。神华宁煤项目历时 3 年建设,于 2016年 9 月建成,12 月 21 日全厂流程贯通,产出合格产品。2017 年 7 月 17 日,单条生产线达到满负荷生产;12 月 17 日,全线达到满负荷生产。自产出合格产品至满负荷达产仅用了不到 1 年时间,创造了现代煤化工的奇迹。2017 年 7 月 7 日,伊泰杭锦旗项目实现一次性投料试车成功,产出合格产品,并于 9 月 15 日实现满负荷达产,自产出油品至满负荷达产仅用了 70 天时间,创造了达产最快的世界纪录,是"十三五"期间第一个达产的百万吨级煤制油项目。山西潞安项目于 2017 年 12月 29 日成功产出合格油品。至此,采用中国科学院山西煤炭化学研究所 / 中科合成油技术有限公司自主知识产权的 3 个百万吨级煤炭间接液化项目全部建成,产能达到 620 万吨 / 年。

2016 年底,全球单套最大煤制油项目——神华宁煤 400 万吨 / 年煤炭间接液化示范项目开车成功并产出合格油品,这在我国现代煤化工技术的发展和大化工工业自主创新开发方面具有里程碑意义。中国科学院山西煤炭化学研究所 / 中科合成油技术有限公司研发的煤制油核心技术——高温浆态床费托合成成套工艺技术,成功应用于全球单套规模最大的神华宁煤 400 万吨 / 年煤制油工程,实现了一次性开车成功,使得我国完全自主掌握了世界水平的百万吨级煤制油工业技术,对保障我国的能源战略安全具有重要意义。

神华集团作为我国重要的煤炭生产企业,不仅为我国的煤炭工业做出了卓越贡献,而且在发展现代煤化工产业方面也走在了世界前列。神华集团最早的煤化工项目便是煤的直接液化项目。神华煤直接液化项目总建设规模为年产油品 500 万吨,分两期建设，其中一期工程由三条生产线组成，包括煤液化、煤制氢、溶剂加氢、加氢改制、催化剂制备等14套主要生产装置。一期工程总投资245亿元，工程全部建成投产后，每年用煤量970万吨，可生产各种油品320万吨，其中汽油50万吨，柴油215万吨，液化气31万吨，苯、混合二甲苯等24万吨。由于我国对能源的需求不断增加，神华集团将用15年左右的时间，建立以煤为原料的煤液化和煤化工新产业，形成年产千万吨级油化产品的能力。神华集团从2005年开始筹建鄂尔多斯煤直接液化生产线，到2008年12月31日，打通全流程，产出合格油品和化工品，标志着神华煤直接液化示范工程取得了突破性进展。

截至2017年底，全球乙烯产能约为1.7亿吨，其中来自煤制烯烃的产能约占3%。煤制烯烃（MTO）技术研究开发历史已经有30多年，国际上，20世纪80年代Mobil公司在研究MTG时发现改变工艺条件可以转化为MTO的生产路线。1992年美国UOP公司和挪威海德鲁公司开始联合开发MTO工艺技术，对催化剂的制备、性能试验和再生以及反应条件对产品分布的影响、能量利用、工程化等问题进行了深入研究。此后，应用MTO工艺在挪威建立了小型工业示范装置。1995年11月，UOP公司和海德鲁公司宣布可对外转让MTO技术。值得指出的是中国科学院大连化学物理研究所已经研究开发出了具有自主知识产权，世界领先的MTO核心技术。2006年8月由中国科学院大连化学物理研究所、中国石化集团洛阳石油化工工程公司及陕西新兴煤化工科技发展有限公司共同研发的甲醇制低碳烯烃（DMTO）技术取得了重大的突破，在日处理能力甲醇50 t的工业化装置上实现了接近100%的甲醇转化率，乙烯选择性为40.1%，丙烯选择性为39.0%，低碳烯烃：乙烯、丙烯、丁烯选择性超过90%，技术处国际领先水平。

2007年1月中国神华集团采用中国科学院大连化学物理研究所DMTO甲醇制低碳烯烃技术，在内蒙古自治区包头市建设世界首套全球最大的60万吨/年煤制烯烃项目，到2010年5月全部建成，2010年9月投产。到目前为止，包头60万吨/年煤制烯烃项目装置运行良好、性能稳定，甲醇转化率和烯烃选择性都达到或超过设计指标，这标志着我国已经掌握具有自主知识产权的煤制烯烃技术中的关键技术甲醇制低碳烯烃技术，其产业化和商业化取得了圆满的成功，2011年1月神华包头煤制烯烃工厂开始商业化生产。

目前世界上从事甲醇制丙烯（MTP）技术开发的公司主要是鲁奇公司。2002年1月，鲁奇公司在挪威建设了1套MTP中试装置，到2003年9月连续运行了8000h，该中试装置采用了德国Sud-Chemie AG公司的MTP催化剂，该催化剂具有低结焦性、丙烷生成量极低的特点，并已实现工业化生产。21世纪初，鲁奇公司与中国大唐国际集团签订了技术转让协议。大唐国际投资195亿元，在内蒙古自治区多伦县以内蒙古丰富的褐煤为原料，建设一个年产46万吨煤制烯烃项目。项目主要采用德国鲁奇MTP等技术。2005年7月8日正式奠基，经过4年多时间的艰苦建设，到2010年11月大唐多伦项目气化炉一次点火成功。2011年1月15日，MTP装置反应系统（反应器A）一次投料成功，甲醇转化率达99.8%，实现了最优转化率，丙烯含量达到31.9%。至此，标志着世界首例大型工业化应用的MTP（甲醇至丙烯）装置调试开车工作取得实质性的成功。

煤制乙二醇是近年来另一个兴起的新兴煤化工产业。以煤为原料制备乙二醇，目前主要有 3 条工艺路线，以煤气化制取合成气 ($CO + H_2$)，再由合成气一步直接合成乙二醇，称之为直接法。另外，以煤气化制取合成气，CO 催化耦联合成草酸酯，再加氢生成乙二醇。此法称之为合成气间接法合成乙二醇，此法是近来被公认为较好的一种乙二醇合成路线。国际上，美国 UOP 公司、日本宇部兴产和美国联碳公司等都对此法进行了大量研究，并先后发表了一些专利，但尚未见到万吨级生产建厂的报道。国内从 20 世纪 80 年代初开始，中国科学院福建物质结构研究所、西南化工研究设计院、天津大学、中国科学院成都有机化学研究所、浙江大学、华东理工大学、南开大学等单位均开展了这方面的研究。其中，中国科学院福建物质结构研究所从 1982 年开始进行小试研究，取得了显著成绩。2005 年与上海金煤化工新技术有限公司展开合作，对 3 种关键催化剂技术进行了技术集成和催化性能提升，取得了突破性进展，2006 年完成了 "CO 气相催化合成草酸酯（300t/a）和乙二醇（100 t/a）" 项目的中试，达到日产 900 kg 草酸甲酯的能力；2006 年 12 月，完成了 100 t/a 加氢生产乙二醇中试；2007 年 8 月，由上海金煤化工新技术有限公司投资 1.5 亿元，在江苏丹阳组织建设 1 万吨／年乙二醇的工业实验装置，并在 2008 年 6 月，完成了全部的试验工作，实现了预期各项技术指标，生产出的乙二醇产品质量完全达到国际同等水平，2009 年 3 月 18 日，万吨级煤制乙二醇成套工艺技术通过了由中国科学院主持的成果鉴定。在建设工业实验装置的同时，2007 年 8 月通辽金煤化工有限公司在内蒙古自治区通辽市启动了 120 万吨／年规模（首期 20 万吨工业示范）的乙二醇工业项目。2009 年 12 月，内蒙古自治区通辽市高新技术开发区的 20 万吨工业示范装置全部建设完成，并于 12 月 7 日试车成功，打通了全套工艺流程，生产出合格的乙二醇产品。随后，通过对原有设计进行调整，使整套装置具备联产 10 万吨／年草酸酯的能力，经过联动试车，于 2010 年 5 月 3 日试产出合格的草酸酯产品。2011 年 11 月，该装置日产量突破 400 t，负荷率达到 80%，这是世界上第一个以褐煤生产乙二醇的工业化装置。

煤制天然气是现代煤化工的另一个发展领域。2009 年 8 月，大唐国际发电股份有限公司内蒙古煤制天然气项目获批，这是全国第一个大型煤制天然气示范工程。该项目总投资 257 亿元，项目资金为人民币 77.10 亿元。其中，大唐国际发电股份有限公司的全资子公司大唐能源化工有限责任公司出资 51%、北京市燃气集团有限责任公司出资 34%、中国大唐集团有限公司出资 10%、天津市津能投资有限公司出资 5%。建设规模为年产 40 亿立方米天然气，副产焦油 50.9 万吨、硫黄 11.4 万吨、硫铵 19.2 万吨。配套建设克什克腾旗达日罕乌拉苏木乡至北京市密云区的 359 km 的天然气输送管路，主要向北京供气。该工程项目落址内蒙古赤峰市克什克腾旗，该项目利用锡林郭勒盟胜利煤田褐煤资源，采用先进的鲁奇碎煤加压气化技术生产煤制天然气，再经 381 km 输送管线送入北京。工程分三期建设，三年建成，项目主要建设内容包括碎煤加压气化炉 48 台，低温甲醇洗装置 6 套，甲烷合成装置 6 套；7 台 470 t/h 高压锅炉，2 台 100 兆瓦抽凝式直接空冷汽轮发电机组和 3 台

45 兆瓦抽气背压机组；配套建设克什克腾旗达日罕乌拉苏木乡至北京市密云区交气点的输气管道 359 km。2012 年建成后每年可向北京市提供 40 亿立方米天然气，成为北京市第二大气源，可弥补北京市天然气供应不足的现状。而且，从北京市北面接入管网，可以增加输送方向，化解输送气源和管网单一的风险，保障首都的能源安全。

由于我国是一个"富煤、贫油、少气"的国家，在我国的一次能源消费结构中，煤炭一直占据主要地位。但即使如此，2020 年，我国原油消费量也高达惊人的 7.4 亿吨，国内原油产量约 1 亿吨，对外依存度高达 73.6%，凸现出我国石油安全面临的巨大风险。2019 年，全国煤炭消费量约 36.2 亿吨煤炭（折合 28.04 亿吨标准煤），消费量增长 1.0%，煤炭消费量占能源消费总量的 57.7%，比上年下降 1.5%。如此巨大的煤炭消费量，虽然推动了我国经济的快速发展，但也对我国的环境造成了较大的影响。在国家大力发展清洁能源，倡导低碳环保的大背景下，我国的煤炭消费量在一次能源中所占比例会逐年降低，但其主导地位在短期内是不可撼动的。因此，如何清洁、高效地利用煤炭资源成为我国当前要解决的重大问题。

从主要耗煤行业看，根据中国煤炭工业协会测算，2019 年电力行业全年耗煤约 22.9 亿吨，钢铁行业全年耗煤 6.5 亿吨，建材行业全年耗煤 3.8 亿吨。这三个行业的消费量约占我国总煤炭消费量的 90% 以上，由于其用煤方式多为直接燃烧，利用效率较低，污染严重。因此，发展现代新型煤化工，不仅是我国保证煤炭工业可持续发展，缓解环境恶化的必由之路，也是优化我国能源结构，解决石油短缺，保障国家能源战略安全的有效途径之一。

1.3 现代煤化工产业链及国家政策

如前所述，煤化工是指以煤为原料，经化学加工使煤转化为高附加值气体、液体和固体燃料及化学品的过程。煤化工已经有上百年的发展历史，形成了不同于石油化工的工艺路线和产业链。煤化工按照技术门槛的高低可分为传统煤化工和现代煤化工，煤化工工艺路线如图 1-2 所示。

传统煤化工是指以生产焦炭、氮肥、电石等产品为主的煤转化工艺。现代煤化工是指以生产洁净能源和可替代石油化工产品为主的煤转化工艺，如煤制油、煤制甲醇、煤制二甲醚、煤制烯烃、煤制乙二醇等。新型煤化工生产的汽油、柴油、烯烃、天然气和乙二醇等，在国内需求量和缺口均较大，且产品附加值高，具有较大的市场发展空间。传统煤化工较现代煤化工有技术门槛低、工艺成熟、投资规模小等特点，目前产能、产量及消费量都很大，存在产能过剩的风险。

传统煤化工中的炼焦，即高温干馏是最早的煤化工工艺过程，至今仍然是煤化工的重要组成部分。焦炭是炼焦的主产品，同时副产焦炉煤气和煤焦油。焦炭是炼铁的主要原料，也可利用焦炭以电石法生产乙炔、聚氯乙烯等化学产品。得到的焦炉煤气可生产城市煤气；从煤焦油中可提取苯、甲苯、萘、蒽和沥青等化学产品。

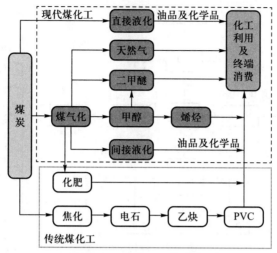

图 1-2　煤化工工艺路线

煤的低温干馏也是重要的传统煤化工工艺，其主要目的是生产低温焦油，低温焦油可经过加氢生产液体燃料，低温焦油经分离精制后可得到有用的化学产品。低温干馏所得的半焦可作为无烟燃料、气化原料、发电燃料及碳质还原剂等；低温干馏煤气同样可作为燃料气和化工原料气。

煤的气化在煤化工中占有重要的地位，是现代煤化工技术的龙头，用于生产各种燃料气，属于洁净能源。煤气化生产的合成气，可合成液体燃料即煤间接液化，也可用于合成氨、合成甲醇、醋酐、醋酸甲酯等。甲醇转化可以合成烯烃、芳烃、甲醛等，属于煤化工下游产品。

煤制油是以煤炭为原料通过化学加工过程生产油品和石油化工产品的一项技术。煤制油包括煤直接液化和煤间接液化两种技术路线。煤的直接液化是在高温高压条件下，通过催化加氢直接将煤液化合成液态烃类燃料，并脱除硫、氮、氧等原子。煤的间接液化是首先把煤气化，再将合成气转化为烃类燃料（合成气转化为烃类燃料过程主要采用费托合成工艺）。

发展现代煤化工产业，即以煤气化为龙头，以一碳化学为基础，合成、制取以替代石油化工产品和燃料油的化工产业，有利于推动石油替代战略的实施，保障我国能源安全，实现能源多样化，促进后石油时代化学工业可持续发展。煤化工产业链如图 1-3 所示。

我国政府历来高度重视煤化工产业发展，国务院及相关部门制定了产业规划、政策措施等重要文件 20 余份，均对煤化工产业发展做出了指导性和规范性要求与规定，从国家层面明确了现代煤化工产业的定位，加强了产业顶层设计，为规范和引导产业科学健康发展指明了方向。总体来说，国家对于新型煤化工产业发展持积极而又谨慎的态度，根据煤炭产业发展情况和企业对煤化工项目的投资趋势，通过政策不断且及时地进行宏观或局部调整。

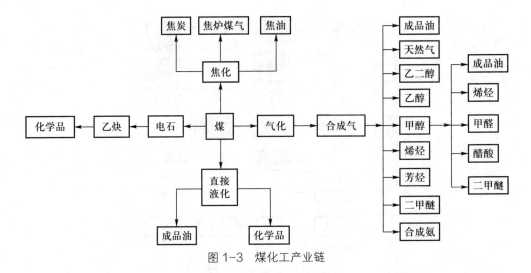

图 1-3 煤化工产业链

2016 年底，我国发布《能源发展"十三五"规划》，规划指出：按照国家能源战略技术储备和产能储备示范工程的定位，合理控制发展节奏，强化技术创新和市场风险评估，严格落实环保准入条件，有序发展煤炭深加工，稳妥推进煤制燃料、煤制烯烃等升级示范，增强项目竞争力和抗风险能力。严格执行能效、环保、节水和装备自主化等标准，积极探索煤炭深加工与炼油、石化、电力等产业有机融合的创新发展模式，力争实现长期稳定高水平运行。

我国已建成煤制油、煤制烯烃、煤制天然气、煤制乙二醇等一批现代煤化工示范工程，形成了一定产业规模。2019 年我国煤（甲醇）制烯烃产能为 1582 万吨，煤制气产能为 51.1 亿立方米，煤制乙二醇产能为 483 万吨，煤制油产能 921 万吨，焦炭产能约为 6.65 亿吨。

《能源发展"十三五"规划》划定了"十三五"期间煤炭深加工建设重点项目：① 煤制油：宁夏神华宁煤二期、内蒙古神华鄂尔多斯二三线、陕西兖矿榆林二期、新疆甘泉堡、新疆伊犁、内蒙古伊泰、贵州毕节、内蒙古东部；② 煤制天然气：新疆准东、新疆伊犁、内蒙古鄂尔多斯、山西大同、内蒙古兴安盟。

现代煤化工在我国的发展可谓是方兴未艾，但是我们也应该清醒地意识到，在中国发展现代煤化工是机遇与风险并存，挑战与发展同在的。在"十三五"期间，全球石油市场供应呈现宽松局面，国际原油价格低位运行将大幅降低国内石油化工产品的生产成本，从而降低石化产品市场价格。这无形之中加大了对现代煤化工产业的冲击。

近年来，中东地区凭借天然气资源优势，大规模扩大乙烯产能，并推动石化产业快速发展，成为世界大宗常规石化产品的主要产地和出口地区。中东地区天然气和油田伴生气价格低廉，比石脑油制乙烯、丙烯成本低 15% 以上，比煤化工产品更具成本优势。另外，美国页岩气大规模开发使得天然气、乙烷价格大幅走低。按照目前价格，美国甲醇、乙烯及聚乙烯等产品的竞争力甚至超过中东地区。因此，在完全市场成本价格的基础上，美国和中东地区的低成本化工不容小觑。

　　基于丰富的煤炭资源，我国现代煤化工产业不断发展壮大。我国现代煤化工无论从创新能力、产品结构、产能规模，还是从工艺技术管理和装备制造等方面都走在了世界前列，为保障我国能源安全提供了重要支撑。但与此同时，煤化工产业的发展面临的能源利用率低、碳排放强度大等问题，特别是面对"3060"碳达峰、碳中和的要求，现代煤化工产业的发展还任重道远。据测算，煤间接液化制油、煤直接液化制油、煤制烯烃和煤制乙二醇，吨产品二氧化碳排放量分别约为 6.5 t、5.8 t、11.1 t 和 5.6 t，未来二氧化碳的处置费用将直接增加企业的运营成本。据中国石油和化学工业联合会会长李寿生介绍，为落实巴黎气候大会形成的《巴黎协定》和达成我国的双碳目标，我国实施碳交易或开征环保税已是大势所趋，这必将影响现代煤化工产业的整体竞争力。为应对即将到来的碳达峰和碳中和，现代煤化工行业必须提前谋划，努力走出一条高碳产业低碳排放、二氧化碳循环利用的新路子。通过颠覆性技术创新，突破源头减排和节能提效的瓶颈，以科技创新推动下游化工产品向精细化、高附加值方向发展，降低二氧化碳排放并开拓二氧化碳资源化利用新路径，进而争取持续发展空间。

　　现代新型煤化工，原料除煤外，还需要大量的水资源来补充煤中氢元素的不足，然而我国煤炭资源主要集中在缺水的中西部地区，因此如何提高水资源利用率实现水资源的循环利用也是现代煤化工需要解决的重大技术难题。现代煤化工除了生产各种化工产品外，还会产生大量的"三废"。因此，环保压力依然是戴在现代煤化工头上的"紧箍"，只要"三废"问题无法很好地解决，"紧箍"就会越收越紧。随着新环保法以及大气污染、水污染、土壤污染等专项行动计划的实施，现代煤化工产业的污染控制要求将更加严格，项目获得用水、用能和环境指标的难度也将随之加大。

　　目前，国际油价依然在中低位徘徊，现代煤化工的原料成本却在逐年升高；海外低价产品的冲击愈发严重；国内环保的压力不断增大。因此，在国家产业政策支持的大好形势下，现代煤化工何去何从是每一个煤化工科研工作者应该思考的问题。未来煤化工的发展要遵从以下几个原则。

　　1. 更加注重环境保护

　　煤化工属于高污染、高排放、高耗能行业，会有更多的环保标准出台，严格控制污染排放，加强项目开发的水资源保护。除此之外，应该高度重视二氧化碳排放问题。温室气体——二氧化碳大量无序排放引起气候变化是国际高度关注的重要议题，我国是二氧化碳排放大国，政府十分重视减排工作，目前正在抓紧培育碳交易市场，建立机制，促进减排。煤化工项目碳排放强度大，但是可以利用其工艺特点在低温甲醇洗环节捕集生产过程中产生的大量高浓度二氧化碳，进而实现封存利用。神华鄂尔多斯煤直接液化项目实施了 10 万吨碳捕集与封存试验。现代煤化工产业应树立低碳发展理念指导产业发展，促进煤化工产业与二氧化碳捕集利用与封存（CCUS）一体化发展。

　　2. 更加注重提高系统能效

　　提高系统的能源转换效率不仅可提高经济效益，还可节省煤炭消费量。在

"十二五"期间国家规定了相关现代煤化工能效指标，煤制天然气的能效要求大于60%，煤制烯烃也要大于44%，并加强了对示范项目能效等指标的监督考核工作。中科合成油技术有限公司开发煤炭分级液化工艺整体能效可达到55%以上，比现有最先进的煤间接液化工艺能效高将近8个百分点。

3. 更加注重技术装备创新

中国未来煤化工的发展方向是加大力度发展可替代石油的洁净能源与化工品的现代煤化工技术，并建成技术先进、大规模、多种工艺集成的现代煤化工企业或产业基地。先进的催化合成技术、分离技术、生物化工技术、节能与环保技术、材料与大型工业装备制造技术等是现代煤化工的发展基础，也是我国煤化工创新发展的重点内容。我国是世界上煤化工产业大国，通过引进消化吸收，已经拥有成套自主知识产权技术。随着我国鼓励大力发展外向型经济，现代煤化工技术装备对外输出也成为可能，俄罗斯、东盟等一些国家和地区对我国现代煤化工技术装备有极大兴趣，对外技术输出具有广阔前景。

4. 更加注重提高产品附加值

经过多年发展，我国传统煤化工产品规模已经居世界首位，并处于供大于求状态，且存在结构性过剩，主要产品价格在低位徘徊，价格成本倒挂。而现代煤化工所涉及产品市场价格较高，且有进一步上升的趋势，目前建设项目虽然处于示范阶段，但也取得良好经济效益，如神华的包头煤制烯烃项目。但是也应该清醒地认识到，国际油价有可能在中低位徘徊较长时间；中东地区、美国等海外低价产品对我国煤化工产品冲击会越发严重；而国内环保的压力不断增大，使得现代煤化工的原料成本逐年上升。

因此，我们要居安思危，及早谋划，现代煤化工产业要向高端化、精细化和差异化方向发展。以煤制油为例，我们应该根据现代煤制油工艺的优势和特点，着力开发超清洁汽、柴油及军用柴油、高密度航空煤油等。此外，中国的石油化学工业基本上是基础原材料工业，距离终端市场还太远。从跨国公司的技术创新上可以看到，聚乙烯、聚丙烯下游加工可以创造上百种市场终端产品，而目前我国聚乙烯、聚丙烯专用牌号很少。因此，我国煤化工科研工作者要在技术创新上有所突破，大胆拥抱终端市场，努力开发煤化工初级产品的下游市场，进一步提高现代煤化工产品的附加值。

━━━ 思考题 ┈┈┈┈┈┈┈┈┈┈┈┈┈┈┈┈┈┈┈┈┈┈┈┈┈┈┈

1. 分别简述我国和世界一次能源消费结构。
2. 简述煤炭在我国的主要用途。
3. 简述煤炭在我国能源结构中的重要地位。
4. 简述发展现代煤化工的重要意义。
5. 简述现代煤化工的发展方向。

6. 用框图方式展示煤化工产业链。

7. 双碳目标提出后，现代煤化工面临的机遇与挑战。

通过扫描二维码进入国家级一流本科课程：虚拟仿真实验教学一流课程《煤炭高效清洁利用虚拟仿真综合实训》介绍

第 2 章
煤的热解与炼焦

煤炭是重要的能源，也是近代冶金工业和化学工业的重要原材料。煤的热解是指煤在隔绝空气的条件下加热至较高温度而发生的一系列物理变化和复杂化学反应，同时生成焦油、煤气和焦炭（或半焦）等化学产品的过程。迄今，煤化工基本上都是以热化学加工为前提，因此煤的热解是各种煤转化工艺的基础。大规模的炼焦工业是煤炭热解最成熟、最典型的例子。本章将从煤的化学组成、结构入手，叙述煤热解的原理、工艺及其发展方向，重点介绍目前最大规模的煤炭转化技术——炼焦。

2.1　煤的化学组成与结构

2.1.1　煤的化学组成

充分认识煤的化学组成与结构是合理利用煤炭资源的前提，因此科研人员早在100多年前就开始研究煤的化学组成、结构及其物理性质。起初由于条件的限制，科研人员主要是利用化学方法研究煤的化学结构，如煤的烷基化、乙酰化、选择性氧化等方法。随着近代物理的飞速发展，科研人员对煤结构的研究逐渐从化学方法过渡到利用色质联用、光谱、核磁共振、原子力显微镜等物理方法。但是由于成煤条件和煤结构本身的复杂性，目前国内外对煤组成和结构的认知水平仍然停留在其外部特征（岩相分析）和平均性质描述（元素分析和工业分析）等定性层面，人们对煤精确的化学组成和物理结构还尚未完全掌握。

构成煤的元素有多种，主要元素是碳，随着煤的煤化度的升高，含碳量增加。如泥炭的含碳量为 50%～60%，褐煤为 60%～77%，烟煤为 74%～92%，无烟煤为 90%～98%。煤中另一重要元素是氢，其含量随煤化度的升高而减少。煤中的氮主要由成煤植物中的蛋白质转化而来，以有机氮形式存在，煤中含氮量约为 0.8%～1.8%，随煤化度的升高而略有减少。干馏时，煤中的大部分氮转化为氨和吡啶类。煤中的氧随煤化度的升高而迅速下降，从泥炭到无烟煤，氧含量由 30%～40% 降为 2%～5%。煤中硫和磷的含量一般都很低。煤中的硫以两种形式存在，一种是蓄积于矿物质中的无机硫，在洗选煤时可除掉一部分，另一种是存在于有机质结构中的有机硫，分布均匀，用物理洗选法不能脱除。

煤中的矿物质是有害成分，根据其来源有两种，一种是内在矿物质，是植物生长期间从土壤中吸收的碱性物和成煤过程中泥炭阶段混入的黏土、砂粒（氧化铝和二氧化硅）、硫化铁等。其中的碱性物质无法除掉，黏土、砂粒等可通过粉碎洗选除去一部分。另一种是外在矿物质，是煤开采中混入的顶板、底板和煤夹层中的煤矸石，其密度大，可用重力洗选法清除。煤在完全燃烧时，其中的矿物质以固体的形式残留下来，称为灰分。在热解过程中，煤中灰分几乎全部留在焦炭中，焦炭中的灰分可降低焦炭强度，并且给高炉冶炼带来不利影响。

煤中的水分也有两种：内在和外在水分，合起来为总水分。内在水分取决于煤的岩相类型和变质程度，变质程度高，则内在水分少；外在水分取决于开采、加工、储运条件。煤的水分过高会影响炼焦炉的操作稳定。

2.1.2 煤的化学结构模型

通过大量的分析测试，科研人员根据煤的各种物理化学性质和煤的结构参数，进行合理的推测和假想，建立了各种煤的化学结构和物理结构模型。有代表性的化学结构模型有 Given 模型、Wiser 模型、本田模型、Shinn 模型等。

1. Given模型

Given 模型是 1960 年由 P. H. Given 首次提出，是当时获得公认的"结构单元"模型，如图 2-1 所示。Given 模型以年轻烟煤为研究对象，反映了年轻烟煤没有高度缩合芳香结构（缩合芳香结构以两环的萘环为主），芳香结构之间以脂环互联，煤分子线性排列构成折叠状的无序的三维空间大分子；煤分子中存在各种官能团、氢键和含氮杂环。Given 模型中缩合芳环结构单元之间交联键主要以邻位的亚甲基键为主，模型中没有含硫结构，没有醚键和两个碳原子以上的次甲基桥键。

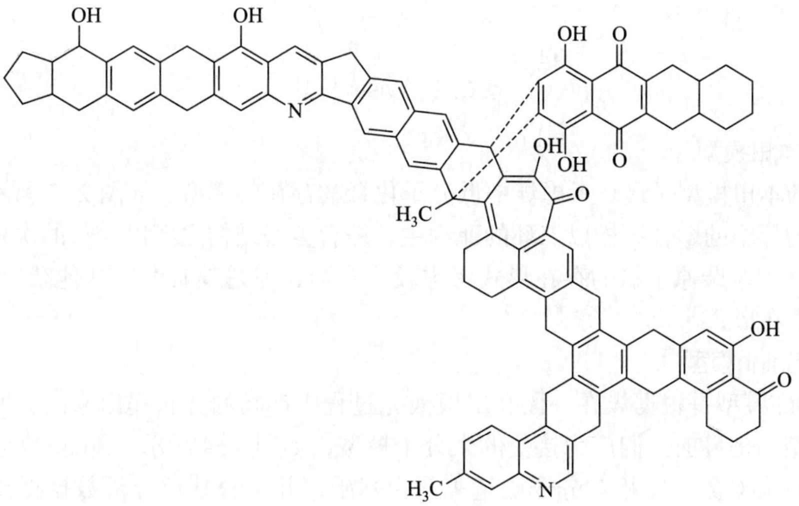

图 2-1 Given 模型

2. Wiser模型

Wiser 模型是 1975 年由美国人 W. H. Wiser 提出的。Wiser 模型以碳含量82%~83% 的年轻烟煤为研究对象，如图 2-2 所示。该模型结构中煤的芳香环数以 1~5 个环的芳香结构为主，并同时含有酚、硫酚、芳基醚、酮等含杂原子的环结构，基本结构单元之间的交联键数较高，与 Given 模型中的交联键不同，Wiser模型中的芳香环之间的交联，主要是短的烷键、醚键和硫醚等弱键及两芳环直接相连的芳香碳－碳键。Wiser 模型被认为是一个比较全面合理的模型，它很好地诠释了煤结构的大部分现代概念，可以合理解释煤的液化和其他化学反应性质。但是Wiser 模型并没有考虑煤分子的立体结构。

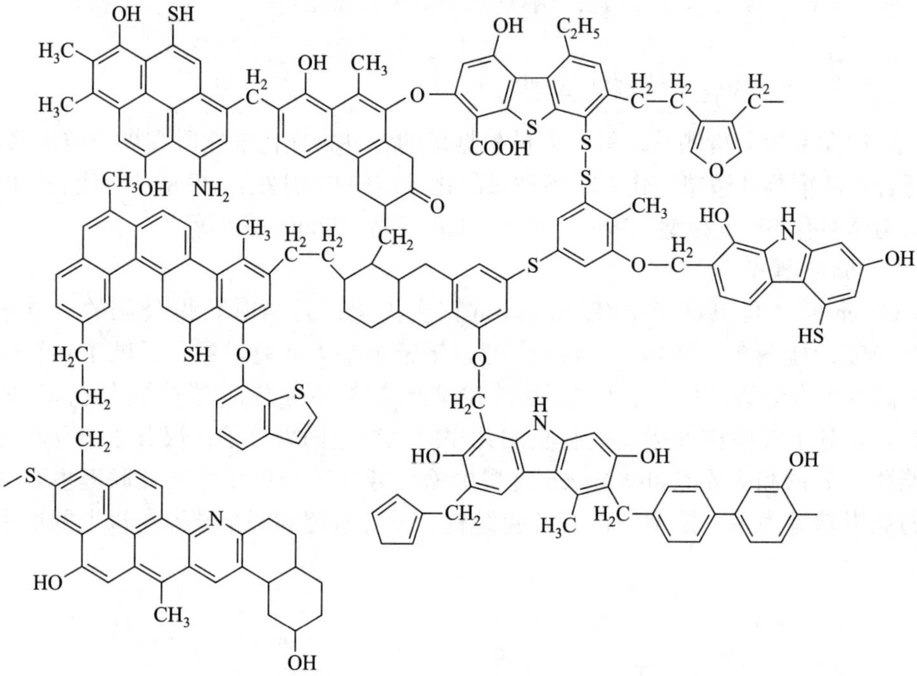

图 2-2　Wiser 模型

3. 本田模型

煤的本田模型是最早考虑煤中低分子化合物存在的模型，如图 2-3 所示。本田模型认为煤中的缩合结构以三环的菲为主，缩合芳香结构之间以较长的次甲基键相连接；其中对杂原子氧的存在形式考虑较为全面，但是没有考虑其他杂原子（硫、氮）的存在形式。

4. Shinn模型

Shinn 模型是根据煤在一段和二段液化过程中产物的分布提出来的，所以又叫结构模型，是目前人们广为接受的大分子模型，如图 2-4 所示。Shinn 模型也是以烟煤为研究对象，以相对分子质量 1 万为基础，并结合其他分析数据得出烟煤的分子式为 $C_{661}H_{561}N_4O_{74}S_6$。Shinn 模型认为芳香结构以 2~3 个芳香环数为主，芳香环或氢化芳香环由较短的脂链和醚键相连，形成大分子聚集体，小分子镶嵌于聚

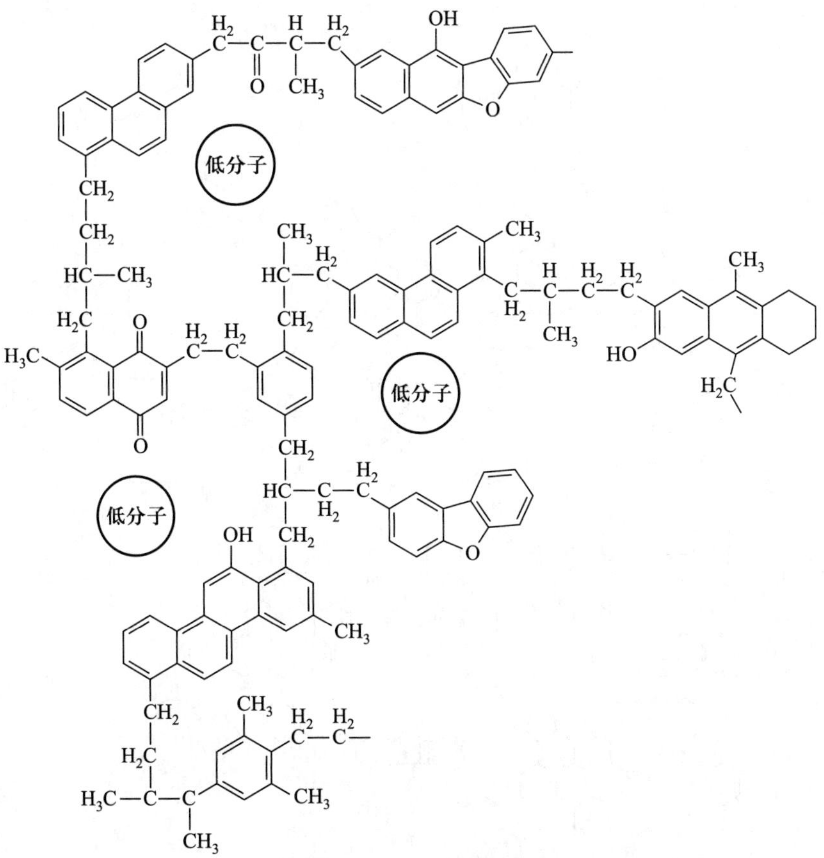

图 2-3　本田模型

集体孔洞或空穴中，可通过溶剂溶解抽提出来。此模型不仅考虑了煤分子中杂原子的存在，而且煤分子中官能团、桥键的分布也比较接近实验结果，如模型中存在着缩合的喹啉、呋喃和吡啶等结构单元。

2.1.3　煤的物理结构模型

煤的物理结构模型以 Hirsch 模型和两相模型最具代表性。

1. Hirsch模型

Hirsch 模型是 1954 年 P.B Hirsch 根据煤的 XRD 研究结果提出。此模型可以比较直观地解释煤转化过程中的不少现象，具有一定的代表性，但是根据 XRD 结果提出的"芳香层片"含义不够确切。Hirsch 模型将不同煤化度的煤归结为以下三种物理结构。

敞开式结构：属于低煤化度烟煤，其特征是芳香层片小，不规则的"无定形结构"比例较大。芳香层片间由交联键连接，并或多或少在所有方向上任意取向，形成多孔的立体结构。

液态结构：属于中等煤化度烟煤，其特征是芳香层片在一定程度上定向，并形成包含两个或两个以上层片的微晶。层片间的交联大大减少，故活动性大。这种煤

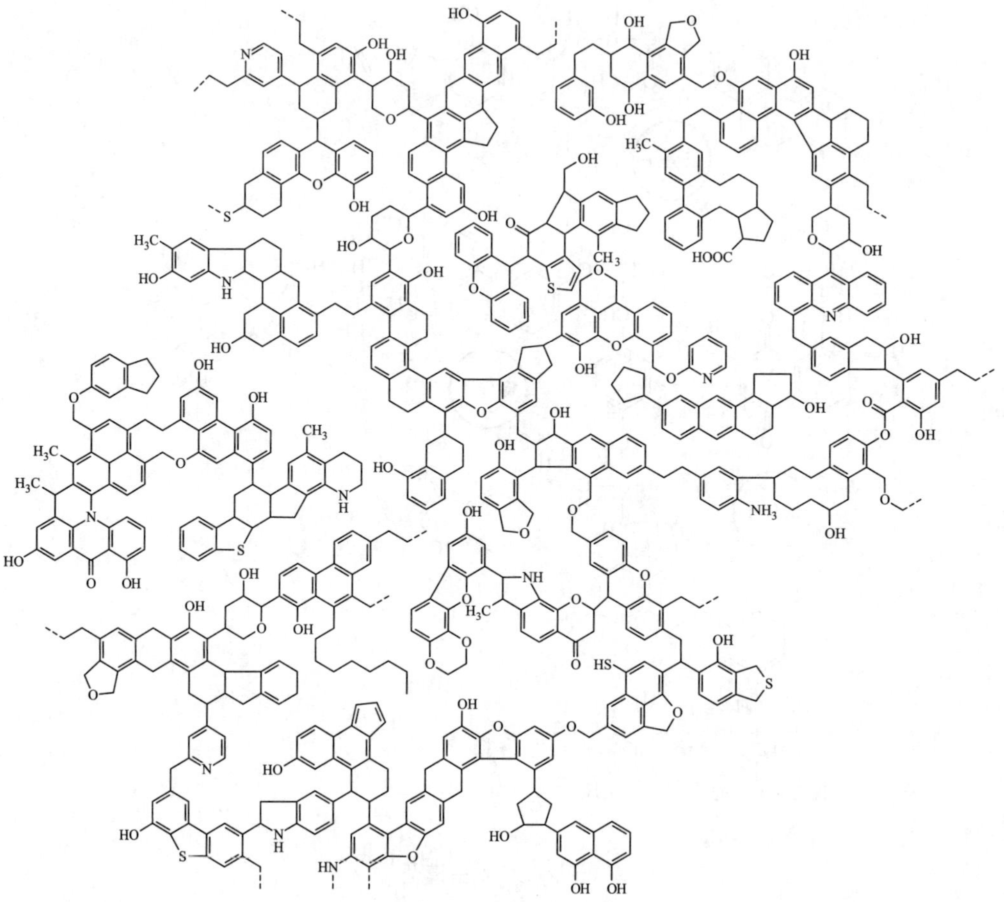

图 2-4 Shinn 模型

的孔隙率小，机械强度低，热解时易形成胶质体。

无烟煤结构：属于无烟煤，其特征是芳香层片增大，定向程度增大。由于缩聚反应剧烈，使煤体积收缩，故形成大量孔隙。

2. 两相模型（主客体模型）

两相模型是 1986 年 Given 在研究煤的 ^{1}H-NMR 谱时发现的。主要是根据煤中氢原子的弛豫时间有快慢两种类型而提出。两相模型认为煤中有机物大分子多数是交联的大分子网络结构，为固定相；低分子因非共价键力的作用陷在大分子网状结构中，为流动相。煤的多聚芳香环是主体，对于相同煤种主体是相似的，而流动相小分子是作为客体掺杂于主体之中。采用不同溶剂抽提可以将主客体分离。在低阶煤中，非共价键的类型主要是离子键和氢键，在高阶煤中，π-π 电子相互作用和电荷转移力则起主要作用。

尽管每一个模型都有相关实验证据的有力支持，但没有一种模型可以解释所有的实验现象。对于最初煤科学所面临的问题——煤的物理化学结构，至今仍然不能给出确切的答案，目前对煤物理化学结构取得如下共识：

（1）煤不是由均一的单体聚合而成的，而是由许多结构相似但又不完全相同的基本结构单元通过桥键连接而成的。结构单元由相对规则的缩合芳香核与不规则的、连接在核上的侧链和官能团两部分构成。

（2）缩合芳香核为缩聚的芳香环、氢化芳香环或各种杂环，环数随煤化程度的提高而增加。碳含量为70%~83%时，平均环数为2；碳含量为83%~90%时，平均环数为3~5；碳含量大于90%时，环数急剧增加；碳含量大于95%时，平均环数大于40。

（3）连接在缩合芳香核上的不规则部分包括烷基侧链和官能团，烷基侧链的长度随煤化程度的提高而缩短；官能团主要是含氧官能团，包括羟基、羧基、羰基和甲氧基等，随着煤化程度的提高，甲氧基、羧基很快消失，其他含氧基团在各种煤化程度的煤中均有存在，同时有少量的含硫官能团和含氮官能团。

（4）在煤高分子化合物的缝隙中还独立存在着具有非芳香族结构的低分子化合物，它们主要是脂肪族化合物，如褐煤、泥炭中广泛存在的树脂和蜡等，其相对分子质量在500左右或低于500。

（5）低煤化程度的煤含有较多的非芳香族结构和含氧基团，芳香核的环数较少。年轻煤的规则部分小，侧链长而多，官能团也多，因此形成比较疏松的空间结构，具有较大的孔隙率和较高的比表面积。

（6）中等煤化程度的煤含氧官能团和烷基侧链少，芳香核有所增大，结构单元之间的桥键减少，使煤的结构较为致密，孔隙率低，故煤的物理化学性质和工艺性质在此处发生转折，出现极值。

（7）年老煤的缩合环显著增大，大分子排列的有序化增强，形成大量的类似石墨结构的芳香层片，同时由于有序化增强，使得芳香层片排列得更加紧密，产生了收缩应力，以致形成了新的裂隙。这是无烟煤阶段孔隙率和比表面积增大的主要原因。

2.2　煤的热解技术

煤的热解与煤的其他热加工技术（如气化、液化、燃烧和炼焦等）有极为密切的关系，在煤气化、液化、燃烧过程中会伴有煤的热解，是煤气化、液化、燃烧等煤转化过程的必经阶段。

2.2.1　煤的热解过程

煤的热解是指煤在隔绝空气的条件下加热至较高温度而发生的一系列物理变化和化学反应，并生成气体、液体和固体的复杂过程。煤的热解过程是最典型的热加工过程，主要依靠热量将煤的三维网络大分子解聚，煤的热解可分为三个阶段，如图2-5所示：

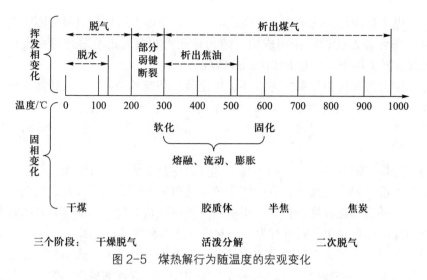

三个阶段：　干燥脱气　　　　活泼分解　　　　二次脱气

图 2-5　煤热解行为随温度的宏观变化

1. 第一阶段（室温～300℃）

此阶段为干燥脱水及脱气阶段，其中 120℃之前主要是煤中水分的脱除反应；120～300℃主要是煤的分子结构中氧醚键、硫醚键、含氧官能团等弱共价键受热发生断裂，生成一些如 CO、CO_2、H_2S、烷基苯、甲酸、草酸等小分子物质，这期间并没有芳香环结构生成。以上叙述主要是针对含氧量高的褐煤，烟煤、无烟煤在该阶段热解中无明显变化，仅发生有限的热作用。在这一阶段，煤的外形无变化。

2. 第二阶段（300～600℃）

此阶段主要发生的是煤分子结构的解聚和分解反应，为活泼分解阶段，从宏观变化来看，煤在该阶段中逐渐软化、熔融、流动、膨胀，并最终黏结形成半焦。其中主要发生的是煤分子结构中氢化芳香部分的脱氢反应、—CH_2—桥键的断裂、脂肪环的断裂、形成氢键的酚羟基的脱除、脂肪链中 C—H 的减少等化学反应。此过程主要破坏的是煤结构中的非芳香部分，生成部分芳香结构，但与原煤相比，半焦芳香层片的平均尺寸和核密度没有发生明显的改变，表明该过程中煤结构中的芳香结构单元并没有长大，缩聚反应不显著。

此阶段生成并逸出大量挥发性物质，生成的气体主要是 CH_4 及其同系物、H_2、CO、CO_2 及不饱和烃。焦油在这一阶段产生且基本全部析出，生成量最大。在 300～450℃煤热解生成气、液、固三相为一体的胶质体，使煤发生软化、熔融、流动和膨胀。在 450～600℃胶质体分解、缩聚、固化，形成发热量显著提高的半焦，此阶段为黏结形成半焦阶段。煤化程度低的煤（如褐煤）不存在胶质体形成阶段，仅发生剧烈的解聚反应，形成的半焦为粉状，加热到高温时形成焦粉。

3. 第三阶段（600～1000℃）

此阶段又称为二次脱气阶段，此过程主要发生的是煤中芳香环的缩聚反应，同时有极少量的焦油析出，大部分析出的气体是 H_2 和 CO，半焦在该阶段开始转变为焦炭。其中 H_2 的析出主要来源于芳香环的缩聚脱氢，CO 的析出来源于醚氧、醌氧、氧杂环等结构的分解，同时 H_2 与 C 在此阶段反应生成 CH_4。

高变质程度的无烟煤热解过程是一个连续析出少量气体的分解过程,既不形成胶质体也不生成焦油。因此高变质程度的无烟煤不宜用这种简单的热解来提质。

2.2.2 煤热解过程中的化学反应

煤的热解是一个非常复杂的化学反应及物理变化过程,主要包括裂解和缩聚两大类化学反应。从化学反应的角度出发,人们一般将煤的热解过程大体分为两个阶段,第一阶段:主要发生基本单元周围的侧链和官能团等断裂反应,即煤结构中的弱键在热的作用下发生热裂解反应,形成以基本单元为主的较大的自由基碎片和以侧链和官能团为主的小分子自由基碎片。其中,小分子自由基碎片与活泼氢或其他小分子自由基分子发生耦合反应,形成小分子挥发分,这些挥发分随热解过程的进行扩散至气相中。较大的自由基碎片由于相对分子质量较大,沸点较高,较难挥发到气相中,于是留在液相中发生互相耦合、交联和缩聚反应,形成半焦产物。第二阶段:挥发到气相中的初级挥发分会再次热解生成相对分子质量更小的气体和烃类产物,同时第一阶段形成的半焦随着温度的提高进一步发生脱气缩合形成焦炭。以上所述煤热解过程中的这两个阶段的化学反应同时发生,在宏观上无法进行区分。

图 2-6 为煤的热解过程示意图。由图可知,煤热解过程中挥发分产率主要受第一阶段的反应所控制,第一阶段反应所能进行的程度决定了挥发分产率的理论上限。而第二阶段反应进行的程度主要影响的是煤热解过程中气、液、固三相产物的产率及组成。

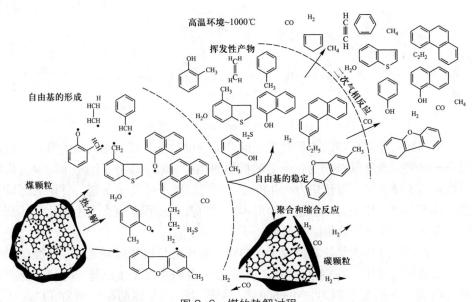

图 2-6 煤的热解过程

1. 煤热解过程中的裂解反应

(1)结构单元之间的桥键断裂生成自由基,主要是 $—CH_2—$、$—CH_2—CH_2—$、$—CH_2—O—$、$—O—$、$—S—$、$—S—S—$ 等这些桥键断裂成自由基碎片。

（2）脂肪侧链受热易裂解，生成气态烃类：如 CH_4、C_2H_6 和 C_2H_4 等。

（3）含氧官能团的裂解，含氧官能团的热稳定性顺序为—C＝O＞—OH＞—COOH。

羧基热稳定性低，200℃就开始分解，生成 CO_2 和 H_2O。羰基在 400℃左右裂解成 CO，羟基不易脱除，到 700～800℃以上，且有大量氢存在的条件下可氢化生成 H_2O。含氧杂环在 500℃以上也可能断开，生成 CO。

（4）煤中低分子化合物的裂解，是以脂肪结构为主的低分子化合物，其受热后可分解成挥发性产物。

2. 煤热解中的缩聚反应

煤热解的前期以裂解反应为主，而后期则以缩聚反应为主。缩聚反应对煤热解生成的固态产品（半焦或焦炭）影响较大。

（1）胶质体固化过程的缩聚反应，主要是在热解生成的自由基之间的缩聚，其结果生成半焦。

（2）半焦缩聚，主要是残留物之间的缩聚，生成焦炭，缩聚反应是芳香结构脱氢。

众所周知，化学反应的本质是原子键合关系的改变。煤的结构虽然复杂，但组成煤分子庞大三维空间结构的化学键的种类却相对有限。煤分子结构中的键合作用力主要包括 5 种类型：范德华力、共价键、氢键、离子键及 π-π 键。伴随着煤阶的改变，这 5 类键合作用力在煤结构中所占比例以及作用程度也会发生变化。然而对热解反应而言，煤中的共价键则起着主导作用。

科研人员通过热力学计算研究了煤热解过程中共价键的断裂规律。研究结果表明，在煤热解过程中，在室温到 300℃的温度范围内主要发生醚键、含氧官能团等弱键的断裂；在温度范围为 300～600℃，主要发生的是脂肪碳－碳键（C_{al}—C_{al}）的断裂，同时伴随着煤其他杂环结构的断裂，所需活化能约为 134 kJ/mol；当温度在 600℃以上时，主要为脂肪碳－氢键（C_{al}—H）的断裂，由于芳香碳－芳香碳双键（C_{ar}＝C_{ar}）结构极为稳定，在热解过程中基本不会发生断裂。通过计算不同温度下共价键的自由能改变量，可以判断在不同温度下煤中共价键断裂的难易程度。

表 2-1 给出了不同温度下煤中共价键自由能的变化。由表中数据可知，不同类型的共价键随着温度的变化，其自由能呈现出不同的变化规律。随着温度的升高，其中 C_{al}—C_{al}、C_{al}—CH_3、C_{al}—H 等自由能均逐渐变小，表明其越来越容易发生断裂，而 C_{ar}＝C_{ar} 则逐渐增大，说明其断裂难度则在逐渐增大。研究人员通过对烃类热稳定性的研究发现如下一般规律：① 缩合芳香烃>芳香烃>环烷烃>烯烃>炔烃>烷烃；② 芳环上的侧链越长，侧链越不稳定，芳环数越多，侧链也越不稳定；③ 缩合多环芳烃的环数越多，其本身的热稳定性越大。

表 2-1　不同温度下煤中共价键自由能的变化

温度 /℃	$\Delta F/(kJ \cdot mol^{-1})$			
	C_{al}—C_{al}	C_{al}—CH_3	C_{al}—H	C_{ar}＝C_{ar}
327	−51.9	−35.5	5.4	−98.2
427	−58.2	−47.6	2.7	−96.0
527	−64.7	−63.9	0.2	−93.9
627	−71.4	−78.2	−2.4	−91.8
727	−78.3	−92.6	−4.9	−89.8

2.2.3　影响煤热解的因素

由于煤组成的复杂多样性，煤热解既与其自身性质有关，也与外部操作条件有关。煤的自身性质如煤化程度、粒度和矿物质含量、岩相组成等；外部操作条件如升温速率、热解终温、气氛和压力等。

1. 煤化程度

煤化程度是影响煤热解的重要因素之一，它直接影响着煤的热解开始温度、热解产物、热解反应活性和黏结性、结焦性等。随着煤化程度的增加，热解反应活化能也随之增加。因此煤化程度越高，热解开始温度也越高，且热解时煤气、焦油和热解水产率越低。

2. 粒度

煤样的粒度大小主要影响煤热解的传递过程和挥发分的二次反应。小粒度的煤样易于加热，颗粒内外温度较为均匀，挥发易于扩散，逸出速度较快，减少了颗粒内的二次反应，提高了焦油的产量。对于大粒度煤样，由于传热、传质阻力较大，在颗粒内部会形成一定的温度梯度，加剧了颗粒内部的二次反应，因而气体和半焦的产率增加。

3. 矿物质含量

煤中主要的矿物质有高岭石、伊利石、碳酸盐、石英和硫铁矿等。矿物质对煤的热解肯定有影响，且不同的矿物质对煤的影响各不相同。由于煤本身的复杂性，不同的研究人员往往得到不同的结论。有研究表明，通过酸洗脱除矿物质后，煤的热解速率增加，钙、铁、镁等矿物质对煤热解有催化作用。

4. 岩相组成

煤的热解过程不仅与其所选工艺、煤的变质程度有关，而且还与煤的岩相组成有关。研究发现煤中的镜质组和稳定组是煤热解的活性组分，而丝质组和矿物组为惰性组分。煤中"活性组分"对"惰性组分"的比例越高，高温炼焦所得的焦炭质量越好。

5. 升温速率

热解的升温速率对煤的热解产物收率有较大的影响。通常提高升温速率会使煤的黏结性发生明显的改善，特别是弱黏结性煤表现得更明显。对煤进行快速加热时，部分产品来不及挥发，煤的部分结构来不及分解从而产生滞后现象。研究结果表明，升温速率提高后，达到相同失重情况下，所需的热解温度变高，同时在一定时间内液体产物生成速率就会显著高于挥发和分解的速率。焦油增加是因为单位时间内生成的挥发分增多，挥发分在加热区内的停留时间变短，减少了二次反应。

6. 热解终温

热解终温不同，热解反应深度也有所不同。通常随着热解终温的升高，焦炭和焦油的产率会下降，煤气产率则会增加，且煤气成分中氢气的含量增加；烃类产品由于在较高温度能发生二次反应从而导致其收率降低；焦油中芳烃和沥青增加，酚类和脂肪烃含量降低。由此可看出随着热解终温的不同，所得各产品组成与含量也不同，因此为了获取不同的产品，工业上可采取不同的热解终温，如利用低温热解制取煤焦油，中温慢速热解用于生产中热值煤气，而高温热解用于生产高强度的冶金焦。

7. 气氛

在众多影响因素中，气氛也是影响煤热解的重要因素之一。相关研究表明，在相同条件下氢气气氛中的热解与惰性气氛相比，煤的转化率、焦油收率和轻质芳烃的收率都大大增加。从上一小节了解到，煤是大分子化合物，当加热到较高温度时，分子间的桥键断裂生成大量的自由基，而自由基极其活泼，在热解过程中它们相互结合生成焦油或缩聚为半焦。如果在反应气氛中加入自由基稳定剂——氢气，那么大量的小分子自由基与氢气结合生成大量的液态产物，从而抑制了自由基之间的缩聚反应。因而煤在氢气气氛中热解能明显提高煤的转化率和一次焦油的产率。

8. 压力

以前对煤热解的研究主要集中于常压加氢热解，但是随着加压气化和燃烧技术的发展，近年来加压热解受到各国的普遍重视。研究表明，热解时压力的影响仅在某一温度之后才表现出来，当温度低于这一特定温度时，煤热解过程受扩散过程控制。从煤的内部结构看，煤粒的孔隙度随温度的升高而增大，但是这些孔对分子的可穿透性只有在低于某一温度时才增加，当高于某一特定温度后分子的可穿透性急剧下降。孔隙结构的可穿透性下降，煤粒内部形成的挥发分要滞后一段时间后才能冲出颗粒内部。当外部压力增加，使得煤粒内部要形成更高的压力才能冲出煤粒表面，这就抑制了热解时挥发分的析出，导致了挥发产物的二次热解。

2.2.4 煤的热解工艺

由于煤的热解反应条件相对温和，工业装置实施难度低，热解产品的经济效益高，因此受到各国普遍重视，开发了多种热解工艺。煤热解工艺按不同的工艺特征有不同的分类方法。

（1）按热解温度的高低分为低温热解（500～650℃），以制取焦油为目的；中温热解（650～800℃），以生产中热值煤气为主；高温热解（900～1000℃），以生产高强度冶金焦为目的；超高温热解（＞1200℃）。

（2）按加热方式可分为内热式和外热式两类。外热式热效率低，加热不均匀，挥发分的二次分解严重；内热式工艺克服了外热式的缺点，借助热载体把热量直接传递给煤，煤受热后发生热解反应。内热式依据供热介质的不同又可分为气体热载体和固体热载体。

（3）按热解气氛分为惰性气氛热解、还原性气氛热解、氧化性气氛热解。惰性气氛指热解所用的载气不与煤发生反应，常用氮气、氦气、氩气等；还原性气氛指热解所用的载气能使煤发生还原反应，使煤中的大分子结构断裂，通常采用氢气，而一些研究者用合成气代替氢气也能取得与氢气相近的结果；氧化性气氛指所用载气能与煤发生氧化反应，常采用低浓度氧气、水蒸气、二氧化碳等。

（4）按加热速度煤热解工艺又可分为慢速加热（＜5 K/s）、中速加热（5～100 K/s）、快速加热（100～10^6 K/s）、闪激加热（＞10^6 K/s）。

（5）按照反应器装置煤热解工艺可分为固定床、移动床、流化床、气流床热解等工艺。

（6）按反应器内压力分为常压热解和加压热解两类。

虽然按照不同的标准对煤热解工艺可以进行不同的分类，但是实际热解工艺过程是由不同种工艺所组合而成。本节主要介绍以制取煤焦油和煤气为主的三个典型中低温煤热解工艺，而技术最成熟、规模最大的高温热解炼焦工业将在后面章节详细介绍。

（1）多段回转炉（MRF）热解工艺。多段回转炉热解工艺是煤炭科学研究总院北京煤化学研究所开发的一种针对年轻煤的热解工艺，该工艺以多级串联回转炉为主，工艺流程如图2-7所示。

破碎至一定粒度的原料煤首先进入干燥提质段，干燥装置为内热式回转炉，气体热载体与煤逆向流动。然后干煤进入热解阶段，热解是在外热式回转炉中进行的，高温烟道气在炉外流动，热量通过炉壁传导进入炉内，炉内温度通过炉外烟道气调节。热解阶段产生的挥发物自炉内导出送往焦油回收冷却系统，产生的半焦进入增碳阶段，与通入的高温烟道气接触，进一步脱除挥发分，获得所需的半焦产品。燃烧炉供出的高温烟道气一部分送往增碳阶段，一部分直接送往热解阶段。将增碳阶段排出的烟道气和半焦煤气混合物，一同送往热解阶段的烟道气混合，后进入外热式热解炉，在进入炉前可以根据需求调整混合气的温度。当需将热解煤气外

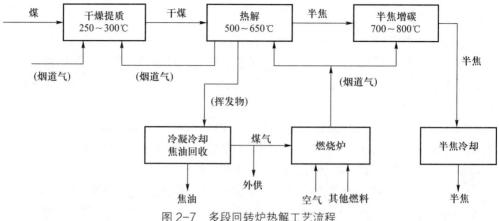

图 2-7 多段回转炉热解工艺流程

供时,则将贫煤气或其他燃料(煤或半焦)供入燃烧炉;当原料有黏结性时,控制干燥炉中气体热载体的氧含量,便于在干燥的同时起到轻度氧化而破坏黏结性的作用。另外,在热解炉中送入少量瘦化剂(焦粉),并装设专门的刮料装置,以防止黏结性煤在炉中黏壁。

(2)日本快速热解技术。日本快速热解技术是将煤的气化和热解巧妙地结合在一起的独具特色的热解技术,可以从高挥发分原料煤中最大限度地获得煤气、焦油和粗苯等产品,工艺流程如图 2-8 所示。

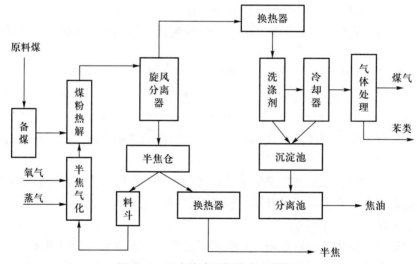

图 2-8 日本快速热解技术工艺流程

原料煤经干燥,并被磨细到 80% 煤的粒径小于 0.074 mm 后,用氮气或热解产生的气体密相输送,经加料器喷入反应器的热解段。然后被来自下段半焦气化产生的高温气体快速加热,在 600~950℃ 和 0.3 MPa 下,于几秒内快速热解,产生气态和液态产物及固态半焦。在热解段内,气态与固态产物同时向上流动。固态半焦经高温旋风分离器从气体中分离出来后,一部分返回反应器的气化段与氧气和水蒸气在 150~650℃和 0.3 MPa 下发生气化反应，为上段的热解反应提供热量；其余半焦经换热器回收余热后，作为固体半焦产品。从高温旋风分离器出来的高温气体中含有气态和液态产物，经过一个间接式换热器回收余热，然后再经脱苯、脱硫、脱氨及其他净化处理后，作为气态产物。间接式换热器采用油作为换热介质，从煤气中回收的余热用来产生蒸气。煤气冷却过程中产生的焦油和净化过程中产生的苯类作为主要液态产物。

（3）Toscoal 热解工艺。Toscoal 热解工艺是由美国油页岩公司开发的用陶瓷球作为热载体的煤炭低温热解方法，工艺流程如图 2-9 所示。Toscoal 热解工艺是将粒径 6 mm 以下的粉煤加入提升管中，利用热烟气将其预热到 260~320℃，预热后的煤进入旋转干馏转炉与被加热的高温陶瓷球混合，热解温度保持在 427~510℃。煤气与焦油蒸气由分离器的顶部排出，进入气液分离器进一步分离。热陶瓷球与半焦通过分离器内的转鼓分离，细的焦渣落入筛下，陶瓷球通过斗式提升机送入瓷球加热器循环使用。该工艺于 20 世纪 70 年代建成处理量为 25 t/d 的中试装置。但试验中发现由于陶瓷球被反复加热到 600℃以上循环使用，存在磨损性的问题。此外，黏结性煤在热解过程中会黏附在陶瓷球上，因此仅有非黏结性煤和弱黏结性煤可用于该工艺。

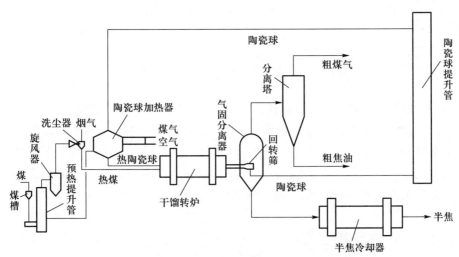

图 2-9　Toscoal 热解工艺流程

2.2.5　煤热解技术发展趋势

随着我国对环保和煤炭清洁高效综合利用要求的不断提高，根据国内外近年热解技术的发展及应用状况分析，煤热解技术的发展呈现几大明显的特征。

（1）规模化。规模化热解有利于提高工艺过程的综合效能，减少能耗、水耗，也利于集中进行废水及其他有害排放物的处理。单机处理能力 20 万吨 / 年以下的设备将趋于淘汰，新线处理规模应在 30 万吨 / 年以上。新的热解技术将围绕提高单机或单线处理能力，以满足集中进行煤炭转化利用及污染排放物处理的要求。

（2）绿色化。随着环保标准的提高，要求新的处理工艺和相关设备有害排放要尽可能少，水耗及能耗要最低。这对热解工艺的整体设计及高性能装备的开发（如热解工艺及设备、热解气和半焦的冷却方式或余热回和利用、系统工艺循环设计等）都提出了较高要求。

（3）高效化。综合处理好包括原料的干燥、预热、热解气冷却与焦油分离、半焦冷却和余热回收等各个环节的热能流、物料流及相应的循环，以期实现能量分级利用，排放物的循环利用和整体工艺系统最大的产出及最低的能耗和外排，从而实现系统最高的能源转化效率。针对此问题，除进一步加强对煤热解新工艺技术（如加氢热解、催化热解等技术）的开发，还应在热解设备的传热结构和系统设计、强化传热、高效密封技术、气体高温过滤、高效冷却及余热回收等方面进行深入研究探讨。

（4）集约化。充分实现热解系统的油、气、热、电多联产技术，如半焦直接进入流化床锅炉燃烧，实现供热或发电，或者半焦直接进入气化炉制气，或直接进入供热风炉及其他系统使用等。对褐煤，则可将干燥、提质和热解等工段联合构建高效的、一体化的多联产构来实现高效利用。由于现代采煤技术中粉煤占有较大比重，且尚未出现更好的利用方式。因而采用粉煤原料的热解技术将会是一定时期内的市场主流需求方向，是应当重点关注并解决的重要问题。

2.3　高温炼焦与化产回收技术

由上节可知按热解终温，可将热解分为以制取焦油为目的的低温（500～650℃）热解技术，以生产中热值煤气为目的的中温（650～800℃）热解技术和以生产高强度冶金焦为目的的高温（900～1000℃）热解技术。此处，以生产高强度冶金焦为目的的高温（900～1000℃）热解技术就是高温炼焦技术。目前，大规模的高温炼焦工业是煤炭转化应用最成熟，最典型的例子。

2.3.1　煤的成焦过程

煤在隔绝空气的条件下，加热到950～1050℃，经过干燥、热解、熔融、黏结、固化和收缩等阶段，最终制得焦炭，并副产煤气和高温焦油，这一过程叫高温炼焦或高温干馏，简称炼焦。

将各种经过洗选的炼焦煤按一定比例配合后，在炼焦炉内进行高温干馏，可以得到焦炭和荒煤气。焦炭是炼铁的燃料和还原剂，它能将氧化铁（铁矿）还原为生铁。将荒煤气进行加工处理，可以得到煤焦油等多种化工产品和焦炉煤气。焦炉煤气发热值高，是钢铁厂及民用的优质燃料，又因其含氢量多，也是生产合成氨的一种原料。研究表明煤焦油含有一万多种化工产品，其中一些物质很难从石油中提取，因此煤焦油是宝贵的化工原料。

高温炼焦是煤热解的一种形式，因此其成焦过程与前述热解过程相似，但又有其独有的特点。从粉煤开始分解到最后形成焦块的整个过程称为结焦过程。高温炼焦过程可分为以下四个阶段。

（1）干燥预热阶段。煤由常温逐渐加热到300℃，失去水分，此阶段氧醚键、硫醚键、含氧官能团等弱共价键受热发生断裂，生成一些如CO、CO_2、H_2S、烷基苯、甲酸和草酸等小分子物质，这一阶段煤的外形变化较小。

（2）胶质体形成阶段。当煤加热到300～450℃时，一些侧链和交联键断裂，形成相对分子质量较小的有机物，同时发生缩聚和重排等反应。黏结性煤转化为胶质状态，相对分子质量较小的物质以气态形式析出或存在于胶质体中，相对分子质量较大的物质以固态形式存在于胶质体中，形成了气、液、固三相共存的胶质体。由于液相在煤粒表面形成，将许多粒子汇集在一起，所以，胶质体的形成对煤的黏结成焦十分重要，不能形成胶质体的煤，没有黏结性；黏结性好的煤，热解时形成的胶质状的液相物质多，而且热稳定性好，但因为胶质体透气性差，气体析出不易，故产生一定的膨胀压力。

（3）半焦形成阶段。当温度超过胶质体固化温度450～550℃时，液相的热缩聚速度超过其热解速度，增加了气相和固相的生成，煤的胶质体逐渐固化，形成半焦。胶质体的固化是液相缩聚的结果，这种缩聚产生于液相之间或吸附了液相的固体颗粒表面。

（4）焦炭形成阶段。当温度升高到550～1000℃时，半焦内的不稳定有机物继续进行热分解和热缩聚，此时热分解的产物主要是气体，前期主要是甲烷和氢，随后体相对分子质量越来越小，750℃以后主要是氢。随着气体的不断析出，半焦的质量减少较多，导致体积收缩。由于煤在干馏时是分层结焦的，在同一时刻，煤料内部各层所处的成焦阶段不同，所以收缩速度也不同；又由于煤中有惰性颗粒，故而产生较大的内应力，当此应力大于焦饼强度时，焦饼上形成裂纹，焦饼分裂成焦块。

以上四个阶段，其中前三个阶段为煤的热解黏结过程，即从粉煤分解开始，经过胶质状态到生成半焦的过程称为煤的黏结过程。煤的黏结性取决于胶质体的生成和胶质体的性质。最后一个阶段为半焦收缩，是形成焦炭的过程。煤的黏结与成焦过程如图2-10所示。

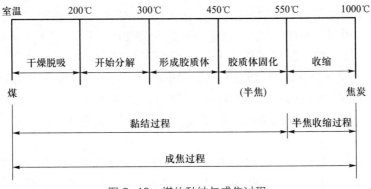

图2-10 煤的黏结与成焦过程

2.3.2 炼焦及化产回收工艺

高温炼焦始于 16 世纪，当时是用木炭炼铁的。17 世纪因木炭缺乏，英国首先试验用焦炭代替木炭炼铁，中国及欧洲开始生产焦炭。经过几个世纪的发展，现代炼焦工艺主要包括备煤、焦炉炼焦和化产回收三大部分，流程如图 2-11 所示。

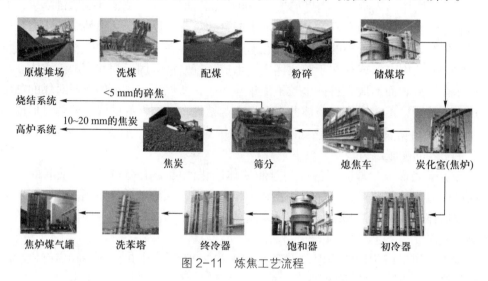

图 2-11　炼焦工艺流程

备煤是对进厂的洗精煤进行处理，以达到炼焦要求，通常把原料煤在炼焦前进行的工艺处理过程称为备煤工艺过程。这个过程是在备煤作业区完成的，主要经过堆放、配合、粉碎、调湿和除杂等一系列过程使之达到炼焦要求之后，通过皮带输送到储煤塔供炼焦作业区使用。

达到炼焦要求的配合煤被送到炼焦工段进行炼焦，即把炼焦配煤在常温下装入炭化室后，煤在隔绝空气的条件下受到来自炉墙和炉底（1000～1100℃）的热流加热。煤料即从炭化室墙到炭化室中心方向，一层一层地经过干燥、预热、分解、产生胶质体、胶质体固化、半焦收缩转变为焦炭。煤饼在 950～1050℃ 的温度下高温干馏，经过约 22.5 h 后，成熟的焦炭被推焦车经拦焦车导焦栅推出落入熄焦车内，由熄焦车送至熄焦塔用水喷洒熄焦，熄焦后的焦炭由熄焦车送至凉焦台，经补充熄焦、凉焦后，由刮板放焦机刮入带式输送机运至筛焦楼，焦炭通过 25 mm 焦炭振动筛进行筛分，被分成 >25 mm 及 ≤25 mm 两级。筛上物（>25 mm 的焦炭）通过带式输送机运送至 >25 mm 的焦仓内；筛下物（≤25 mm 的焦炭）进入 10 mm 焦炭振动筛，被分成 10～25 mm 和 <10 mm 两级后，分别进入各自的贮焦仓。焦仓下口设有放焦闸门，可将仓内焦炭放入汽车，送往钢厂。炼焦工段的简易工艺流程如图 2-12 所示。

多数焦化厂采用冷却冷凝的方法从荒煤气中回收化学产品。煤气首先经过冷却析出焦油和水，用鼓风机抽吸和加压以输送煤气，然后进一步回收化学产品。回收化学产品的方法多用吸收法，因为吸收法单元设备能力大，适合于大生产要求。也

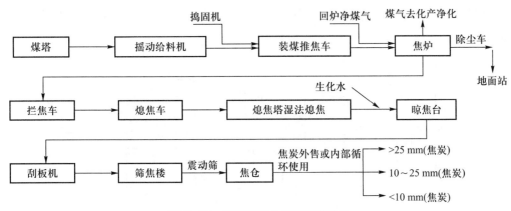

图 2-12 炼焦工段的简易工艺流程

可采用吸附法或冷冻法，但后两种方法的设备多，能量消耗高。化学产品回收简易
流程如图 2-13 所示。

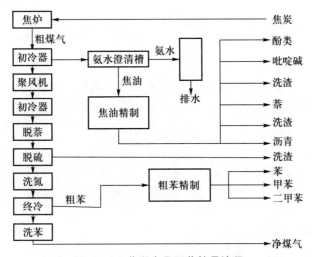

图 2-13 化学产品回收简易流程

干馏过程产生的荒煤气经炭化室顶部、上升管、桥管汇入集气管。在桥管和集
气管处用压力约为 0.3 MPa、温度约为 78℃的循环氨水喷洒冷却，使 700℃的荒煤
气冷却至 84℃左右，将冷却的煤气和冷凝下来的焦油一同送入化产回收车间，回收
焦油、氨、硫及苯族等化学品。煤气初步冷却工艺流程如图 2-14 所示。

从炼焦工段来的焦油氨水与煤气的混合物约 80℃进入气液分离器，煤气与焦
油氨水等在此分离，离出的粗煤气进入横管式初冷器。初冷器分上、下两段，在上
段，用 23℃化产循环水将煤气冷却到 45℃，化产循环水升温到 40℃，然后煤气进
入初冷器下段与 16℃制冷水换热，煤气被冷却到 22℃，制冷水升温到 23℃，冷却
后的煤气进入煤气鼓风机进行加压以便于向后系统输送，加压后煤气进入电捕焦油
器，捕集焦油雾滴后的煤气送往后续脱萘、脱硫及脱苯等回收工段。初冷器的煤气
冷凝液由初冷器上段和下段分别流出，分别进入各自的冷凝液循环槽，由冷凝液循

环泵送至初冷器上下段喷淋,如此循环使用,多余部分由泵抽送至机械化氨水澄清槽。

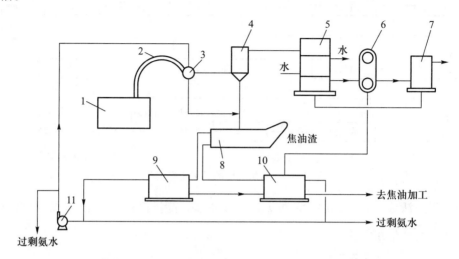

1—焦炉;2—桥管;3—集气管;4—气液分离器;5—初冷器;
6—鼓风机;7—电捕焦油器;8—油水澄清槽;9、10—储槽;11—泵
图 2-14 煤气初步冷却工艺流程

从气液分离器分离的焦油氨水与焦油渣流向机械化氨水澄清槽。澄清后分离成三层,上层为氨水,中层为焦油,下层为焦油渣。分离的氨水至循环氨水槽,然后用循环氨水泵送至炼焦车间冷却荒煤气及初冷器上段和电捕焦油器间断吹扫喷淋使用。多余的氨水去剩余氨水槽,用剩余氨水泵送至脱硫工段进行蒸氨。分离的焦油至焦油中间槽贮存,当达到一定液位时,用焦油泵将其送至焦油槽,焦油需外售时,用焦油泵送往焦油槽车外售。分离的焦油渣定期送往煤场掺混炼焦。

2.3.3 现代焦炉结构

从炼焦方法的进展看,焦炉经历了煤成堆、窑式、倒焰式、废热式和蓄热式等几个阶段。起初,世界各国是将煤成堆干馏进行炼焦,以后逐渐演变为窑式炼焦,炼出的焦炭产率低、灰分高、成熟度不均匀。为了克服上述缺点,18 世纪中叶,建立了倒焰炉,将成焦的炭化室与加热的燃烧室之间用墙隔开,墙的上部设连通道,炭化室内煤干馏产生的荒煤气经连通道直接进入燃烧室,与来自炉顶通风道的空气相汇合自上而下地边流动边燃烧。这种焦炉的结焦时间长,开停不便。19 世纪,随着有机化学工业的发展,要求从荒煤气中回收化学产品,产生了废热式焦炉,将炭化和燃烧室完全隔开,炭化室内煤干馏生成的荒煤气,先用抽气机抽出,经回收设备将煤焦油和其他化学产品分离出来,再将净焦炉煤气压送到燃烧室燃烧,以向炭化室提供热源,燃烧产生的高温废气直接从烟囱排出,这种焦炉所产煤气,几乎全部用于自身加热。

为了降低耗热量和节省焦炉煤气,1883 年,发展了蓄热式焦炉,增设蓄热室。

高温废气流经蓄热室后温度降为300℃左右，再从烟囱排出。热量被蓄热室储存，用来预热空气。这种焦炉可使加热用的煤气量减少到煤气产量的一半，如果采用炼铁高炉煤气预热，则可以几乎将全部焦炉煤气作为产品，因而大大降低了生产成本。近百年来，炼焦炉在总体上仍然是蓄热式、间隙装煤、出焦的室式焦炉。

现代焦炉是一个非常庞大，结构非常复杂的用来生产焦炭的大型设备，主要由炭化室、燃烧室、蓄热室（即三室两区）、斜道区、炉顶区、焦炉基础平台、烟道、烟囱以及护炉铁件（炉柱、拉条、保护板等）等单元结构构成。

图2-15是顶装焦炉及其附属机械示意图。焦炉各部位的构造及其工作状况简介如下。

1. 炭化室

炭化室是煤隔绝空气干馏的地方。煤由炉顶加煤车加入炭化室。炭化室两端有炉门，炼好的焦炭用推焦车推出，沿导焦车落入熄焦车中，赤热焦炭用水熄灭，置于焦台上。当用干法熄焦时，赤热焦炭用惰性气体冷却，并回收热能。炭化室的有效容积是炼焦的有效空间部分，等于炭化室的有效长度、平均宽度和有效高度的乘积。有效长度是全长减去两侧炉门衬砖伸入炭化室的长度；平均宽度指机焦侧的平均宽；有效高度指全高减去平煤后顶部空间的高度。为顺利推焦，炭化室水平截面呈梯形，焦侧大于机侧，两侧宽度之差称为锥度（燃烧室的机焦两侧宽度恰好与此相反）。

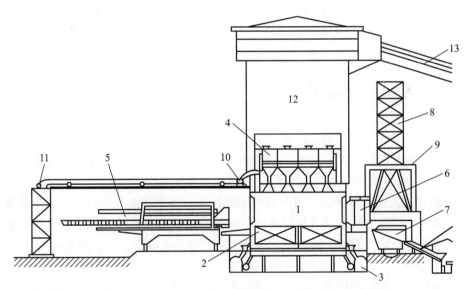

1—焦炉；2—蓄热室；3—烟道；4—装煤车；5—推焦车；6—导焦车；7—熄焦车；8—熄焦塔；
9—焦台；10—煤气集气管；11—煤气吸气管；12—储煤室；13—煤料输送装置

图2-15 顶装焦炉及其附属机械示意图

2. 燃烧室

燃烧室是煤气燃烧为炭化室提供热量的地方，与炭化室依次相间，一墙相隔。每座焦炉的燃烧室都比炭化室多一个。

（1）与炭化室的隔墙。其要求是防止干馏煤气泄漏，尽快传递干馏所需的热量，耐高温抗腐蚀性强，整体结构强度高。因为焦炉生产时，燃烧室墙面的温度约为 1300℃，炭化室平均温度为 1100℃。在此温度下，炉墙承受炉顶机械和上部砌体的重力，墙面要经受干馏煤气和灰渣的侵蚀，以及炉料的膨胀压力等。为此，炉墙都用带舌槽的异型砖砌筑。

（2）火道及其联结方式。由于炭化室有一定的锥度，焦侧装煤量多。为使焦饼同时成熟，应保持燃烧室温度从机侧到焦侧逐渐升高。为此，将燃烧室用隔墙分成若干个立火道，以便按温度不同分别供给不同数量的煤气和空气。炭化室越长，燃烧室立火道数越多。

立火道底部是煤气和空气的出口。如 JN43（450）焦炉，每个立火道底部有两个斜道出口和一个烧嘴。当用焦炉煤气加热时，烧嘴走上升焦炉煤气，两个斜道都走上升空气；当用高炉煤气加热时，一个斜道走上升高炉煤气，另一个斜道走上升空气。通过改变斜道口处调节砖厚度来调节贫煤气和空气的量，焦炉煤气量则通过改变下喷管内孔板直径进行调节。火道联结方式有以下几种：

① 双联式火道：每两个火道为一组，一个火道中上升煤气并在其中燃烧，生成的高温废气从火道中间隔墙跨越孔流入相邻的另一个火道而下降，每隔 20～30 分钟换向一次。为使高向加热均匀，立火道隔墙下设有废气循环孔，让部分下降气流进入上升气流火道，以冲淡上升气流火道中的可燃物浓度，并增加气流速度，使可燃物上升到火道上部燃烧，拉长火焰，改善高向加热均匀性。双联式火道的特点是，调节灵敏，加热系统阻力小，气流在各个火道分布均匀，加热均匀。但每一个隔墙均为异向气流接触面，压差较大，火道之间窜漏的可能性比两分式火道大。

② 两分式火道：炭化室下部设有大蓄热室，由中心隔墙分机焦两侧。当用贫煤气加热时，一侧蓄热室单数进空气，双数进煤气（或相反），燃烧生成的废气汇合于水平集合焰道，由另一侧下降；两分式火道的优点是，结构简单，全炉异向气流隔墙少，有利于防止窜漏。但水平结合焰道内气流阻力较大，导致各压力不同，从而使各立火道内的气体分配量和蓄热室长向气流分布不均。

③ 跨顶式火道：每个燃烧室下设两个蓄热室。当用贫煤气加热时，一个预热贫煤气，另一个预热空气，两者在立火道下部混合燃烧后，经跨顶烟道进入炭化室另一侧的立火道，然后下降至蓄热室。这种焦炉的炉顶温度高，已不再使用。

3. 蓄热室

蓄热室位于焦炉炉体下部，其上部经斜道与燃烧室相连，其下部经过废气盘分别与分烟道、贫煤气管和大气相通。主要由格子砖、蓄热室隔墙、封墙等构成。下喷式焦炉，主墙内还有直立砖煤气道。

（1）格子砖 在蓄热室内，当下降高温废气时，由内装格子砖将大部分热吸收并积蓄，使废气温度由约 1200℃ 降到 400℃ 以下；当上升煤气或空气时，格子砖将蓄热量传给煤气或空气，使气体预热温度达 1000℃ 以上。每座焦炉的蓄热室总是半数处于下降气流，半数处于上升气流，每隔 20～30 min 换向一次。为使格子砖传热面积大，阻力小，可采用薄壁异型格子砖，以增大传热面积。为降低阻力，且结构合理，格子砖安装时，上下砖孔要对准，操作时要定期用压缩空气吹扫。又因为蓄热室温度变化大，格子砖应采用黏土砖。

（2）蓄热室隔墙　蓄热室隔墙有中心隔墙、单墙和主墙。中心隔墙将蓄热室分为机焦两侧。通常两个部分的气流方向相同。单墙两侧为同向气流，（煤气和空气），压力接近，串漏可能性小，用标准砖砌筑。主墙两侧为异向气流，一组上升煤气和空气，另一组下降废气，两侧净压差较大。因此要求主墙严密，否则造成上升煤气漏入下降气流中，不但损失煤气，而且会发生"下火"现象，严重时可烧熔格子砖和蓄热室隔墙，使废气盘变形。所以主墙多用带沟舌的异型砖砌筑。

（3）封墙　封墙的作用是密封和隔热。炼焦时，蓄热室内始终是负压，所以封墙一定要严密。若空气漏入下降废气而降温，使烟囱的吸力减少；漏入上升空气，使气体温度降低而出现生焦；漏入上升贫煤气，使煤气在蓄热室上部燃烧，既降低炉头火道温度，又会将格子砖局部烧熔。封墙隔热可提高热工效率，因此封墙内层采用黏土砖，外层采用隔热砖，表面刷白或覆以银白色的保护板，而蓄热室墙多用硅砖砌筑。

4. 斜道区

斜道区，从位置看，既是蓄热室的封顶，又是燃烧室、炭化室的底部；从作用看，是燃烧室和蓄热室的连通道，不同类型的焦炉，斜道区的结构不同。每个立火道底部都有两条斜道，一条通空气蓄热室，一条通贫煤气蓄热室，复热式焦炉还有一条煤气通道，通焦炉煤气。斜道内各走不同压力的气体，不许窜漏。斜道内设有膨胀缝和滑动缝，以吸收砖体的线膨胀。斜道区的倾斜角应该大于30°，以免积灰堵塞，斜道的断面收缩角应小于7°，砌筑时，力求光滑，以免增大阻力。同一个火道内两条斜道出口中心线定角，决定了火焰的高度，应与高向加热均匀相适应，一般约为20°。斜道出口收缩，使上升气流的出口阻力增大，出口阻力约占整个斜道的75%。当改变调节砖厚度而改变出口截面积时，能有效地调节高炉煤气和空气量。

5. 炉顶区

炭化室盖顶砖以上部位即炉顶区。炉顶区设有装煤孔、上升管孔、拉条沟及烘炉孔（投产后堵塞不用）。炉顶区的高度关系到炉体结构强度和炉顶操作环境，大型焦炉为1000～1200 mm，并在不受压力的实体部位用隔热砖砌筑。炉顶区的实体部位也需设置平行于抵抗墙（位于焦炉两端，防止焦炉膨胀变形）的膨胀缝。炉顶区用黏土砖和隔热砖砌筑，其表面用耐磨性好的砖砌筑。

6. 焦炉基础平台、烟道和烟囱

焦炉基础平台位于焦炉地基之上。焦炉两端设有钢筋混凝土的抵抗墙，抵抗墙上有纵拉条孔。焦炉砌在基础平台上，依靠抵抗墙和纵拉条紧固炉体。焦炉机焦侧下部设有分烟道通过废气盘与各小烟道连接，炉内燃烧产生的废气通过分烟道汇合到总烟道，然后由烟囱排出。烟囱的作用是向高空排放燃烧废气，并产生足够的吸力，以便使燃烧所需的空气进入加热系统。

焦炉加热用高炉煤气和焦炉煤气分别由外部架空管引入，焦炉煤气（约 3%）通过煤气混合器掺混进高炉煤气内，混合煤气经地下室煤气管道进入焦炉的煤气蓄热室，同时空气通过空气废气开闭器进入空气蓄热室，煤气和空气经预热后分别进入焦炉燃烧室的立火道汇合后燃烧，由于部分废气循环，火焰加长，使高向加热更加均匀合理，燃烧标准温度为 1300～1320℃。燃烧后的废气通过立火道顶部跨越孔进入下降气流的立火道，在经过蓄热室，由格子砖把废气的部分显热回收后，经过小烟道、废气交换开闭器、分烟道、总烟道、烟囱后排入大气。

从筑炉材料看，自 19 世纪 90 年代起，砌筑焦炉的耐火砖由黏土砖改为硅砖，使结焦时间从 24～48 h 缩短到 15 h 使焦炉寿命从 10 年延长到 20～25 年。近年来，随着硅砖的高密度化、高强度化和砖型的合理化，炼焦炉将进一步提高导热性和严密性，从而进一步缩短结焦时间和延长焦炉使用寿命。

从炉体的构造看，为了炼出强度高、块度均匀的焦炭和提高化学产品的产率，炉体设计必须有利于均匀加热。为了实现均匀加热，需要发展和完善加热设备，尽可能降低燃烧系统的阻力和异向气体之间的窜漏，同时适当降低炉顶空间温度，以减轻二次裂解。近年来，在加热煤气设备方面，逐步向自动调节和程序加热方向发展。此外，为使焦炉和高炉配套，实现焦炉高效低耗、提高生产率，焦炉正朝着大型化、全机械化和自动化方向发展。

2.3.4 炭化室内的成焦过程

炭化室内的煤料由两侧的炉墙供热，加煤前炉墙的温度为 1100℃，当把湿煤加入炭化室中时，炉墙温度迅速下降。若煤料水分含量高，炉墙温度下降也多。炭化室中煤料的温度与其结焦过程的状态、位置和加热时间密切相关，见图 2-16。

由图 2-16 可见：当煤料的位置一定时，各层煤料的温度随着结焦时间的延长而逐渐升高；当加热时间一定时，煤料距炉墙越近，温度越高，结焦成熟得越早。在装煤后 3～7 h，在靠近炉墙部位已经形成焦炭，而由炉墙至炭化室中心方向，依次为半焦层、胶质体层、干煤层和湿煤层，这就是分层结焦；在装煤后约 11 h，相当于结焦时间的 2/3，此时，两侧胶质体移至中心处汇合，膨胀压力达到最大，此压力将焦饼从中心推向两侧墙，从而形成焦饼中心上下直通的裂纹，称为焦缝，此时，由于炉料大部分已经形成焦炭，传热系数较大，且煤气直接从中心裂纹通过，导致此处的升温速度和温度梯度都较大，收缩应力就大，所以裂纹也多；当煤料的温度一定时，距炉墙越近的煤料，加热的时间越短，升温速度越大。如在 100～350℃，炉墙附近煤料的升温速度可达 8.0℃/min，而在炭化室中心，只有 1.5℃/min。所以，靠近炉墙的焦炭裂纹很多，称为焦花。

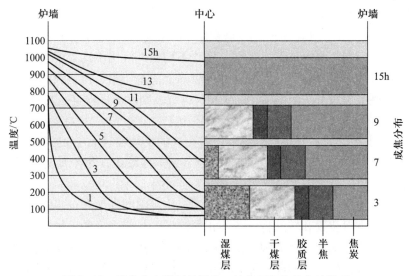

图 2-16 炭化室中煤料的温度、结焦时间和状态的关系

2.3.5 炼焦的主要产物及其利用

在炼焦过程中，除了产出焦炭（约占 78%，质量分数，以下同）外，还产生焦炉煤气（占 15%～18%）和煤焦油（2.5%～4.5%），这两种副产品中含有大量的化工原料，可广泛用于医药、染料、化肥、合成纤维和橡胶等生产部门。回收这些化工原料，不仅能实现煤的综合利用，而且可以减轻环境污染。在工业生产的条件下，炼焦化学产品的产率见表 2-2，表中的化合水是指煤中有机质分解生成的产物。

表 2-2 炼焦化学产品的产率（以干配煤为基准）

产品	焦炭	净煤气	焦油	化合水	粗苯	氨	其他
产率（质量分数）/%	75～78	15～19	2.5～4.5	2～4	0.8～1.4	0.25～0.35	0.9～1.1

2.3.5.1 焦炭

焦炭产量的 90% 以上用于冶金工业的高炉炼铁，其余的用于机械工业、铸造、电石生产原料、气化及有色金属冶炼等。

焦炭是以炭为主要成分的，银灰色的棱块固体，内部有纵横裂纹，沿焦炭纵横裂纹分开即为焦块，焦块含有微裂纹，沿微裂纹分开，即为焦体，焦体由气孔和气孔壁组成，气孔壁即为焦质。焦炭裂纹多少对其粒度和抗碎强度有直接的影响。焦炭微裂纹的多少、孔结构与焦炭的耐磨强度、高温反应性能密切相关。

1. 焦炭基本理化性质

（1）真密度、假密度和气孔率。焦炭的真密度是单位体积焦质的质量，通常为 1.7～2.2 g/cm³。它与炼焦煤的煤化度、惰性组分含量和炼焦工艺有关。假密度是单位体积焦块的质量，它与焦炭的气孔率和真密度有关。气孔率是指气孔体积占总体

积的分数，它们的关系为

$$气孔率 = （1- 假密度 / 真密度）× 100\%$$

（2）粒度。因焦炭的外形不规则，尺寸不均一，故用平均粒度表示。用多级振动筛将一定量的焦炭试样筛分，分别称各级筛上焦炭质量，得各级焦炭占试样总量的分数 γ_i 和该级焦炭上下两层筛孔的平均尺寸 d_i，则算术平均直径 d_D 为

$$D = \sum \gamma_i d_i$$

由 d_D 将焦炭分为不同块度的级别。若焦炭的平均粒径大于 25 mm，称冶金焦，一般用于高炉炼铁；若平均粒径在 10～25 mm，称粒焦，用于动力、燃料；小于 10 mm 的称粉焦。全焦中冶金焦的产率应达到 95% 以上。

（3）机械强度——耐磨强度和抗碎强度。焦炭耐磨强度和抗碎强度，各国均以转鼓法测定，虽然装置和转鼓特性各不相同，反映焦炭强度的灵敏性也不相同，但各种转鼓都对焦炭施加摩擦力和冲击力的作用。当焦炭外表面承受的摩擦力超过气孔壁强度时，就会产生表面薄层分离现象，形成碎末，焦炭抵抗这种破坏的能力称耐磨性或耐磨强度。当焦炭承受冲击力时，焦炭裂纹或缺陷处碎成小块，焦炭抵抗这种破坏的能力称抗碎性或抗碎强度。一般用焦炭在转鼓内破坏到一定程度后，粒度小于 10 mm 的碎焦数量占试样的质量分数表示耐磨强度，即 M_{10}；粒度大于 40 mm 的块焦数量占试样的质量分数表示抗碎强度即 M_{40}。

（4）焦炭的反应性。焦炭的反应性是指焦炭与 CO_2 的溶碳反应性，这与原料煤的性质、组成、炼焦工艺和高炉冶炼条件等都有关系。我国对冶金焦的反应性是这样表征的：用 200 g 粒度为 5 mm 的焦炭，在 1100℃下通入 5 L/min 的 CO_2，反应 2 h 后，焦炭失重的百分比就是其反应性指标。

2. 焦炭的用途及其质量指标

前已述及，焦炭广泛用于高炉炼铁、铸造和电石等方面，它们对焦炭的质量要求各有不同，其中，冶金焦的用量最大，占 90%，对焦炭的质量要求也最高。

（1）冶金焦。

① 冶金焦的作用：高炉焦的作用主要有三种，即供热燃料、还原剂和疏松骨架。高炉焦是炼铁过程中的主要供热燃料，不完全燃烧反应生成的 CO 作为高炉冶炼过程的主要还原剂。高炉内还原反应有两类：一是间接还原反应，在炉子上部，温度低于 800～1000℃，主要发生铁氧化物和 CO 的反应，生成 CO_2 和铁，其总的热效应是正的；二是直接还原反应，在料柱中段，温度高于 1100℃，焦炭与矿石仍然保持层层相间，但矿石外缘开始软化，温度较高的内缘已经接近熔化，故这一区段称为软融带。在软融带内，主要发生 FeO 与 C 的直接还原反应，生成 CO 和 Fe。此反应分两步进行，第一步是 CO_2 和 C 的反应，叫碳溶反应，第二步是 FeO 与 CO 反应，生成 Fe 和 CO_2，第一步反应吸收大量的热且消耗碳而使焦炭的气孔壁削弱、粒度减小、粉末含量增加，会使料柱的透气性显著降低。

因此，应发展间接还原，而降低直接还原。间接还原属于气固反应，为扩散控制。故可采用以下措施：采用富氧鼓风和炉身喷吹高温 CO 和 H_2 等还原性气体，既可以提高煤气流和铁矿石表面的 CO 和 H_2 的浓度差，又可以提高煤气流的温度，从

而提高 CO 和 H_2 的扩散速度以提高间接还原速度；缩小铁矿石的粒度并改善其内部结构，试验表明，矿石粒度减小，间接还原度增加；选择气孔率和比表面大的矿石，间接还原度高。如同一粒度下，间接还原度以球团矿、烧结矿、赤铁矿和磁铁矿的次序依次增加。

还原反应是发生在上升煤气和下降炉料的相向接触中，整个料柱的透气性是高炉操作的关键，所以高炉焦的重要作用在于它是料柱的疏松骨架。尤其在料柱的下部，固态焦炭是煤气上升和铁水、熔渣下降所必不可少的高温填料。

② 冶金焦的质量要求：对冶金焦的要求主要有以下几方面：

（a）强度：焦炭在高炉中下降时，受到摩擦和冲击作用，而且高炉越大，此作用也越大。所以，越大的焦炉，要求焦炭的强度也越高。我国高炉焦的强度要求见表 2-3。

表 2-3　我国高炉焦的强度

指标	级　别			
	I	II	IIIA	IIIB
M_{40}	≥76	≥68	≥64.0	≥58
M_{10}	≤8.0	≤10.0	≤11.0	≤11.5

（b）粒度：焦炭和矿石是粒度不均一的散状物料，散料层的相对阻力随着散料的平均当量直径和粒度均匀性的增加而减少。所以，炉料粒度不能太小，矿石应筛除小于 5 mm 的矿粉，焦炭应筛除小于 10 mm 的焦粉。焦炭粒度不应比矿石粒度大太多。一般认为，入炉焦炭的平均粒度在 50 mm 左右合适；在软融带及以下区域，为了不使料柱结构恶化而使其透气性差，一般认为风口焦平均粒度应大于 25 mm，并尽可能地减少燃烧区内小于 5 mm 的粉焦。由此要求全面改善焦炭质量，尤其是降低焦炭的反应性，减少粉焦量，以保证高炉料柱具有良好的透气性。

（c）反应性：高炉内焦炭降解的主要原因是碳溶反应。高炉焦作为料柱的疏松骨架，最重要的性质是反应性低。碱金属对碳溶反应有催化作用。焦炭和矿石带入高炉的碱金属，只有一部分排出炉外，大部分在炉内循环，循环碱量是炉料带入量的 6 倍，并富集于发生碳溶反应的直接还原区，碱金属吸附在焦炭表面，催化碳溶反应。因此，为了降低焦炭的反应性，除了提高炉渣带出碱量，还应力求控制焦炭和矿石的带入碱量。

（d）灰分：矿石中的脉石和焦炭中的灰分，其主要成分是 SiO_2 和 Al_2O_3，它们的熔点和还原温度都很高（大于 1700℃）。为了脱除脉石和灰分，必须加 CaO 和 MgO 等碱性氧化物或碳酸盐，使之与 SiO_2、Al_2O_3 反应生成低熔点化合物，从而在高炉内形成流动性较好的熔融炉渣，借相对密度不同和互不相溶性与铁水分离。造渣过程分固相反应、矿石软化、初渣生成、中间渣滴落和终渣形成 5 个阶段。因为焦炭中的灰分，是焦炭在高炉下部回旋区燃烧时才转入炉渣的，所以，中间渣的灰分比终渣高，为将此灰分造渣，中间渣的碱度也高。

（e）硫分：高炉炼铁中的硫，60%～80% 来自焦炭，其余是矿石和熔剂中的硫。硫的存在形式虽有多种，但在高温下，均生成气态硫及其化合物而进入上升煤气流中，其中一小部分随煤气排出炉外，大部分被上部炉料中的 CaO、FeO 和金属铁所吸收，并随炉料下降，形成硫循环。高炉内的硫易使生铁铸件脆裂，所以要尽量脱除。高炉内脱硫主要靠炉渣带出，其反应为

$$[FeS] + (CaO) \rightleftharpoons (CaS) + [FeO] \qquad (2-3)$$
$$[FeO] + C \rightleftharpoons CO + [Fe] \qquad (2-4)$$

（ ）表示渣中，[ ] 表示铁水中。要降低铁水含硫量，应减少炉料带入硫量和提高硫的分配系数，$L_s = (S)/[S]$，由渣铁间脱硫过程的研究表明：L_s 随温度和炉渣碱度的提高而提高。因此，当炉料含硫较高时，必须提高炉缸温度和炉渣碱度。

由以上分析可见，焦炭的灰分、硫分高时，炉渣的碱度就高，这会导致：炉渣熔化温度升高，一旦炉温波动就可引起局部凝结而难行或悬料；炉渣黏度增大，降低料柱的透气性；CaO 过剩，使 SiO_2 与之结合，而使碱金属氧化物与 SiO_2 的结合概率降低，则炉渣带出的碱金属量减少，高炉内碱循环量增加，溶碳反应加剧；此外，焦炭与灰分的热胀性不同，当焦炭被加热至炼焦温度时，焦炭沿灰分颗粒周围产生并扩大裂纹，使焦炭碎裂或粉化。总之，焦炭的灰分和硫分高会给高炉炼铁带来不利影响，其结果是：焦炭灰分每升高 1%，则高炉溶剂消耗量将增加 4%，炉渣量将增加约 1.8%，生铁产量约降低 2.6%；焦炭硫分每增加 0.1%，焦炭消耗量增加约 1.6%，生铁产量减少 2%，所以要尽可能地降低焦炭中的硫分和灰分。

（2）铸造焦。铸造焦用于冲天炉中，以焦炭燃烧放出的热量熔化铁，要求铸造焦具有以下性质：

① 粒度适宜：为使冲天炉熔融金属的过热温度足够高，流动性好，焦炭粒度不能过小，否则，会使炭的燃烧反应区降低，进而使过热区温度过低。铸造焦粒度过大，使燃烧区不集中，也会降低炉气温度，一般要求制造焦粒度为 50～100 mm。

② 硫含量较低：硫是铁中有害元素，通常控制在 0.1% 以下。冲天炉内焦炭燃烧时，焦炭中部分硫生成 SO_2 随炉气上升，在预热区和熔化区与故态金属炉料反应生成 FeS 和 FeO，铁料熔化后，流经底部焦炭层时，硫还会进一步增加，一般在冲天炉内，铁水增硫量为焦炭含硫量的 30%。

此外，还要有一定的机械强度，灰分尽可能低，气孔率约为 44%。

（3）电石焦。电石焦是电石生产的碳素材料，每生产 1 t 电石约需焦炭 0.5 t。电石生产过程是在电炉内将生石灰熔融，并在小于 1200℃下，将其与电石焦中 C 发生如下反应：

$$CaO + 3C \rightleftharpoons CaC_2 + CO \qquad (2-5)$$

对电石焦的要求如下：

① 粒度为 3～20 mm。因为生石灰导热性是焦炭的 2 倍，所以，其粒度也为焦炭的 2 倍；

② 含碳量要高（＞80%），灰分要低（＜9%）；

③ 水分小于 6% 以下，以免生石灰消化。

2.3.5.2 煤焦油

焦油是煤在炼焦过程中所得的黑褐色、黏稠性的油状液体。目前，我国焦油年产量在 2000 万吨左右，其中 70% 以上进行加工精制，其余大部分用作高热值低硫的喷吹燃料。煤焦油是宝贵的化工原料，但是组成极其复杂，研究表明煤焦油当中有 10000 多种物质，但是绝大多数化合物的含量甚微，含量占 1% 以上的组分仅有十多种。焦油中 90% 以上的是中性化合物，较重要的有苯、萘、蒽、菲、茚、苊等；其余的是含氧化合物，如酚类；含氮化合物，如吡啶等；含硫化合物，如 CS_2、噻吩等，此外，还有少量的不饱和化合物。世界焦油精制先进的厂家，已经可以从焦油中提取出 230 多种产品，而我国大部分焦油厂只能提取数十种产品，见表 2-4。

表 2-4　焦油中提取的主要产品及其用途

	性质	用途
萘	无色晶体，容易升华，不溶解于水，易溶解于醇、醚、三氯甲烷和二硫化碳中	制备邻苯二甲酸酐，进一步生产树脂、工程塑料、染料、油漆及医药等；农药、炸药、植物生长激素、橡胶及塑料的防老剂等
酚及其同系物	无色结晶，可溶解于水和乙醇	生产合成纤维、工程塑料、农药、医药、染料中间体及炸药等；甲酚用于生产合成树脂、增塑剂、防腐剂、炸药、医药和香料等
蒽	无色片状结晶，有蓝色荧光，不溶解于水，能溶于醇、醚等有机溶剂	主要用于制蒽醌染料，也用于制合成鞣剂及油漆
菲	是蒽的同分异构体，在焦油中含量仅次于萘	有待于进一步开发利用
咔唑	无色小鳞片状晶体，不溶于水，微溶于乙醇等有机溶剂	是染料、塑料和农药的重要原料
沥青	是焦油蒸馏残液，多种多环高分子化合物的混合物。因生产条件不同，软化点 70~150℃	制造屋顶涂料、防潮层和筑路、生产沥青焦和电炉电极等
各种油类	各馏分在提取出有关的单组分产品之后，得到的产品	洗油主要用作粗苯的吸收溶剂；脱除粗蒽结晶的一蒽油是防腐油的主要成分；部分油类还可做柴油机的燃料

1. 焦油蒸馏工艺

目前，煤焦油的主要加工利用方式是利用蒸馏的方法，将沸点相近的组分集中到相应的馏分中，然后根据相应馏分中各组分的性质采用不同的方法对其进行精制提纯。采用深冷分离结晶的方法可得到萘、蒽等产品；用酸或碱萃取的方法可得到含氮碱性杂环化合物（称焦油碱）或酸性酚类化合物（称焦油酸）。焦油酸、焦油碱再进行蒸馏分离可分别得到酚、甲酚、二甲酚和吡啶、甲基吡啶、喹啉。通过连续蒸馏，焦油蒸馏馏分见表 2-5。

表 2-5　焦油蒸馏馏分

	温度范围 /℃	产率 /%	密度 / (g·cm⁻³)	主要组分
轻油馏分	<170	0.4~0.8	0.88~0.9	苯族烃，酚含量小于 5%
酚油馏分	170~210	2.0~2.5	0.98~1.01	酚和甲酚 20%~30%，萘 5%~20%，吡啶碱 4%~6%，其余为酚油
萘油馏分	210~230	10~13	1.01~1.04	萘 70%~80%，酚类 4%~6%，重吡啶碱 3%~4%，其余为萘油
洗油馏分	230~300	4.5~7.0	1.04~1.06	酚类 3%~5%，重吡啶碱 4%~5%，萘小于 15%，甲基萘等，其余为洗油
一蒽油馏分	280~360	16~22	1.05~1.13	蒽 16%~20%，萘 2%~4%，高沸点酚类 1%~3%，重吡啶碱 2%~4%，其余为一蒽油
二蒽油馏分	310~400（馏出 50%）	4~8	1.08~1.18	含萘小于 3%
沥青	焦油蒸馏残液	50~56		

焦油蒸馏工艺流程如图 2-17 所示。首先将焦油在管式加热炉加热到指定温度，用焦油泵送入一段蒸发器，从一段蒸发器的顶部分离出水和轻油，重组分进入无水焦油槽。无水焦油再用泵送入管式加热炉加热，并进入二段蒸发器。在二段蒸发器内分离出液相组分沥青，气相组分进入馏分塔，按沸点由高到低，从馏分塔的侧线取出相应的组分。二段蒸发器温度由管式炉辐射段出口温度决定，此温度决定馏分油和沥青产率及质量，一般控制在 390℃左右，焦油馏分的产率和沥青的软化点都与焦油加热温度呈近似线性增加关系。

2. 焦油加氢工艺

进入 21 世纪，我国焦化工业迅速发展，但是在发展初期，国家政策引导不够，缺乏整体规划。我国焦化厂以规模较小、分散经营的个体民营企业为主，以个人独资、股份制或合伙经营为主要方式，存在集中度低，污染严重等问题，尚未形成有竞争优势的主导企业。而且，由于煤焦油中化工产品富集程度较低，因此分散经营，规模较小的焦化厂通过蒸馏加工精制化工产品在经济上不具有优势。针对以上问题，一些科研单位开始研究能否通过催化加氢的方法，将煤焦油做成清洁的燃料油（如汽油和柴油）。

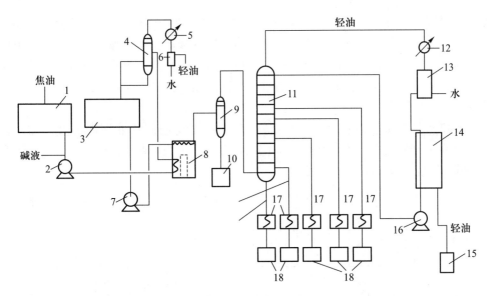

1—焦油槽；2、7、16—泵；3—无水焦油槽；4—一段蒸发器；5、12—冷凝器；
6、13—油水分离器；8—管式加热炉；9—二段蒸发器；10—沥青槽；
11—馏分塔；14—中间槽；15、18—产品中间槽；17—冷却器

图 2-17　焦油蒸馏工艺流程

　　传统煤焦油加氢工艺是将煤焦油经过预处理脱除水分和机械杂质，再通过蒸馏将煤焦油中的沥青脱除，然后将蒸馏的轻组分送入固定床进行加氢处理，最后将固定床产品进行分馏得汽、柴油馏分，如图 2-18 所示。为了更多地生产汽、柴油馏分，研究人员又开发了将固定床与沥青延迟焦化相结合的煤焦油加氢工艺，例如：

　　（1）常减压蒸馏—固定床加氢—加氢裂化—延迟焦化（针对重质油）

　　（2）常减压蒸馏—催化裂化—延迟焦化（针对重质油）

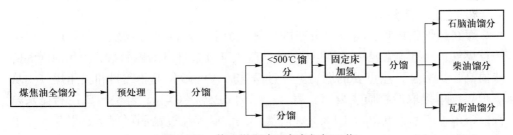

图 2-18　传统煤焦油固定床加氢工艺

　　上述油品加工技术路线长、工艺复杂，且存在如下问题：①催化裂化加工劣质油品，易于造成催化剂积碳或中毒失活，增加油品加工成本，影响加工效果；②固定床加氢精制-加氢裂化联合工艺对原料品质要求苛刻，必须对原料进行除固体杂质、脱焦质/沥青质、深度脱杂原子等处理，否则可能造成床层压降增高、催化剂失活等；③延迟焦化技术虽然对原料适用较广，但该过程把大量重质油转化为焦炭，因此焦炭收率高（10%～30%）、产品油收率很低。

　　针对煤焦油的组成特性及传统煤焦油固定床加氢工艺的不足，中科合成油技术

有限公司开发出新型浆态床煤焦油加工工艺，如图 2-19 所示。焦油原料不需要进行预处理，直接送入浆态床加氢反应器，通过加氢裂化反应将煤焦油中的沥青组分转化为轻质油；轻质油再送入固定床加氢反应器，进行加氢提质，形成超清洁油品（石脑油、柴油及蜡油）；该油品可通过传统油品加工技术生产高品质的汽油、航煤及芳烃等化学品。

该技术具有如下优点：① 原料适用广，不需要任何预处理即可直接加工；② 使用自主开发的高活性催化剂，催化剂具有高催化的加氢开环能力、催化剂生产成本低的特点。③ 目标产品收率高、产品品质好。

图 2-19　煤焦油浆态床加氢工艺流程

我国的煤焦油生产加工基本上已经形成了一套相对比较完善的技术、工艺和设备体系，不仅具有雄厚的煤炭资源基础，而且具有广阔的市场空间。中国煤焦油企业在高速发展的同时必须把握新的发展形势，整合资源、集中加工，提高科研，改进工艺，避免盲目建设，发挥规模经济效应。强化竞争实力，攻克技术难关，形成核心专长，只有这样才能在新形势下立于不败之地。

从焦油加工方面考虑，主要向集中加工、设备大型化、扩大产品种类、提高产品质量和进行深度加工等方面发展。因为与石油化工相比，除了多环芳烃和杂环化合物占有优势外，其他焦油产品都需要进一步提高质量，才能与石油化工竞争。

2.3.5.3　焦炉煤气

煤在焦炉中加热，由于煤分子的热解，析出大量的气态物质，即为焦炉产生的荒煤气，其组成见表 2-6，表中的水蒸气大部分来自煤的表面水分。焦炉煤气的热值高，是冶金工业重要的燃料。经过净化后，可作为工业燃料和民用煤气。从焦炉煤气中提取的物质主要有：氨，产率为 0.25%～0.4%，可生产硫铵和无水氨等；粗苯（产率为 0.8%～1.1%）和酚类产品，粗苯经过精制可得苯、甲苯、二甲苯，还有古马隆 - 茚树脂等；硫化物（产率为 0.2%～1.5%）可生产硫黄，还有吡啶等。

表 2-6　粗煤气的组成　　　　　　　　　　　（单位：g/m³）

水蒸气	焦油气	粗苯	氨	硫化氢	氰化物	轻吡啶盐基	萘	氮
250～450	80～120	30～45	8～16	6～30	1.0～2.5	0.4～0.6	10	2～2.5

净煤气即回收化学产品和净化后的煤气，也称回炉煤气，其组成见表 2-7，表

中的重烃主要是乙烯。净焦炉煤气的密度是 $0.48\sim0.52\ kg/m^3$，低热值为 $1.76\sim1.84\ kJ/m^3$。

表 2-7　净煤气的组成

	H_2	CH_4	重烃	CO	CO_2	O_2	N_2
体积分数 / %	54～59	23～28	2.0～3.0	5.5～7.0	0.5～2.5	0.3～0.7	3.0～5.0

2.3.6　炼焦用煤及配煤理论

炼焦用煤主要有气煤、肥煤、焦煤和瘦煤，它们的煤化度依次增大，挥发分依次减小，因此半焦收缩度依次减小，收缩裂纹依次减小，块度依次增加。以上各种炼焦煤的结焦特性如下。

1. 气煤

气煤的挥发性最大，半焦收缩量最大，所以，成焦后裂纹最多、最宽、最长。此外，气煤的黏结性差，膨胀压力较小，为 2940～14700 Pa。因为气煤产生的胶质体量少，热解温度区间小，约为 90℃（350～440℃），热稳定性差，炼焦时加入适当的气煤，既可以炼出质量好的焦炭，合理利用资源，又能增加化学产品的产率，还便于推焦，保护炉体。

2. 肥煤

肥煤的挥发分比气煤低，但仍较高。在半焦收缩阶段最高收缩速度和最终收缩量也很大，但肥煤在最高收缩速度时，其气孔壁已经较厚，因此，产生的裂纹比气煤少，焦块的块度和抗碎性都比气煤焦好。肥煤除了具有挥发分高、半焦收缩量大的特点外，还有产生胶质体数量最多、黏结性最好和膨胀压力最大（4900～19600 Pa）的显著特点。因为肥煤的热解温度区间最大，约为 140℃（320～460℃），若加热速度为 3℃/min，则胶质体约存在 50 min。用肥煤炼焦时，可多加瘦煤等弱黏煤，既可扩大煤源，又可减轻炭化室墙的压力，以利推焦。但是，肥煤的结焦性较差。

3. 焦煤

焦煤的挥发分适中，比肥煤低，半焦最大收缩的温度（即开始出现裂纹的温度）较高，为 600～700℃，收缩过程缓和及最终收缩量也较低，所以，焦块裂纹少、块大、气孔壁厚、机械强度高。值得指出的是焦煤的膨胀压力很大，为 14700～34300 Pa。这是因为焦煤虽然在热解时产生的液态物质比肥煤少，但其生成的胶质体黏度较大，透气性较差，热稳定性较高，而且其热解温度区间较大，约为 75℃（390～465℃）。炼焦时，为提高焦炭强度，调节配合煤半焦的收缩度，可适量配入焦煤，但不宜多用。因为焦煤储量少，膨胀压力大，收缩量小，在炼焦过程中对炉墙极为不利，并且容易造成推焦困难。

4. 瘦煤

瘦煤的挥发分最低，半焦收缩过程平缓，最终收缩量最低，半焦的最大收缩速度的温度较高。瘦煤炼成的焦炭块度大，裂纹少，熔融性较差。因其碳结构的层面间容易撕裂，故耐磨性差。瘦煤热解时，液体产物少，热解温度区间最窄，仅为 40℃（450～490℃），所以，黏结性差。膨胀压力为 19600～78400 Pa。炼焦时，在黏结性较好，收缩量大的煤中适当配入，既可增大焦炭的块度，又能充分利用煤炭资源。

从以上几种炼焦煤的结焦特性看，若用它们单独炼焦，焦炭的质量很难符合要求，而且容易造成操作困难。比如，早期只用焦煤炼焦，但是焦煤的焦饼收缩小，推焦困难，而且膨胀压力大，容易胀坏炉墙，炼焦过程化学产品产率较低。虽然我国的煤源丰富，煤种齐全，但是我国优质炼焦煤的储量明显短缺，从长远看，配煤炼焦势在必行。因此炼焦工艺中，普遍采用多种煤的配煤技术。合理的配煤不仅同样能够炼出好的焦炭，还可以扩大炼焦煤源，同时有利于操作和增加化学产品。我国生产厂的配煤种数一般为 4～6 种，已采用了一些配煤新工艺，如煤的预热、干燥、选择破碎、捣固、配型煤、配黏结剂或瘦化剂等。

由于配煤的多样性和复杂性，迄今尚未形成普遍适用而又精确的配煤理论和实验方法。自 20 世纪 50 年代以来，在预测焦炭的实验方法上有所发展，由此得出了一些配煤概念和统计规律，虽然在一定条件下，有一定的指导作用，但还不完善。所以，实际配煤方案的确定，还需要通过实验来完成。现在，大型焦化厂都有配煤试验炉，以其试验结果来指导配煤。配煤质量是决定焦炭质量的重要因素。

随着高炉大型化和高压喷吹技术的发展，对焦炭质量的要求日益提高。但是，国内外优质炼焦煤明显短缺，而低质煤炭资源丰富。为了扩大炼焦煤源，国内外已做了大量的工作，开发了各种用常规焦炉炼焦的新技术。这些技术多数处于小型试验或半工业试验阶段，有的虽已达到工业生产，但还不够完善。本小节主要介绍发展迅速的捣固炼焦技术。

将配煤在捣固机内捣实，使其略小于炭化室的煤饼，推入炭化室内炼焦，即捣固炼焦。煤料捣固后，一般堆比重由散装煤的 0.72 t/m³ 提高到 0.95～1.150.72 t/m³，这样使煤粒间接触紧密，结焦过程中胶质体充满程度大，并减小气体的析出速度，从而提高膨胀压力和黏结性，使焦炭结构致密。但是，随着黏结性的提高，煤料结焦过程中收缩应力加大，故对黏结性较好的煤，所得焦炭裂纹增加，块度和强度都要下降。所以，对于气煤用量较多的配煤，在细粉碎时，配入适量的瘦化组分（焦粉或瘦煤等）和少量的焦煤、肥煤，可得抗碎和耐磨强度都较好的焦炭。

在捣固炼焦中，只有将煤细粉碎，才能使煤粒容易结合成坚固的煤饼，并要求装炉时煤饼不塌落。配入适量的瘦化组分，既能减少收缩应力增加焦炭块度，又能使煤料中的黏结成分和瘦化成分达到恰当的比例，增加焦炭气孔壁的强度。实验表明，在一定条件下增加瘦化组分，M_{40} 增加，M_{10} 则变化不大。配入少量焦煤和肥煤的目的是调整黏结成分的比例，弥补黏结性能的不足。

已经被国内外大量生产实践所证明，采用捣固炼焦，可扩大气煤用量、改善焦炭质量。目前国外的捣固焦比国内的好，原因是：国外的高挥发分的煤用量较少，煤料的细度（小于 3 mm）约为 96% 以上，较国内的 86% 大；煤料的堆比重较大。

为进一步改善焦炭质量，还可采用预热捣固炼焦。将预热与捣固结合，并添加黏结剂，经过预热的煤料捣固后炼焦。煤预热可以扩大弱黏煤的用量，改善焦炭质量；加黏结剂，则有利于结焦过程中中间相结构的成长，从而改善焦炭的热态性质。预热煤捣固炼焦与湿煤捣固炼焦相比，煤料堆比重提高约 7.5%，生产能力提高 35%，焦炭质量进一步改善。

捣固炼焦与散装煤炼焦相比，也有其天然的缺陷，如设备庞大、投资高、炭化室有效利用率低、结焦时间长等。但是在扩大气煤用量方面，与预热、配型块等炼焦新技术相比，有设备简单、投资少、容易操作等优点。若进一步改进捣固机械，如增加捣固速度和锤头质量，从而增加煤饼的高宽比，提高焦炉生产能力，降低成本，则捣固炼焦将成为扩大弱黏性气煤用量，并成为获得较好焦炭的有效途径之一。

思考题

1. 简述煤的化学组成及其物理化学结构。
2. 简述煤热解的定义及热解过程。
3. 简述煤热解过程中发生的化学反应。
4. 简述影响煤热解的主要因素。
5. 简述按照热解温度对热解过程的分类及主要用途。
6. 简述多段回转炉热解工艺流程。
7. 简述高温炼焦的定义及其过程。
8. 简述高温炼焦工艺的简易工艺流程。
9. 简述炼焦的主要产物及其用途。
10. 简述捣固炼焦工艺流程及捣固炼焦的优缺点。

第3章

煤炭气化与煤气净化技术

煤气化技术是发展煤基化学品、煤基液体燃料、煤制天然气、IGCC 整体煤气化联合循环发电和煤制氢等产业的龙头技术和关键技术。未来的煤炭高效清洁转化利用将以大型、先进的煤气化技术为核心，以电、化、热等多联产为方向进行技术集成，这对煤气化技术在技术稳定性、环境保护、能源消耗、装备制造、流程优化等方面提出了更高的要求。

采用现代煤气技术生产的各类合成原料气中除了 H_2、CO 等有效气体外，还含有硫化物（H_2S、COS）、氰化物和 CO_2 等杂质。煤气中硫化物和氰化物等杂质的存在，会造成生产设备和管道的腐蚀，引起后续合成化学反应过程催化剂的中毒失活，直接影响最终产品的收率和质量。根据后续工艺及产品的要求，对于原料气中的 CO_2 含量也有不同的要求，一般情况下要求将变换反应产生的 CO_2 尽量脱除。如果未净化的合成气用作工业或民用燃料时，尾气中含硫、含氮化合物及 CO_2 气体将污染大气环境，危害人类健康。综上所述，煤气在使用之前，必须进行净化，脱除其中的杂质。煤气的净化主要分为脱硫、脱碳及其他少量杂质清除三个部分。

3.1 煤炭气化原理

煤的气化是指在特定的设备内利用气化剂（氧、水蒸气和二氧化碳等）与高温煤层或煤粒接触并相互作用，使煤中的有机质在氧气不足的条件下与气化剂进行反应，将煤中有机质尽可能完全地转化成 H_2、CO 和 CH_4 等可燃气体，经过进一步加工处理转化为工业燃料、城市煤气和化工原料气的过程。气化过程使用不同的气化剂可制取不同种类的煤气，但主要反应都相同。主要反应如下。

（1）氧化燃烧反应：煤中的部分碳和氧气发生燃烧反应生成 CO_2 和 CO，该反应主要用于提供气化反应所必需的热量。

$$C + O_2 \rightleftharpoons CO_2 + Q \tag{3-1}$$

$$C + 1/2O_2 \rightleftharpoons CO + Q \tag{3-2}$$

（2）气化反应：这是气化炉中最重要的还原反应，生成煤气的主要成分为 CO 和 H_2，该反应是强吸热反应，由反应（3-1）（3-2）提供所需的热量。

$$C + CO_2 \rightleftharpoons 2CO - Q \tag{3-3}$$

$$C + H_2O \rightleftharpoons CO + H_2 - Q \tag{3-4}$$

（3）变换反应：在气化炉的反应条件下，会发生水煤气变换反应。

$$CO + H_2O \Longrightarrow H_2 + CO_2 - Q \qquad (3-5)$$

（4）甲烷化反应：当炉内反应温度在 700～800℃时，还伴有甲烷生成反应，对于煤化程度浅的煤，有部分甲烷来自煤的大分子裂解反应。

$$2CO + 2H_2 \Longrightarrow CH_4 + CO_2 + Q \qquad (3-6)$$
$$C + 2H_2 \Longrightarrow CH_4 - Q \qquad (3-7)$$
$$3C + 2H_2O \Longrightarrow CH_4 + 2CO + Q \qquad (3-8)$$
$$2C + 2H_2O \Longrightarrow CH_4 + CO_2 + Q \qquad (3-9)$$

根据以上反应过程，煤炭气化过程可以用下式表示：

$$煤 \xrightarrow{\text{高温、加压、气化剂}} C + CH_4 + CO + CO_2 + H_2 + H_2O$$

因为煤中有杂质硫、氮的存在，气化过程中除了以上主反应外，还同时发生以下副反应：

$$S + O_2 \Longrightarrow SO_2 \qquad (3-10)$$
$$SO_2 + 3H_2 \Longrightarrow H_2S + 2H_2O \qquad (3-11)$$
$$SO_2 + 2CO \Longrightarrow S + 2CO_2 \qquad (3-12)$$
$$2H_2S + SO_2 \Longrightarrow 3S + 2H_2O \qquad (3-13)$$
$$C + 2S \Longrightarrow CS_2 \qquad (3-14)$$
$$CO + S \Longrightarrow COS \qquad (3-15)$$
$$N_2 + 3H_2 \Longrightarrow 2NH_3 \qquad (3-16)$$
$$2N_2 + 2H_2O + 4CO \Longrightarrow 4HCN + 3O_2 \qquad (3-17)$$
$$N_2 + O_2 \Longrightarrow 2NO \qquad (3-18)$$

气化过程中，煤中的杂原子硫、氮最终以 H_2S、NH_3 等气体形式存在于煤气当中，它们的存在能造成下游设备的腐蚀、催化剂的中毒和环境的污染，因此在煤气利用过程中需预先净化煤气，将对后系统有害的杂质脱除。

从以上的反应式可以看出，煤炭气化过程中的化学反应非常复杂。煤炭与不同气化剂反应可获得空气煤气、水煤气、混合煤气、半水煤气等，其反应后组成见表 3-1。

表 3-1 工业煤气组成

种类	气体组成（体积分数/%）						
	$\varphi(H_2)$	$\varphi(CO)$	$\varphi(CO_2)$	$\varphi(N_2)$	$\varphi(CH_4)$	$\varphi(O_2)$	$\varphi(H_2S)$
空气煤气	0.9	33.4	0.6	64.6	0.5	—	—
水煤气	50.0	37.3	6.5	5.5	0.3	0.2	0.2
混合煤气	11.0	27.5	6.0	55	0.3	0.2	—
半水煤气	37.0	33.3	6.6	22.4	0.3	0.2	0.2

一般情况下，煤炭的气化过程均设计成使氧化和挥发裂解过程放出的热量，与

气化反应、还原反应所需的热量加上反应物的显热相抵消。总的热量平衡采用调整输入反应器中的空气量和/或蒸汽量来控制。

3.2 煤炭气化工艺

煤炭气化及煤气净化的简要流程如图 3-1 所示，包括：原料准备、煤气的生产、净化及脱硫、煤气变换、煤气精制等 5 个主要单元。目前国内流行的煤气化技术有十几种，但是因为煤炭性质和煤气的最终用途不同，选择的气炉也不同，因此导致最终的每一个单元也不相同。根据气化燃料和气化剂接触的方式，气化炉可以分成三大类：固定床气化、流化床气化和气流床气化。下面介绍每一类气化工艺中有代表性的煤气化炉及其相应的工艺流程。

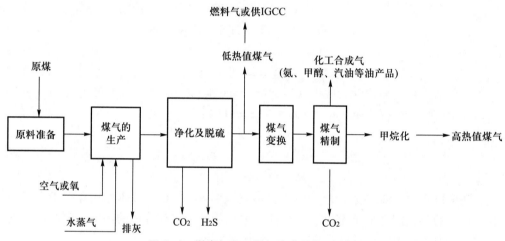

图 3-1 煤炭气化及煤气净化的简要流程

3.2.1 固定床（移动床）气化工艺

固定床气化就是煤在气化炉内自上而下缓慢移动，与上升的气化剂和反应气体逆流接触，同时发生一系列的物理化学反应，温度为 230～700℃的含尘煤气与床层上部的热解产物从气化炉上部离开，温度为 350～450℃的灰渣从气化炉下部排出。鲁奇炉是世界上广泛使用的大型固定床气化炉。鲁奇炉是由德国鲁奇公司首先推出，1936 年第一座工业性装置在德国投产。由于此法在技术上比较成熟，煤气中的甲烷含量也比较高，所以鲁奇炉是目前建设大型煤制天然气化工厂的首选气化炉。

鲁奇碎煤加压气化炉的纵剖面如图 3-2 所示，自上而下可分为：干燥和预热层、干馏层、气化层、燃烧层和灰层。气化炉的加煤和排灰，由煤锁和灰锁控制，间歇操作实现。

鲁奇气化炉

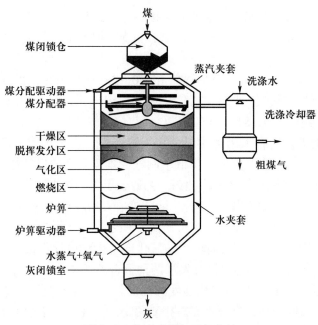

图 3-2 鲁奇碎煤加压气化炉

　　鲁奇气化工艺典型流程如图 3-3 所示。装置运行时，煤先从煤斗通过溜槽由液压系统控制充入煤锁中，装满后对煤锁进行充压，从常压充至气化炉的操作压力，随后煤由煤锁进入气化炉，再将煤锁卸压到常压，以便开始下一个加煤循环过程。这一过程实施既可用自动控制，也可使用手动操作。煤锁卸压的煤气收集于煤锁气气柜，并由煤锁气压缩机送往变换冷却装置。

鲁奇气化工艺

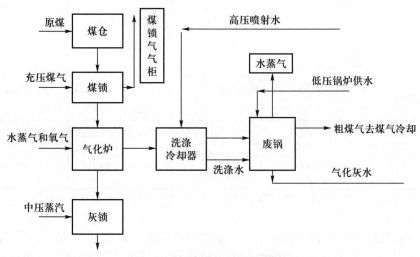

图 3-3 鲁奇气化工艺典型流程

　　气化剂——水蒸气、氧气混合物，经安装在气化炉下部的旋转炉箅喷入，在燃烧区燃烧一部分煤，为吸热的气化反应提供所需的热量。在气化炉的上段，刚加进来的煤向下移动，与向上流动的气流逆流接触。在此过程中，煤经过干燥、干馏和气化后，只有灰残留下来，灰由气化炉中部经旋转炉算排入灰锁，再经灰斗排至水力排渣系统。灰锁也进行充压、卸压的循环。气化炉产生的煤气经过洗涤冷却，废锅回收热量后送入后系统。鲁奇炉通常在 $1.0 \sim 2.0$ MPa 或更高的压力下进行，以块煤或焦炭为原料，氧气/水蒸气为气化剂，连续操作。鲁奇炉煤气的组成为 CO 20%、H_2 $35\% \sim 40\%$、CH_4 $8\% \sim 10\%$。

鲁奇炉气化工艺适合采用劣质煤、高灰熔点煤、块 - 碎煤、褐煤及低变质程度烟煤等，扩大了制气煤炭资源，降低了制气成本，生产的煤气热值较高（脱 CO_2 后），且加压后利于远距离输送，因此该工艺适合于生产城市民用煤气。

但鲁奇气化炉存在单台规模偏小，蒸汽耗量大的缺点，使用焦结性强的煤时，容易造成床体阻塞，使气流不畅，煤气质量不稳定。由于煤在此气化炉内缓慢下移至变成灰渣需停留 $0.5 \sim 1$ h，因而单炉的气化容量无法设计得很大。为改善上述问题，强化煤的气化过程，国际上又开发了两种鲁奇炉新技术：① 鲁尔 -100 气化炉，提高操作压力至 10 MPa，提高气化强度的同时扩大了煤种范围；② 液态排渣鲁奇炉，其燃烧区的温度较高，克服了固态排渣鲁奇炉气化时，必须考虑煤的灰熔点和反应性等问题，减少了蒸汽耗量，提高煤的氧化速率和碳的转化率，缩短煤在炉内的停留时间，提高了生产能力。鲁奇炉的发展概况见表 3-2。

表 3-2 鲁奇炉的发展概况

	第一代	第二代	第三代	第四代
时间	1939-1954 年	1954-1969 年	1969 年	1978 年
特征	1. 设有内衬 2. 边置灰斗 3. 气化剂通过炉算的主动轴输入	1. 取消内衬 2. 中轴置灰斗	设有旋转的布煤器和搅拌装置	容量更大
适用煤种	褐煤，非黏结性煤	褐煤/弱黏结性煤	黏结性太强的煤种除外	黏结性太强的煤种除外
直径/mm	2600	2600/3700	3800（Mark Ⅳ）	5000（Mark Ⅳ）
粗煤气产气量 /（$m^3 \cdot h^{-1}$）	5000～8000	14000～17000/ 32000～45000	35000～50000	100000

来源：李金柱，申宝宏. 合理能源结构与煤炭清洁利用. 北京：煤炭工业出版社，2002.

全球安装的鲁奇炉大约有 150 台，最大用户是南非萨索尔（SASOL）公司，从 1955—1983 年，共安装了 97 台鲁奇炉，每年气化 3000 多万吨煤，每年生产油品 450 多万吨及数百万吨其他化工产品。由于近几年我国煤制天然气的迅速发展，使得鲁奇气化炉在我国得到了广泛的应用，如大唐国际克什克腾煤制天然气、新疆广汇煤制天然气等都是采用加压鲁奇气化炉进行气化作业。

3.2.2 流化床气化工艺

流化床煤气化又叫沸腾床煤气化，它是以小颗粒煤为气化原料，细粒煤（粒度小于 10 mm）在自下而上气化剂的作用下，使气、固两相流态化，使煤颗粒保持连续不断的和无秩序的沸腾、悬浮状态，从而使得气、固两相迅速地进行混合和热交换，以至整个床层温度、组分都呈现均一状态，煤与气化剂在一定温度和压力条件下反应生成煤气。煤粒（粉煤）和气化剂在炉底锥形部分呈并流运动，在炉上筒体部分呈并流和逆流运动。

流化床气化炉，按气、固接触模式可以分成两大类：鼓泡流化床和循环流化床，如图 3-4 所示。鼓泡流化床的操作气速比较低，一般在 1 m/s 左右。由于气泡的存在，完全气化与没有完全气化的燃料紧密地混合在一起，使得气化炉排出的废渣含有部分未气化的燃料，从而导致碳的转化率比较低。循环流化床气化炉，一般的操作气速可以达到 4～7 m/s，没有完全气化的燃料通过旋风分离器、料腿和返料阀反复循环，延长了焦粉在气化炉内的停留时间，碳转化率明显增高。

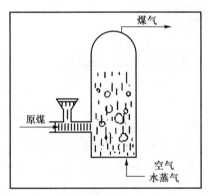
(a) 鼓泡流化床

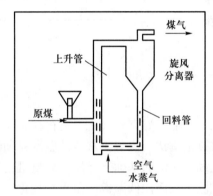
(b) 循环流化床

图 3-4　流化床气化炉

流化床气化炉可以根据产品气体的用途，自由地选择气化剂。空气－水蒸气气化模式可以制取低热值煤气，氮气含量在 50% 左右；氧气－水蒸气气化模式可以获得以一氧化碳和氢气为主的合成气，氮气的含量可以根据氧气的浓度进行调节。氧气与燃料的比例，水蒸气与燃料的比例不但影响着气化反应的温度，而且也影响着一氧化碳、二氧化碳和氢气的比例。

代表性流化床气化工艺有德国的温克勒气化工艺、美国的 U-Gas 气化工艺、KBR 气化工艺及中国科学院山西煤炭化学研究所开发的灰熔聚煤气化工艺等。下文详细介绍德国的温克勒气化工艺和中国科学院山西煤炭化学研究所开发的灰熔聚煤气化工艺。

3.2.2.1 温克勒气化炉

第一个流化床煤气化工业生产装置——温克勒煤气化炉于 1926 年在德国投入运行，以后在全球共建有约 70 台温克勒气化炉。早期的常压低温温克勒气化炉实际上是沸腾床气化炉,如图 3-5 所示。气化剂由气化炉中部、下部分别喷入炉内,使煤在炉内沸腾流化进行气化反应。早期的温克勒气化炉在炉底部设有炉栅,气化剂通过炉栅进入炉内。后改为无炉栅结构,气化剂通过 6 个仰角为 10°、切线角为 25° 的水冷射流喷嘴喷入炉内。在简化气化炉结构的同时也能达到使气流分布均匀的目的,还避免了床层内部气体沟流造成局部过热和结渣问题,延长了气化炉使用周期,降低了维修费用。

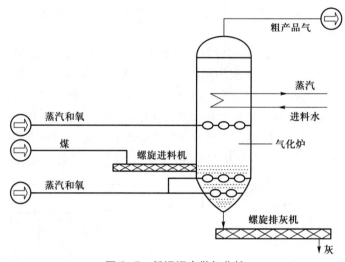

图 3-5 低温温克勒气化炉

常压低温温克勒气化工艺存在氧耗高、碳损失大(超过 20%)等缺点,因此已经被逐渐淘汰。为解决常压低温温克勒气化工艺存在的问题,研究人员在低温常压温克勒气化炉的基础上开发了高温温克勒气化炉,如图 3-6 所示。高温温克勒气化工艺除了采用比低温常压温克勒气化法更高的压力和温度外,还采用了带出煤粒再循环回床层的做法,从而提高了碳的利用率。气化反应温度由原来的 900~950℃ 提高到 950~1000℃,气化温度的提高有利于二氧化碳还原和水蒸气分解反应,进而增加气化煤气中一氧化碳和氢气的浓度,提高碳转化率和煤气产量。操作压力由常压提高到 1.0 MPa。采用加压流化床气化可改善流化质量,消除一系列常压流化床所存在的缺陷。增加反应压力,也就意味着增加了反应器中反应气体的浓度。在相同流量下,气流速度减小,增加了气体与原料颗粒间的接触时间。在提高生产能力的同时,可减少原料的带出损失,在同样生产能力下,可减小气化炉和系统中各设备的尺寸。

高温温克勒气化工艺流程如图 3-7 所示,包括煤的预处理、气化、气化产物显热的利用、煤气的除尘和冷却等。含水分 8%~12% 的干褐煤输入充压至 0.98 MPa 的密闭料锁系统后,经螺旋加料器加入气化炉内。白云石、石灰石或石灰也经螺旋加料器输入炉中,煤与白云石类添加物在炉内与经过预热的气化剂(氧气/水蒸气或空气/水蒸气)发生气化反应。携带细煤粉的粗煤气由气化炉逸出,在第一旋风分离器中分离出的较粗的煤粉循环返回气化炉;粗煤气再进入第二旋风分离器,在

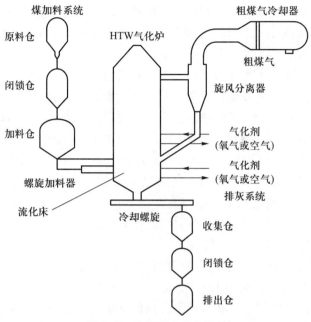

图 3-6　高温温克勒气化炉

此分离出细煤灰并通过密闭的灰锁系统将灰排出。除去煤尘的煤气经废热锅炉生产水蒸气以回收余热，然后进入水洗塔使煤气最终冷却和除尘。

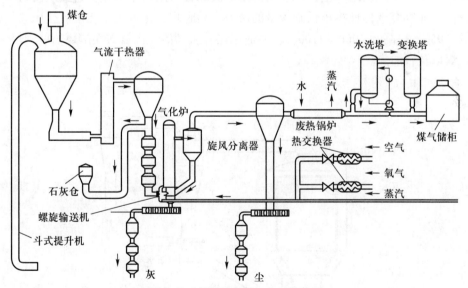

图 3-7　高温温克勒气化工艺流程

3.2.2.2　灰熔聚流化床

　　流化床反应器的混合特性有利于传热、传质及粉状原料的使用，但当应用于煤的气化过程时，受煤的气化反应速率和宽筛分物料气固流态化特性等因素影响，炉内的强烈混合状态导致了炉顶带出飞灰和炉底排渣中的碳损失较高。常规流化床为降低排渣的碳含量，必须保持床层物料的低碳灰比；而在这种高灰床料工况下，为维持稳定的不结渣操作，不得不采用较低的操作温度（<950℃），因此传统流化床气化炉只适用于高活性的褐煤或年轻烟煤。

针对上述问题研究人员提出了灰熔聚（灰团聚、灰黏聚）的排灰方式。具体做法是在流化床层形成局部高温区，使煤灰在软化而未熔融的状态下，相互碰撞黏结成含碳量较低的球状灰渣，球状灰渣长大到一定程度时靠其重力与煤粒分离下落到炉底灰渣斗中排出炉外，降低了灰渣的含碳量（5%～10%），与液态排渣炉相比减少了灰渣带出的热损失，提高了气化过程的碳利用率。

目前采用灰熔聚排渣技术的有美国的 U-Gas 气化炉、KRW 气化炉以及中国科学院山西煤炭化学研究所的 ICC 煤气化炉等。中国科学院山西煤炭化学研究所从 1980 年开始对灰熔聚煤气化技术进行研究开发，30 年来研究人员前赴后继，开展了大量的研究工作，取得了丰硕的成果。

中国科学院山西煤炭化学研究所开发的 ICC 煤气化炉如图 3-8 所示。ICC 煤气化炉以末煤为原料（<8mm），以空气、富氧或氧气为氧化剂，水蒸气或二氧化碳为气化剂，在适当的煤粒度和气速下促使床层中粉煤沸腾，并发生强烈返混，达到气、固两相充分混合。利用流化床较高的传热、传质速率特点，使气化反应主要区域内温度均匀。ICC 煤气化炉按照射流原理设计了气化剂的分布器，在气化炉底部中心射流形成局部高温区域（1200～1300℃），从而使得气化炉下部的灰渣部分熔融，而其他飞灰黏附其上，促使灰渣团聚成球，借助质量的差异达到灰团与半焦的分离，连续有选择地排出低碳含量的灰渣。同时将气化温度从传统流化床煤气化技术<950℃提高到 1000～1100℃，使适用煤种从高活性褐煤或次烟煤拓展到烟煤、无烟煤以及石油焦。

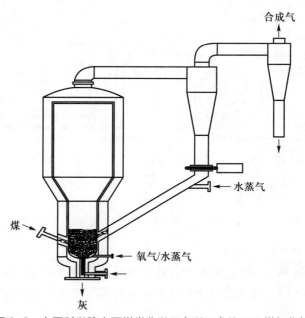

图 3-8　中国科学院山西煤炭化学研究所开发的 ICC 煤气化炉

灰熔聚流化床粉煤气化工艺流程如图 3-9 所示，该气化工艺系统主要包括备煤、供气、气化、除尘、废热回收以及煤气净化系统等主要部分。粒径为<30 mm 的原料煤，经过皮带输送机、除铁器，进入破碎机，破碎到粒径<8 mm 后送入回转式烘干机，被烘干的原料由斗式提升机送入煤仓备用。储存在煤仓的原料煤由斗式提升机送入进煤系统，由螺旋给料器送入气化炉下部。气化剂经计量后由分布板、环形射流管、中心射流管进入气化炉。气化炉为一不等径反应器，下部为反应区，上部为分离区。在反应区，由分布板进入的气化剂使煤粒流化，由中心射流管进入的气化剂在气化炉中心形成局部高温区使灰团聚，生成的灰渣由上下灰斗排出系统。气化炉上部直径较大，使得煤气上升流速降低，大部分灰及未反应完全的半焦回落至气化炉下部继续反应，只有少量灰及半焦随煤气带出气炉进入后续两级旋风分离器。第一级旋风分离出来的固体物质返回气化炉底部继续进行反应，第二级旋风分离出的飞灰排出系统。通过旋风除尘的煤气进入废热回收系统回收热量后进入煤气净化系统，经洗涤冷却后，所得煤气供给最终用户。

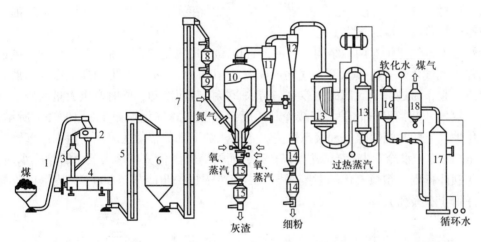

1—皮带输送机；2—破碎机；3—筛分机；4—烘干机；5—斗式提升机；6—煤仓；7—斗式提升机；
8—受煤斗；9—进煤斗；10—气化炉；11——级旋风分离器；12—二级旋风分离器；13—废热锅炉；
14—细粉排料装置；15—排灰斗；16—脱氧水预热器；17—粗煤气水洗塔；18—闪蒸塔

图 3-9 灰熔聚流化床粉煤气化工艺流程

3.2.3 气流床气化工艺

所谓气流床，就是气化剂（水蒸气与氧）将粉煤高速夹带送入气化炉进行并流气化。煤粉被气化剂夹带高速通过特殊设计的喷嘴进入反应器，瞬时着火，形成的火焰温度高达 2000℃。煤粉和气化剂在火焰中作并流流动，煤粉急速燃烧和气化，反应时间只有几秒，放热与吸热反应几乎同时进行，在火焰端部，碳已全部耗尽，生成含一氧化碳和氢气的煤气及熔渣。在高温下，所有的干馏产物都被分解，只含有很少量的 CH_4（约 0.02%）。在气流床内煤颗粒被气流隔开，单独发生裂解、膨胀、软化、烧尽直到形成熔渣，因此煤黏结性对煤气化过程几乎没有影响。

现代气流床气化的共同点是高压（3.0~10 MPa）、高温、细煤粒。不同的技术只是在煤处理、进料形态与方式、炉内混合方式、炉壳内衬、排渣、余热回收等技术单元存在不同。气流床有煤种适应性强（粒度、含硫、含灰都具有较大的兼容性）、生产能力大（单台处理量可达 3000 t/d）、环境友好、净化成本低等优势，代表着当今煤气化技术的发展趋势。目前国内流行的煤气化技术有十几种，气流床是大型煤气化技术的主流技术。

气流床按照进料的形态不同可分为水煤浆气化和干粉煤气化。水煤浆加压气流床气化的代表性技术包括德士古、多元料浆、多喷嘴对置和 E-Gas。干煤粉加压气流床气化的代表性技术包括壳牌气化炉、西门子 GSP 气化炉、Prenflo 炉和国内航天炉、两段炉。

3.2.3.1 德士古水煤浆气化工艺

德士古气化炉是美国德士古石油公司在重油气化基础上开发的，以水煤浆为气化原料的气流床加压气化技术。德士古水煤浆加压气化工艺自 1978 年首次推出以来，在过去 30 多年中，已在美国、日本和中国相继建成多套生产装置，是目前商业运行经验最丰富的气化工艺。

德士古气化炉

德士古气化炉有两种结构，一种是直接激冷式气化炉，一种为间接冷却（废锅流程）式气化炉。直接激冷式气化炉如图 3-10（a）所示，产生的高温煤气和液态熔渣一起，通过炉子底部的急冷室，与水直接接触而冷却，同时产生大量高压水蒸气与煤气一起离开气化炉。间接冷却（废锅流程）式气化炉如图 3-10（b）所示，气化炉产生的高温粗煤气和液态熔渣进入气化炉下部的辐射式废锅，由水冷壁管冷却至 700℃（水冷管内副产高压水蒸气），而熔渣粒固化分离落入下面的淬冷水池，经灰锁斗排出。粗煤气由辐射废锅导入对流废锅进一步冷却至 300℃（废锅回收显热并副产水蒸气）。

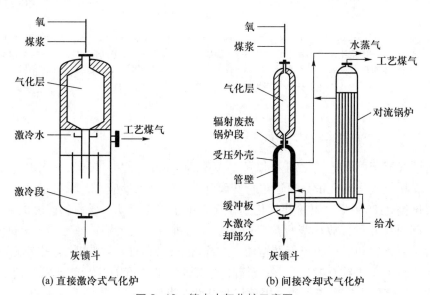

(a) 直接激冷式气化炉　　　　(b) 间接冷却式气化炉

图 3-10　德士古气化炉示意图

　　烧嘴是德士古气化工艺的关键部件，其寿命和运行状况直接决定着装置能否长周期经济运行。烧嘴多为三通道结构，德士古气化炉烧嘴结构如图 3-11 所示，中间走煤浆，外层和内层走氧气，内层氧气通过量占总氧量的 8%～20%。气化炉内镶嵌耐火砖，使用寿命一般在 6～18 个月，煤中灰分、烧嘴运行质量、炉内温度、开停车频率等都对耐火砖有较大的影响。

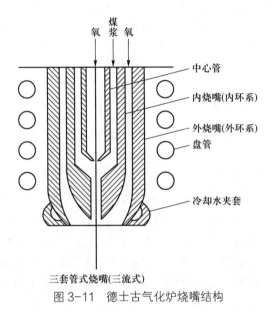

三套管式烧嘴(三流式)

图 3-11　德士古气化炉烧嘴结构

德士古气化
工艺

　　德士古水煤浆气化工艺流程如图 3-12 所示。原料煤经称重给料机计量后送入磨煤机，同时在磨煤机中加入水、添加剂、石灰石、氨水，经磨煤机研磨成具有适当粒度分布的水煤浆（水煤浆浓度为 60%～65%）。水煤浆经高压煤浆泵加压后与高压氧气经德士古烧嘴混合后呈雾状喷入气化炉燃烧室，在燃烧室中进行复杂的气化反应。气化压力在 3.0～8.5 MPa，气化温度 1400℃左右。反应生成的煤气（称为合成气）和熔渣经激冷环及下降管进入气化炉激冷室冷却，熔渣落入激冷室底部冷却、固化，定期排出。冷却后的煤气离开气化炉，进入旋风分离器分离出夹带的飞灰后，进入水洗塔。在水洗塔中，合成气进一步冷却、除尘，并控制水气比（即水蒸气与干气的物质的量之比），然后合成气出水洗塔进入后工序。落入激冷室底部的固态熔渣，经破渣机破碎后进入锁斗系统（锁渣系统），锁斗系统设置了一套复杂的自动循环控制系统，用于定期收集炉渣，在排渣时锁斗和气化炉隔离。气化炉和水洗塔排出的含固量较高黑水，首先进入高压、真空闪蒸系统，进行减压闪蒸，以降低黑水温度，释放溶性气体及浓缩黑水，经闪蒸后的黑水含固量进一步提高，送往沉降槽澄清，滤清后的水循环使用。

　　德士古水煤浆气化工艺的特点是对煤种的适应范围较宽，单台气化炉生产能力较大（可达 2000～4000 t/a），气化操作温度高，碳转化率可达 96%～98%，煤气质量好，有效气成分 CO、H_2 高达 80%，甲烷含量低，比较环保，也不产生焦油、萘、酚等污染物，但氧耗量较高，效率偏低。炉灰渣可用作水泥的原料和建筑材料，三

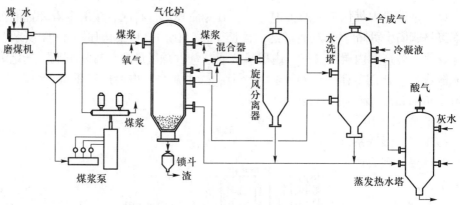

图 3-12 德士古水煤浆气化工艺流程

废排放少，处理简单，环境特性好。生产控制水平高，易于实现过程自动化及计算机控制，在国内外有丰富的工业化生产经验。

3.2.3.2 壳牌干粉煤加压气化炉

壳牌气化炉是荷兰壳牌公司在 Shell-Koppers 气化炉的基础上进行研究开发的一种现代气化炉，经过示范装置，1989 年 4 月，荷兰电力生产部 SEP 公司采用壳牌加压粉煤气化工艺在荷兰建立了第一座 GCC 示范厂。该示范厂于 1992 年 2 月开始单体试车；20 世纪 90 年代中期全部建成后实现了联合循环和空分厂联动生产煤气获得成功，1998 年后转入商业运行。壳牌干粉煤加压气化炉被认为是全球先进的气化炉之一。

壳牌煤气化装置的核心设备是气化炉和废热锅炉。煤粉、氧气和水蒸气是在加压条件下气固上行并流进入气化炉内，在极短暂的时间内完成升温、挥发分脱除、裂解、燃烧及转化等一系列物理和化学过程。气化炉设有侧壁烧嘴，根据气化能力中心对称分布 4~8 个；炉上部为燃烧室，下部为激冷室，煤粉和氧气在燃烧室内反应，温度为 1600℃左右；为了确保气化炉长周期运行，内筒采取水冷壁结构。废热锅炉用于回收高温煤气的显热，需要承受高温、高压及煤粉的冲刷，操作条件较为恶劣。

原煤经预破碎后进入煤的干燥系统，使煤中的水分小于 2%；然后进入磨煤机中被制成煤粉，磨煤机是在常压下运行，制成粉后用氮气送入煤粉仓中。然后进入加压锁斗系统。再用高压氮气，以较高的固气比将煤粉送至气化炉 4 个喷嘴，煤粉在喷嘴里与氧气（95% 纯度）混合并与蒸汽一起进入气化炉反应。如图 3-13 所示。

由对称布置的 4 个燃烧器喷入的煤粉、氧气和蒸汽的混合物，在气化炉内迅速发生气化反应，气化压力 2~4 MPa，气化温度 1400~1700℃，这个温度使煤中的碳所含的灰分熔化并滴到气化炉底部，经淬冷后，变成一种玻璃态的渣排出。粗煤气随气流上升到气化炉出口，经过一个过渡段，用除尘后的低温粗煤气（150℃左右）使高温热煤气急冷到 900℃，在有一定倾角的过渡段中，由于热煤气被骤冷，所含的大部分熔融态灰渣凝固后落入气化炉底部，然后进入煤气冷却器（水管式废热锅炉）被进一步冷却到 250℃左右。在气化炉内气化产生的高温熔渣，自流进入气化炉下部的渣池进行激冷，高温熔渣经激冷后形成数毫米大小的玻璃体，可作为建筑材料或用于筑路。

合成气所夹带的飞灰在干法脱灰单元中由一个高温高压过滤器去除并通过灰锁斗系统排出，经过气提和冷却后，飞灰送到存储和处理设施。基本上不含飞灰的合成气最后进入湿洗单元，灰尘含量降至<1 mg/m^3，同时湿洗也将合成气中卤化物含量降至≪1×10^{-6}。合成气离开湿洗单元时达到水汽饱和，到气化界区时温度在160～175℃。湿洗系统排出的废水大部分经冷却后循环使用，小部分废水经闪蒸、沉降及汽提处理后送污水处理装置进一步处理。闪蒸气及汽提气可作为燃料或送火炬燃烧后放空。

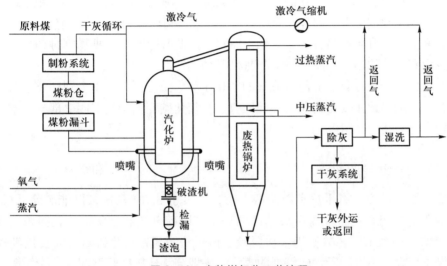

图 3-13　壳牌煤气化工艺流程

壳牌气化炉与其他的干粉水冷壁气化炉相比有两个独特的特点：对置多烧嘴设计和竖管水冷壁设计。每台气化炉设有 4 个对置烧嘴，生产负荷调节比德士古单个烧嘴更为灵活，范围也更宽。壳牌烧嘴保证寿命为 8000 h，目前运行已超过16000 h。烧嘴的使用寿命长，也是气化装置能长期运行的一个重要保证。气化炉采用水冷壁结构，无耐火砖衬里。水冷壁设计寿命为 25 年。正常生产维护量很小，运行周期长，也无需设置备用炉。

壳牌气化炉

壳牌气化技术的缺点是需要采用氮气密封及吹送，因而气化产生的合成气中有约为 5% 的惰性气体组分。气化炉及废热锅炉结构复杂，制造难度大，目前其内部的一些关键设备还需引进，相同生产规模，设备较大，投资相对较大。

3.3　煤气净化

采用现代煤气化技术生产的各类粗合成气中除了所需的 H$_2$、CO 等有效气体外，

还含有 H_2S、CO 及 CO_2 等组分。合成气中硫化物含量的高低主要取决于所使用的原煤中硫的含量，与选用的气化技术也有一定的关系。煤气中这些含硫化合物的存在不仅会污染环境，而且会直接对下游工艺及设备造成腐蚀危害，引起后续合成反应过程中催化剂的中毒失活，直接影响最终产品的收率和质量，因此必须将其脱除和回收。煤气净化，不仅可以提高合成气的质量，而且还可以回收重要的硫黄资源。

从气化炉中出来的合成气中本身就含有大量的 CO_2（干粉煤气 CO_2 含量为 2%～4%，水煤浆气 CO_2 含量为 12%～16%）。然而，用合成气合成化工产品要求气体有较高的 H/C，所以一般通过一氧化碳变换反应提高合成气中的氢气含量。但是经水煤气变换反应后合成气中 CO_2 的含量显著增加，在 16%～40%。CO_2 是主要的温室气体，而且合成气中存在的 CO_2 不但耗费气体压缩功，空占设备体积，还会使某些反应的催化剂中毒（如合成氨反应），因此需将其脱除和回收。当然，CO_2 也是生产尿素、纯碱和碳酸氢铵的重要化工原料，因此脱除回收合成气中的 CO_2 不仅可以减少温室气体的排放，而且利于合理利用 CO_2 资源。

对于以生产合成化学品的合成气的净化步骤大致相同，只是个别环节会有所调整。合成气的净化主要分为脱硫、硫回收、一氧化碳变换和脱碳四个部分。本节将对这四个部分逐一介绍。

3.3.1 煤气脱硫

煤气脱硫的方法有干法和湿法两大类，见表 3-3。干法脱硫既能脱除无机硫，又能脱除有机硫，而且能脱至极精细的程度，脱硫工艺和设备也比较简单，操作维修方便，小型工厂多数使用干法脱硫。但干法脱硫剂再生困难，需要周期性生产，设备庞大，不宜用于含硫较高的煤气，一般与湿法脱硫相互配合，作为第二级脱硫。湿法脱硫可以处理含硫量很高的煤气，湿法脱硫按溶液的吸收和再生性质可分为化学吸收法、物理吸收法及物理 - 化学吸收法等。脱硫剂是便于输送的液体物料，不仅可以再生，而且可以回收有价值的硫元素，是一个连续脱硫的循环系统，只需在运转过程中补充少量物料，便可以抵偿损失。

表 3-3 煤气脱硫方法

干法	湿法			
	化学吸收法		物理吸收法	物理 - 化学吸收法
	中和法	氧化法		
氧化铁法 分子筛法 活性炭法 氧化锌法	热碳酸盐法 醇胺法 有机碱法 低浓度氨水法	萘醌法 苦味酸法 蒽醌法、栲胶法 砷碱法 氨水液相催化氧化法	低温甲醇法 聚乙二醇二甲醚法	环丁砜法

3.3.1.1　干法脱硫

干法脱硫是利用脱硫吸附剂和/或催化剂将硫化物直接脱除或转化后再脱除的过程，与湿法脱硫相比，干法脱硫工艺的吸收、解吸过程是间歇进行的。干法脱硫的特点是脱硫精度高，投资、操作费用低，几乎没有动力消耗，适合进口浓度低和处理量少的脱硫过程。干法脱硫一般作为大型煤气净化装置的后续精制工段，几乎可以彻底脱除煤气当中的硫化物，经干法脱硫处理后气体中的含硫量可以脱至小于 0.01×10^{-6}。

干法脱硫技术按照不同的标准有不同的分类方法。以脱硫剂为标准分类，可以分为铁系脱硫剂、铝系脱硫剂、锌系脱硫剂、活性炭脱硫剂和分子筛脱硫剂等；以化学反应原理为标准分类，可以分为催化吸收法、吸附法、气固反应法和催化水解法等。本小节简单介绍工业当中广泛应用的氧化锌脱硫技术与活性炭脱硫技术。

3.3.1.1.1　氧化锌脱硫技术

氧化锌脱硫剂是现代大型化工装置中应用较为广泛的一类精脱硫剂，是目前公认的最好的精脱硫剂。氧化锌脱硫剂具有脱硫精度高、硫容大、使用方便等特点。但是氧化锌的硫容对温度很敏感，硫容与温度呈正相关，温度越高硫容越大，一般要求使用温度大于 200℃。氧化锌脱硫后生成难于分解的 ZnS，故再生困难，且氧化锌脱硫剂价格较贵，主要作为大型合成反应的"把关"脱硫剂。

氧化锌脱硫的基本原理如下所示：

$$ZnO + H_2S \rightleftharpoons ZnS + H_2O \tag{3-19}$$
$$ZnO + COS \rightleftharpoons ZnS + CO_2 \tag{3-20}$$
$$ZnO + C_2H_5SH \rightleftharpoons ZnS + C_2H_4 + H_2O \tag{3-21}$$
$$ZnO + C_2H_5SH + H_2 \rightleftharpoons ZnS + C_2H_6 + H_2O \tag{3-22}$$
$$2ZnO + CS_2 \rightleftharpoons 2ZnS + CO_2 \tag{3-23}$$

氧化锌脱硫剂主要成分是氧化锌，通常还添加 CuO、MnO_2 和 MgO 等促进剂，钒土、水泥等黏结剂，以提高其转化能力和强度。当氧化锌脱硫剂中添加了氧化锰、氧化铜时同样会发生类似（3-19）、（3-20）、（3-21）、（3-22）、（3-23）的反应。CuO 的脱硫能力优于 ZnO，某些常温氧化锌脱硫剂中添加氧化铜就是为了提高其脱硫能力。金属氧化物与 H_2S 的结合能力为 CuO＞ZnO＞NiO＞CaO＞MnO＞Ni＞Cu＞MgO。

氧化锌与硫化氢的反应是一个典型的非均相、非催化的气-固反应。氧化锌脱硫剂在使用过程中，床层当中硫含量的轴向分布为三个区，上层（进口端）为饱和区，基本被生成的硫化锌饱和；中间为传质区，此区为主要反应区，反应迅速；下层为清净区，仍为新鲜氧化锌脱硫剂。

随着时间的推移，床层中饱和区和传质区顺气流方向往床层出口处移动，而清净区则逐步缩短，当清净区从床层中消失时出口气体中将出现硫化氢，即发生穿透。此时整个床层由饱和区与传质区两部分组成。此时床层脱硫剂的硫容量称为穿透硫容或工作硫容。当出口气体中硫化氢浓度逐渐上升到硫化氢的进口浓度时，传质区从床层中消失，床层全部由饱和区组成。此时床层脱硫剂的硫容量称为饱和硫容。

3.3.1.1.2　活性炭脱硫技术

常规的氧化铁脱硫剂因受化学反应平衡的限制，且脱硫效果容易受碳化工段夹带水蒸气的影响，因此脱硫精度较低。氧化锌虽然脱硫精度很高，但是使用温度较高（＞250℃），且我国锌资源匮乏，价格昂贵，限制了其大规模的使用。因此，急需开发价格低廉，脱硫精度高的新型脱硫剂，活性炭脱硫剂正是在此背景下应运而生。近年来，由于科研人员的不懈努力，活性炭脱硫剂的脱硫精度和硫容逐步提高，已成为国内外研究开发的重点方向。

活性炭脱硫主要是利用活性炭的催化和吸附作用。活性炭的催化活性很强，煤气中的 H_2S 在活性炭的催化作用下，与煤气中少量的 O_2 发生氧化反应，反应生成的单质 S 吸附于活性炭表面。活性炭脱硫的脱硫反应过程如下：

$$2H_2S + 3O_2 \rightleftharpoons 2SO_2 + 2H_2O \tag{3-24}$$

$$H_2S + 2O_2 \rightleftharpoons H_2SO_4 \tag{3-25}$$

$$2H_2S + SO_2 \rightleftharpoons 3S + 2H_2O \tag{3-26}$$

$$H_2S + H_2SO_4 \rightleftharpoons S + 2H_2O + SO_2 \tag{3-27}$$

从反应（3-24）、（3-25）、（3-26）、（3-27）可以看出，活性炭脱硫反应机理分为两步进行，首先是体系中的 H_2S 被微量的氧气氧化成为 SO_2 或 H_2SO_4，然后是生成的 SO_2 或 H_2SO_4 与 H_2S 反应生成 S 和 H_2O。如果反应体系中氧气过量，会存在副反应：

$$S + O_2 \rightleftharpoons SO_2 \tag{3-28}$$

当活性炭脱硫剂吸附达到饱和时，脱硫效率明显下降，必须进行再生。活性炭的再生根据所吸附的物质而定，S 在常压下，190℃时开始熔化，440℃左右便升华变为气态硫，所以，一般利用450～500℃的过热水蒸气对活性炭脱硫剂进行再生，当脱硫剂温度提高到一定程度时，单质硫便从活性炭中析出，流入回收池，水冷后形成固态硫。

综合国内外文献，改性活性炭被认为是最有发展前景的脱硫方法。用于脱除 H_2S 的活性炭改性方法有如下几大类：①活性炭浸渍碱类，浸渍溶液包括 KOH、Na_2CO_3、$NaHCO_3$、K_2CO_3 等；②活性炭浸渍碘类，浸渍溶液包括 HIO_3、KI、I_2、$NaIO_3$ 等；③活性炭浸渍金属及盐类：包括 Fe、$Zn(NO_3)_2$、$ZnSO_4$、KNO_3、Cr、Ni 等。

对于 COS 的脱除，活性炭改性一般采用浸渍 $Cu(NO_3)_2$、$Zn(NO_3)_2$ 及金属 Cu、Zn 等。对于 CS_2 的脱除，活性炭改性一般采用浸渍 $CuSO_4$、KOH、钾盐、钠盐及各种不同的有机胺。对于有机硫化物的脱除，一般是将有机硫化物加氢转化或水解转化为硫化氢气体，然后再串联硫化氢吸收工段。但是加氢转化（或水解转化）存在投资大、反应温度高等问题。

3.3.1.2　湿法脱硫

湿法脱硫原理是先用液体将硫化物从粗煤气中分离、富集，然后再通过催化氧化转化为单质硫和硫酸。工艺上主要采用填料塔、塔板塔、浮阀塔、闪蒸器、汽提塔、升温和降温等设备组成工艺流程。

化学吸收法又分为中和法和氧化法两大类。中和法是以弱碱溶液为吸收剂，与煤气中的硫化氢气体进行化学反应形成化合物，从而将硫化氢气体脱除。当溶液的温度升高、压力降低时将吸收的硫化氢气体分解释放出来。中和法脱硫工艺主要有烷基醇胺法、有机碱法等。中和法存在易生成降解产物、选择性较差、起泡及溶液再生后活性下降等缺点，所以在现代化工装置中使用较少。氧化法是利用溶液中的特殊成分与被吸收的硫化氢发生氧化反应，生成硫黄，溶液则通过再生循环使用。氧化法脱硫主要有栲胶脱硫法和改良 ADA 法等。氧化法脱硫工艺主要存在处理能力小、硫容低、析硫速度慢等缺点，目前已经被逐渐淘汰，一般在中小化工厂中使用较多。

物理吸收法是利用吸收能力与被溶解气体分压成正比的特性，在高压下吸收煤气中的硫化氢气体，然后通过减压汽提的方式放出硫化氢气体。物理吸收法脱硫工艺主要有低温甲醇洗法、聚乙二醇二甲醚法等。物理吸收法具有处理能力大、硫容高、选择性强、溶液再生容易、气体净化度高等优点，是我国现代煤化工过程主要的脱硫方法。

物理 - 化学吸收法同时具有物理吸收与化学反应两种性质，如甲基二乙醇胺（MDEA）法、环丁砜法等。下面介绍现代煤化工主要使用的脱硫方法——低温甲醇洗法。

甲醇是一种无色、易挥发、易燃的极性有机溶剂，化学性质稳定，不腐蚀设备。甲醇的分子式为 CH_3OH，相对分子质量 32.04，沸点 64.5℃。

低温甲醇洗法是以甲醇作为吸收剂进行物理吸收脱除硫化氢的方法。不同气体在甲醇溶液中的溶解度与温度的关系如图 3-14 所示。从图中可以看出，甲醇对 H_2S、CO_2 等酸性气体在低温下有较大的溶解能力，且溶解能力随着温度的降低而升高。但是，甲醇对 H_2、N_2、CO、CH_4 和 NO 等气体的溶解能力很小，且温度对它们的溶解度影响很小。因此可以利用甲醇在低温下对 H_2S、CO_2 等气体有较大溶解能力这一特性，选择性地吸收煤气中的 H_2S 和 CO_2 等气体，然后通过升温、降压的方法将其解吸富集。

低温甲醇洗涤法脱除酸性气体工艺流程如图 3-15 所示。来自气化炉的粗煤气与离开吸收塔的净化气体在换热器 6 换热；被冷却的粗煤气，压力为 2.1 MPa，进入吸收塔 1 的下段，与来自第一甲醇再生塔的温度为 -70℃的甲醇逆流接触，气体中部分 H_2S 和 CO_2 被甲醇吸收；被初步净化的粗煤气进入吸收塔 1 的上段，被来自第二甲醇再生塔的甲醇逆流洗涤，气体中绝大部分 CO_2 和几乎全部的 H_2S、有机硫化物和氰化物被脱除，被净化的粗煤气离开吸收塔进入换热器 6 与来自气化炉的粗煤气换热后进入后续工段。

吸收塔 1 下段的甲醇吸收液从吸收塔的底部出口离开吸收塔，此处甲醇的温度由 -70℃升至 -20℃；然后甲醇吸收液进入第一甲醇再生塔 2 的上段，压力进一步下降到 0.1 MPa，大部分 H_2S 和 CO_2 被解吸出来，甲醇被冷却到 -35℃；随后甲醇

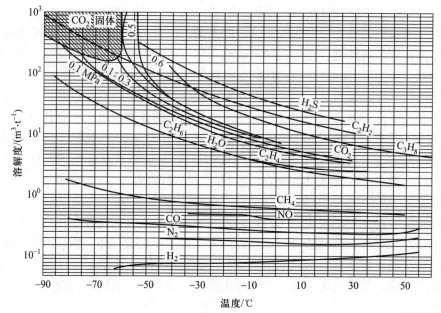

图3-14 不同气体在甲醇溶液中的溶解度与温度的关系

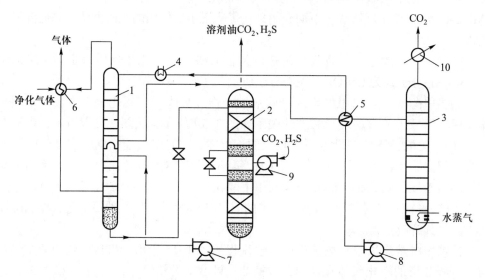

1—吸收塔；2—第一甲醇再生塔；3—第二甲醇再生塔；4—冷却器；5、6—换热器；
7、8—溶液循环泵；9—真空泵；10—冷却器
图3-15 低温甲醇洗涤法脱除酸性气体工艺流程

吸收液进入第一甲醇再生塔 2 的下段，压力进一步降至 0.02 MPa，此处 H_2S 和 CO_2 几乎全部被解吸，并用真空泵 9 从塔中部抽出，甲醇被进一步冷至 -70℃；经过再生的甲醇通过溶液循环泵 7 加压后输送到吸收塔 1 的下段上部入口处，循环使用。

从吸收塔 1 的上段底部排出的吸收 H_2S、CO_2 等气体后的甲醇吸收液通过换热器 5 与来自第二甲醇再生塔 3 底部排出的甲醇再生溶液换热后进入第二甲醇再生塔 3 上部；第二甲醇再生塔 3 塔底用水蒸气加热从塔上部来的甲醇吸收溶液，使 H_2S、

CO_2等酸性气体充分解吸，解吸的酸性气体从塔顶经过冷却器 10 逸出；经过再生的甲醇溶液通过溶液循环泵 8 加压后进入换热器 5 换热，然后通过冷却器 4 将再生后的甲醇溶液冷却至 $-60℃$ 后进入吸收塔 1 上段顶部入口处循环使用。

低温甲醇洗涤法，适合于加压气化制取合成原料气和城市煤气的净化。该法的优点是：在低温下，甲醇能选择性地吸收煤气中的杂质组分，而且根据各酸性气体的溶解度不同，可分别回收这些解吸气体，同时还可脱去煤气中的水分；粗煤气中的各组分与甲醇不发生副反应，故对甲醇的循环使用无影响；过程的能耗低，能量利用率高；当操作压力和煤气中的酸性气体浓度增大时，则其技术经济指标的先进性也增加。该法的缺点是：设备多，流程长，工艺复杂；对设备的材质要求高，在高压、低温下具有抗冷脆的性能；甲醇蒸发量大，其蒸气对人有毒，因此对设备、管道、阀门等的密闭性要求较严。

3.3.2　硫回收工艺

因为现代大型化工厂脱硫单元一般采用的都是低温甲醇洗涤工艺，所以有大量高浓度的 H_2S 气体需要回收。硫回收方法一般根据大工艺流程和当地产品销路情况进行选择，产品可以是硫黄（S），也可以是硫酸（H_2SO_4）。但是产品硫酸（H_2SO_4）存在交通运输限制、安全及产品大量贮藏等制约因素，所以现代化工厂一般都将 H_2S 气体转化为硫黄（S）。

克劳斯硫回收是一种重要的 H_2S 气体净化和回收技术，广泛应用于油／气田的气处理、炼油、化肥、石化和城市煤气等诸多石油化工领域。克劳斯硫回收工艺是 1883 年由 Claus 提出的，并在 20 世纪初实现工业化，此法回收硫的基本反应如下：

$$2H_2S + O_2 \rightleftharpoons 2S + 2H_2O \quad (3-29)$$
$$2H_2S + 3O_2 \rightleftharpoons 2SO_2 + 2H_2O \quad (3-30)$$
$$2H_2S + SO_2 \rightleftharpoons 3S + 2H_2O \quad (3-31)$$

以上反应均是放热反应，反应（3-29）、（3-30）在燃烧炉中进行，不同的工艺对温度控制的要求有所不同，在 $1100\sim1600℃$ 变动。在严格控制空气量的条件下通过反应（3-29）、（3-30）将硫化氢部分燃烧成二氧化硫，并生成少量产品硫。同时为克劳斯催化反应（3-31）提供 $V(H_2S)：V(SO_2)$ 为 2：1 的混合气体。燃烧炉通过控制反应温度和气体在炉中的停留时间（燃烧炉尺寸）使反应接近热平衡。反应（3-31）在克劳斯反应器中进行，通过铝基和抗漏氧保护催化剂床层反应生成单质硫。此外，反应器中还发生 CS_2、COS 的水解反应：

$$CS_2 + 2H_2O \rightleftharpoons 2H_2S + CO_2 \quad (3-32)$$
$$COS + H_2O \rightleftharpoons H_2S + CO_2 \quad (3-33)$$

按照 SO_2 生成方式的不同，克劳斯硫回收工艺可以分成如下三类：

（1）部分燃烧法：即全部酸性气体一次通过燃烧炉，配入按酸性气体中 H_2S 总量 1/3 所需要的空气量，生成 $V(H_2S)：V(SO_2)$ 为 2：1 的混合气体，然后全部通过装有催化剂的克劳斯反应器将 H_2S 转化为单质硫。

（2）分流法：将 1/3 的酸性气体通过燃烧炉，加入空气将 H_2S 完全燃烧为 SO_2，而后与其余 2/3 的酸性气体混合进入克劳斯反应器。

（3）燃硫法：将酸性气体经过加热炉先预热，然后将燃烧炉生成的单质硫再次燃烧生成 SO_2，将此 SO_2 与 H_2S 气体混合送入克劳斯反应器反应。

经过常规克劳斯反应的酸性气体，由于受化学平衡的限制，硫回收装置的硫回收率最高只能达到 97% 左右，尾气中还会含有未转化的 H_2S、液硫和其他有机含硫化合物，其总体积分数为 1%～4%，焚烧后均以 SO_2 的形式排入大气。这样不仅浪费了大量的硫资源，而且满足不了环保要求，造成了严重的大气污染。因此，为实现达标排放，必须对克劳斯反应的尾气进行处理，回收其中的硫资源。

克劳斯硫回收装置的尾气处理工艺按其原理大致可分为低温克劳斯法、还原吸收法和催化氧化法。

（1）低温克劳斯法（即亚露点技术）：该法包括在液相中和在固体催化剂上进行低温克劳斯反应。前者在加有特殊催化剂的有机溶剂中，在略高于硫熔点的温度下使尾气中的 H_2S 和 SO_2 继续进行克劳斯反应，生成硫以提高硫的转化率。后者在低于硫露点的温度下，在固体催化剂上发生克劳斯反应，这有利于提高热力学平衡常数，反应生成的硫被吸附在催化剂上，可降低硫的蒸气压，有利于 H_2S 和 SO_2 的进一步反应。

（2）还原吸收法：该法用 H_2 或 H_2 和 CO 的混合气体作还原气，使尾气中的 SO_2 和元素硫经催化剂加氢还原生成 H_2S。尾气中的 COS 和 CS_2 等有机含硫化合物水解为 H_2S，再通过选择性脱硫溶剂进行化学吸收，溶剂再生解析出的酸性气返回至克劳斯硫回收装置继续回收元素硫。

（3）催化氧化法：该工艺采用专利催化剂，使尾气中 H_2S 直接选择性催化氧化成元素硫。

工业上应用较多的是以 SCOT 法为代表还原吸收法，SCOT 尾气处理工艺是由壳牌国际石油集团研究开发的。该工艺分三个部分。

（1）加氢还原部分：还原气与尾气混合，在加氢反应器钴钼催化剂床层上发生加氢反应，将尾气中的 SO_2 和单质硫转化为 H_2S，同时将 COS 和 CS_2 水解为 H_2S。

（2）急冷部分：离开加氢反应器的尾气在激冷塔中与含硫循环冷却水逆流接触，尾气中大量蒸汽冷凝，温度降到吸收温度。

（3）吸收再生部分：采用 MDEA 吸收尾气中的 H_2S，醇胺溶液经加热再生循环使用，再生塔顶的酸性气（H_2S）送制硫燃烧炉，吸收塔顶尾气送尾气焚烧炉燃烧后达标排放。

因此，克劳斯硫回收装置包括两个单元：① 克劳斯单元：燃烧炉硫转化率达到 60%～70%，两级克劳斯反应器后达到 95%～97%；② SCOT 单元：加氢还原反应，将尾气中所有的硫化物（SO_2、元素硫、COS、CS_2）还原为 H_2S，再用醇胺溶液吸收 H_2S，经解析后，H_2S 返回制硫系统，总硫转化率达到 99.8% 以上。带有 SCOT 尾气处理工艺的克劳斯硫回收工艺流程如图 3-16 所示。

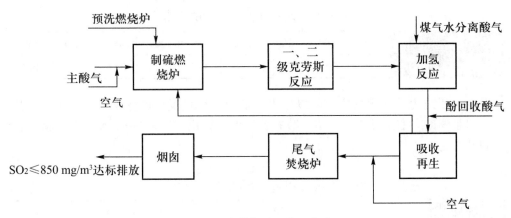

图 3-16 克劳斯硫回收工艺流程

3.3.3 一氧化碳变换反应

在现代煤化工生产过程中，很多反应都需要较高的氢碳比，但是通过气化制取的合成气中氢气占比往往较小，因此为了提高合成气中的氢碳比，在现代煤化工生产过程中通过一氧化碳变换反应获取更多的氢气。一氧化碳变换反应就是一氧化碳和水蒸气在催化剂上进行变换反应，生成氢气和二氧化碳的过程。主要反应如方程式（3-34）所示。

$$CO + H_2O(g) \rightleftharpoons CO_2 + H_2 \tag{3-34}$$

除了以上主要反应，在特定的条件下还会发生如下一些副反应：

$$2CO \rightleftharpoons C + CO_2 \tag{3-35}$$

$$2CO + 2H_2 \rightleftharpoons CH_4 + CO_2 \tag{3-36}$$

$$CO + 3H_2 \rightleftharpoons CH_4 + H_2O \tag{3-37}$$

$$CO_2 + 4H_2 \rightleftharpoons CH_4 + 2H_2O \tag{3-38}$$

这些副反应都消耗了原料气中的有效气体，生成有害的游离碳及无用的甲烷，避免副反应的最好方法就是使用选择性好的变换催化剂。

一氧化碳变换反应是一个典型的非均相气固催化反应。20世纪60年代以前，变换催化剂普遍采用 Fe-Cr 催化剂，使用温度范围为 350~550℃；60 年代以后，开发了钴钼加氢转化催化剂和氧化锌脱硫剂，这种催化剂的操作温度为 200~280℃。为了区别这两种操作温度不同的变换过程，习惯上将前者称为"中温变换"，后者称为"低温变换"。

按照回收热量的方法不同，变换反应又可分为激冷流程和废锅流程。激冷流程中，激冷后的粗原料气已被水蒸气饱和，在未经冷却和脱硫情况下直接进行变换。因此，两种流程按照工艺条件的不同选用不同的催化剂，激冷流程采用 Co-Mo 耐硫变换催化剂，废锅流程采用 Fe-Cr 变换催化剂。

一氧化碳变换反应是一个放热反应，变换反应的反应热随温度的升高而降低，见表 3-4。压力对变换反应的反应热影响较小，一般不作考虑。

表 3-4　一氧化碳变换反应的反应热

温度 /℃	25	200	250	300	350	400	450	500	550
ΔH/(kJ·g^{-1}·mol^{-1})	41	39.8	39.5	39	38.5	38	37.6	37	36.6

变换反应为等体积反应，所以压力较低时对变换反应的化学平衡几乎没有影响，但是温度对变换反应的平衡常数有着较大的影响，见表 3-5，平衡常数随着温度的升高而降低。

表 3-5　变换反应平衡常数随温度的变化

温度 /℃	200	250	300	350	400	450	500
K_p	227.9	86.51	39.22	20.34	11.7	7.311	4.878

CO 的变换程度通常用变换率表示，它定义为反应后变换了的 CO 含量与反应前气体中 CO 含量之比。CO 变换率：

$$x = [n_0(CO) - n(CO)]/n_0(CO) \times 100\%$$

式中 $n_0(CO)$、$n(CO)$ 分别表示变换反应前后 CO 的物质的量。反应达到平衡时的变换率叫做平衡变换率。

变换反应是等分子反应，故压力对平衡状态没有影响。但从动力学考虑，提高压力可使反应速率加快，生产能力增加。实践证明，压力从常压升至 2.0 MPa，变换效率迅速提高，但超过此值以后再增加压力，变换效率提高不明显。在实际操作中，由于气化压力远高于 2.0 MPa，所以变换压力是由前系统气化压力决定的。

温度是 CO 变换最重要的工艺条件，由于 CO 变换为放热反应，随着 CO 变换反应的进行，温度不断升高。对一定的原料气初始组成，温度的降低，平衡向正反应方向移动，K_p 值增大，变换气中 CO 的平衡含量降低。所以，当原料气组成一定时，温度越低，平衡变换率越高。低温条件下变换后残余 CO 含量可以有较大的降低。然而，从反应动力学可知，温度升高，反应速率常数增大，对反应速率有利，但平衡常数随温度的升高而变小，即 CO 平衡含量增大，反应推动力变小，对反应速率不利。

温度开始升高时，反应速率的影响大于化学平衡的影响，故对反应有利。再继续增加温度，二者的影响相互抵消，当温度超过一定值时，化学平衡的影响大于反应速率的影响，此时 CO 变换率会随温度的升高而下降。对一定类型的催化剂和气体组成而言，必将出现最大的反应速率，与其对应的温度称为最佳反应温度。

在确定操作温度时还要考虑催化剂的最高和最低允许温度。最低允许温度是指能使反应快速进行而又能保证 CO 变换率的温度，称为燃起温度。变换炉进口温度由运转末期催化剂的活性而定，通常比燃起温度高 30～50℃。所以在运转初期，进口温度应尽可能接近最低允许温度。最高允许温度的选择必须考虑催化剂的活性温度范围。随着使用时间的延长，由于催化剂中毒和老化等原因，催化剂活性降低，操作温度应适当提高。

汽气比是指 H_2O 与 CO，或水蒸气与干原料气的比值。在压力、温度和空速一定时，增加汽气比，有利于提高变换率，但当增加到一定值以后，实际变换率反而会下降，这是因为增加蒸汽量以后，气体与催化剂的接触时间减少所引起的。汽气比改变时，应注意防止蒸汽在变换炉内冷凝，气体中如含有水蒸气，当温度降低到蒸汽分压等于该温度下的饱和水蒸气压力时，就会出现冷凝，此时温度即为"露点"。压力越高，或汽气比越大，则露点越高。在生产中实际操作温度应至少高出露点20℃。

过量的水蒸气还起到热载体的作用，所以改变水蒸气的用量是调节床层温度的有效手段。但过高的汽气比会带来以下缺点：① 增加蒸汽消耗；② 增加系统阻力，降低生产能力；③ 变换炉内反应温度无法维持；④ 减少反应时间，降低变换率。

在实际生产中必须选取一个适宜的汽气比，它决定于以下几个因素。① 催化剂的性能，在相同的变换率下，性能好的催化剂所需蒸汽量比性能差的要少；② 在温度、压力、空速一定的条件下，当系统受平衡控制时，特别在较低温度下，加大汽气比不会提高变换率，甚至会因接触时间的减少而使出口 CO 含量增加；③ 为了取得相同的出口平衡 CO 浓度，温度越高，所需的汽气比越大。经验表明，最适宜的汽气比为3～4。

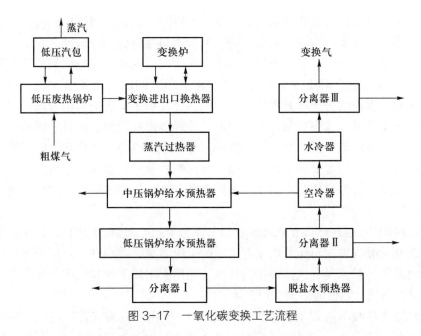

图 3-17 一氧化碳变换工艺流程

一氧化碳变换工艺流程如图 3-17 所示。从气化工段来的粗煤气，经过低压废热锅炉回收热量以后，进入变换进出口换热器换热提高进气温度，然后进入变换炉进行 CO 变换反应，出来的热气体与变换炉进口气体换热降温后，分别进入蒸汽过热器、中压锅炉给水预热器、低压锅炉给水预热器进一步回收热量，然后进入分离器 I 分离气体中夹带的油水杂质后，进入脱盐水预热器提高脱盐水温度，变换气温度进一步降低，分别进入分离器 II、空冷器、水冷器、分离器 III 后，合格的变换气送到下一工序。

3.3.4 煤气脱碳

粗煤气经一氧化碳变换后，变换气中除氢、氮外，还有二氧化碳、一氧化碳和甲烷等组分，其中以二氧化碳含量最多，在煤气中把二氧化碳从合成气中脱离出来的工序称为煤气的脱碳。从气体混合物中脱除 CO_2 有如下原因：① CO_2 耗费气体压缩功，空占设备体积，而且对某些后续工序有害；② CO_2 是重要的化工原料，如尿素、纯碱和碳酸氢铵的生产都需要大量的 CO_2，食品级 CO_2 也是重要的产品。因此脱碳工艺兼有净化气体和回收纯净 CO_2 两个目的。根据脱碳原理的不同，脱碳工艺可分为干法脱碳和湿法脱碳两大类。

3.3.4.1 干法脱碳

干法脱碳是利用空隙率极大的固体吸附剂在高压和低温条件下，选择性吸收气体中的某种或某几种气体，再将所吸附的气体在减压或升温条件下，解吸出来的脱碳方法。这种固体吸附剂的使用寿命可长达 10 年之久，克服了湿法脱碳时大量的溶剂消耗，运行成本低，所以应用前景光明。干法脱碳分为物理吸附法和化学吸附法两大类。

化学吸附，即吸附过程伴随有化学反应的吸附。在化学吸附中，吸附质分子和吸附剂表面将发生反应生成表面配合物，其吸附热接近化学反应热。化学吸附需要一定的活化能才能进行。通常条件下，化学吸附的吸附或解吸速度都要比物理吸附慢。物理吸附是由吸附质分子和吸附剂表面分子之间的引力所引起的，即范德华力。由于固体表面的分子与其内部分子不同，存在剩余的表面自由力场，当气体分子碰到固体表面时，其中一部分就被吸附，并释放出吸附热。由分子间的引力所引起的吸附，其吸附热较低，接近吸附质的汽化热或冷凝热，吸附和解吸速度也都较快。被吸附气体也较容易地从固体表面解吸出来，所以物理吸附是可逆的。常见的干法物理吸附脱碳有变压吸附和变温吸附两种。下面介绍工业生产过程中使用较多的变压吸附。

变压吸附（pressure swing adsorption）简称 PSA。变压吸附工作原理是利用床层内吸附剂对吸收质在不同分压下有不同的吸附容量，并且在一定压力下对被分离的气体混合物各组分又有选择吸附的特性，加压吸附除去原料气中杂质组分，减压又脱附这些杂质，而使吸附剂获得再生。

两段法变压吸附脱碳工艺流程如所图 3-18 所示。变换气首先进入气液分离器分离游离水，进入 PSA-Ⅰ工序。原料气由下而上同时通过吸附床层，其中吸附能力较弱的组分，如 H_2、N_2、CO 等绝大部分穿过吸附床层；相对吸附能力较强的吸附组分如 CH_4、CO_2、H_2O 等组分大部分被吸附剂吸附，停留在床层中，只有小部分穿过吸附床层进入下一工序，穿过吸附床层的气体称之为半产品气；当半产品气中 CO_2 指标达到 6%～8% 时，停止吸附操作。CO_2 随降压和抽空等再生过程从吸附剂上解吸出来，纯度合格的 CO_2 可回收利用输出界区，其余放空。

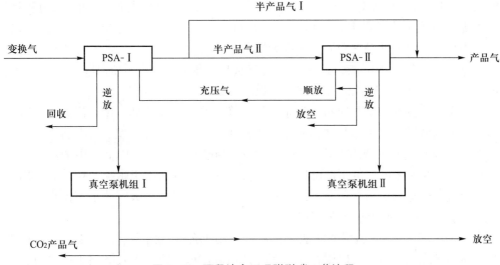

图 3-18 两段法变压吸附脱碳工艺流程

半产品气进入 PSA-Ⅱ工序前分成两部分：① 半产品气Ⅰ：PSA-Ⅰ工序送出半产品气通过流量调节系统进行分配，将约 1/3 半产品气直接送入产品气缓冲罐；② 半成品气Ⅱ：经流量调节系统分配的 2/3 半产品气，进入 PSA-Ⅱ工序，进行第二次脱碳。

半产品气Ⅱ经中间产品缓冲罐送入 PSA-Ⅱ工序，将半成品气中的 CO_2 含量由 6%～8% 脱至 3%～5%。经 PSA-Ⅱ工序脱碳后的净化气进入产品气缓冲罐与半成品气Ⅰ混合均匀，此时产品气中 CO_2 混合均匀后含量达到 3%～5% 时，作为产品气输出界区。

被吸附剂所吸附的 CO_2 组分虽通过逆放降压解吸，但仍有部分 CO_2 组分未能得到完全解吸，为此，需要利用真空泵机组Ⅰ通过抽真空方式使吸附塔进一步降压，达到完全解吸的目的。同时吸附剂得到了再生。真空泵机组Ⅱ同真空泵机组Ⅰ作用完全相同，只是由于抽空量不一样，配置上有所区别。

3.3.4.2 湿法脱碳

工业生产中脱除二氧化碳一般采用溶液吸收法，即湿法脱碳。根据吸收剂性能不同可分为物理吸收法、化学吸收法和物理化学吸收法三大类。物理吸收法是利用分子间的范德华力进行选择性吸收。适用于 CO_2 含量＞15%，无机硫、有机硫含量高的煤气，目前国内外主要有水洗法、低温甲醇洗涤法、碳酸丙烯酯法、聚乙二醇二甲醚等吸收法。吸收 CO_2 的溶液仍可减压再生，吸收剂可重复利用。化学吸收法是利用 CO_2 的酸性特性与碱性物质进行反应将其吸收，常用的吸收法有热碳酸钾法、有机胺法和浓氨水法等，其中热的碳酸钾适用于 CO_2 含量＜15% 时，浓氨水吸收最终产品为碳酸氢铵，达不到环保要求，该法逐渐被淘汰，有机胺法应用前景广阔。物理化学吸收法兼有物理吸收和化学吸收的特点，方法有环丁砜法、甲基二乙醇胺（MDEA）法等。下面介绍工业生产过程广泛使用的低温甲醇洗脱碳工艺。

在前面煤气脱硫部分我们已经介绍过用低温甲醇法脱除煤气中的硫化氢气体。

由图 3-14 可知，甲醇对 H_2S、CO_2 等酸性气体在低温下有较大的溶解能力，且溶解能力随着温度的降低而升高。但是，甲醇对 H_2、N_2、CO、CH_4 和 NO 等气体的溶解能力很小，且温度对它们的溶解度影响很小。因此可以利用甲醇在低温下对 H_2S、CO_2 等气体有较大溶解能力这一特性，有选择性地吸收煤气中的 H_2S 和 CO_2 等气体，然后通过升温、降压的方法将其解吸富集。

由于对进变换系统的原料气要求不同，净化系统采用的低温甲醇洗流程也有所不同，分为两段吸收（两步法）和一段吸收（一步法）两种类型。前者适用于进变换系统的原料气脱硫要求严格的情况下（不耐硫变换流程），用低温甲醇洗预先脱硫，在 CO 变换之后，再用低温甲醇洗脱除 CO_2；后者适用于耐硫变换之后，用低温甲醇洗同时进行脱硫和脱除 CO_2。在煤气脱硫章节对一段吸收法工艺流程进行了介绍，下面对两段吸收法工艺流程进行介绍。

低温甲醇洗脱硫脱碳工艺

图 3-19 为两段低温甲醇洗法工艺流程，用于合成气的生产，通常第一段在煤气变换工序之前，而第二段则在变换工序之后。流程中第一吸收塔用于脱除 H_2S 和 COS，第一再生塔汽提出 H_2S 和 COS，第二吸收塔则用于脱除煤气中的 CO_2，第二再生塔汽提出 CO_2。原料气与由第一吸收塔出来的气体换热而被冷却，并喷入少量甲醇，以防止冻结，然后进入第一吸收塔的底部。由第二再生塔的高压闪蒸来的冷甲醇送到第一吸收塔顶部。第一吸收塔出口气中含有极少量的 H_2S 和 COS，送往变换工段。变换气去第二吸收塔，在此脱除 CO_2。由第二吸收塔出来的气体经换热后即为净化气。第一吸收塔吸收 H_2S 后的富液在第一再生塔中将酸性气分离出来，进入硫回收工段进一步回收硫。甲醇贫液送入第二再生塔的下部，与两段汽提后的甲醇混合，用 N_2 将残余的 CO_2 汽提出去。塔底汽提后的甲醇和由塔中部抽出的部分汽提的甲醇都送入第二吸收塔顶部。

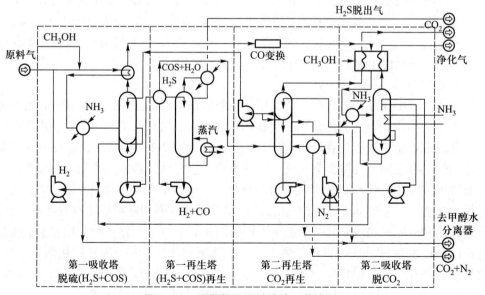

图 3-19　两段低温甲醇洗法工艺流程

▬ 思考题 ···

1. 简述煤气化在现代煤化工中的重要地位。
2. 简述煤气化的原理及主要化学反应。
3. 简述煤气化及净化的简要工艺流程。
4. 简述煤气化主要炉型、特点及其适用场合。
5. 简述鲁奇气化工艺流程。
6. 简述德士古水煤浆气化工艺流程。
7. 简述壳牌干粉煤气化工艺流程。
8. 简述煤气脱硫的方法及其特点。
9. 简述低温甲醇洗法工艺流程。
10. 简述克劳斯硫回收原理及工艺流程。

通过扫描二维码进入国家级一流本科课程：虚拟仿真实验教学一流课程《煤炭高效清洁利用虚拟仿真综合实训》－德士古水煤浆气化工艺 3D 生产实习仿真软件操作界面。

对置式多喷嘴气化炉   航天炉气化工艺

第 4 章

煤直接液化技术

煤直接液化又称为煤炭加氢液化，是将煤在高温（400～470℃）和高压（>20MPa）下通过催化加氢使煤转化为液体燃料和化学品的工艺过程，是煤炭的重要利用方式之一。由于在煤直接液化过程中，煤中的 S 和 N 等污染大气的元素和矿物质可以被脱除，得到的产品是相对富氢的洁净液体燃料和化学品，因此煤直接液化技术属于煤洁净转化技术。适用于煤直接液化工艺的煤种主要是褐煤、低阶烟煤和高硫烟煤，在我国这几种煤的储量丰富，保守估计我国可用于煤直接液化的煤为300 亿吨左右。因此，在我国发展煤直接液化技术不但符合我国的资源现状，而且可以缓解我国石油资源短缺的局面。

4.1 煤直接液化的反应机理与工艺流程

4.1.1 煤直接液化反应机理

与常规的石油和汽油等液体燃料相比，煤炭是一种以有机质为主体同时伴有少量矿物质的固体化石燃料，有不挥发、不可溶解的特点。而且从表 4-1 可以看出，煤和石油的元素组成有较大差异。煤当中氢元素含量比较低，煤的 H/C 原子比只有0.74，石油的氢元素含量较高，H/C 原子比上升到 1.76，而汽油中 H/C 高达 1.94。其次，煤中的氧元素含量较高，石油中几乎不含氧。

表 4-1 煤、石油和汽油的元素组成

元素组成	煤	石油	汽油
C	80.0%	83%～87%	86%
H	4.9%	11%～14%	14%
O	13.6%	—	—
N	1.1%	0.2%	—
S	0.4%	1.0%	—
H/C（原子比）	0.74	1.76	1.94

通过煤直接液化技术将煤转化为液体燃料，首先需要将煤大分子解聚，即通过热解，使煤由大分子分解为小分子；与此同时对热解生成的自由基碎片进行加氢，提高产物的氢碳比，并脱除煤液化产物中的氧、氮和硫等杂原子；然后将煤中的无机矿物质与生成的液化粗油进行分离。

煤直接液化的反应过程是一个极其复杂的过程，目前普遍接受的煤直接液化反应机理为自由基反应机理，如图 4-1 所示。该机理认为煤的大分子基本结构单元是以缩合芳环（又称芳烃核）为主体，并带有许多侧链、杂环和官能团等的结构单元。研究表明，在高温（>400℃）和高压（>10 MPa）的条件下，煤的大分子结构将受热分解，基本结构单元之间的桥键首先断裂，生成游离的自由基碎片。生成的自由基碎片与体系中的活性氢结合生成一系列稳定的产物（气体、油和沥青等）。虽然生成的产物还可能发生再次裂解、再次加氢，但是煤直接液化的自由基反应过程可归结为自由基的产生和自由基的加氢两个过程，煤直接液化反应的核心问题就是这两个反应的速率匹配问题。在煤直接液化温度下容易发生断裂的化学键主要是连接芳环之间的 C—C、C—O 和 C—S 等桥键，温度升高有利于煤中共价键的断裂，生成更多的自由基。但是如果反应体系中活性氢供应量不足，自由基碎片的加氢速率小于自由基碎片的生成速率，自由基碎片之间就会相互耦合，发生缩聚反应生成较大的分子（如半焦）。为了抑制缩聚反应的发生，需要在煤直接液化过程中最大限度地提高加氢效率，常采用的手段有提高反应体系中的氢分压，采用高活性催化剂和高性能供氢溶剂。如果采用 Wiser 煤分子结构模型（Ar—CH$_2$—CH$_2$—Ar）描述上述过程，即在直接液化时将发生如下反应：

$$Ar—CH_2—CH_2—Ar' \longrightarrow Ar—CH_2 \cdot + \cdot CH_2—Ar' \tag{4-1}$$

$$Ar—CH_2 \cdot + \cdot CH_2—Ar' + H_2 \longrightarrow Ar—CH_3 + CH_3—Ar' \tag{4-2}$$

式中 Ar 和 Ar′ 分别表示两个不同的缩合芳环，—CH$_2$—CH$_2$—即为连接桥键。

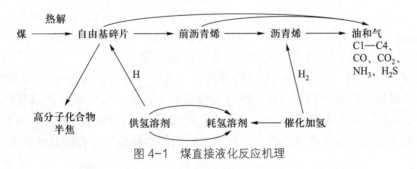

图 4-1 煤直接液化反应机理

4.1.2 煤直接液化基本工艺流程

煤直接液化反应机理十分复杂，实现煤液化的工艺过程同样十分复杂。虽然煤直接液化的工艺有多种，但是都具有相同的主要操作单元。图 4-2 为煤直接液化工艺流程示意图，可以看出，煤直接液化主要包括：煤浆制备、催化剂制备、气化制氢、煤液化、固液分离、溶剂加氢、气体处理和液化油提质等主要部分。

在实际生产过程中,煤的直接液化过程通常是将预处理好的煤粉、溶剂(通常循环使用)和催化剂(有的工艺不需要催化剂)按一定比例配成煤浆,然后通过高压油煤浆泵与同样经过升温加压的氢气混合,再经预热设备预热至 400℃左右,共同进入高温、高压液化反应器中进行液化反应。反应生成的含固油浆送入固液分离装置,分离出的残渣(催化剂、未反应的煤及煤中的矿物质)和粗油品。回收到的固体残渣送往废弃物处理单元或与煤混配用来气化制氢。液化粗油当中的重质油作为循环溶剂用来配制油煤浆,中质或轻质油则送入液化粗油提质单元,经过提质加工,获得不同级别的成品油。通常气体产物经过再次分离,一部分可经循环压缩机和换热后与原料氢气混合循环使用,而其余酸性废气将经过污染控制设备后排除。

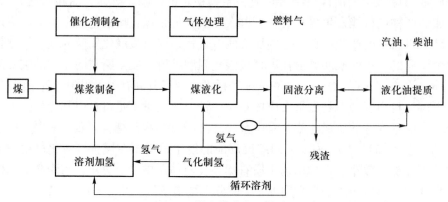

图 4-2 煤直接液化工艺流程

煤的直接液化工艺一般可以分为两大类,单段液化和两段液化。典型的单段液化工艺主要是通过单一操作条件的加氢液化反应器完成煤的液化过程,两段液化是指煤在两种不同反应条件的反应器中分别进行加氢反应。在单段液化工艺中,由于液化反应相当复杂,存在着裂解和缩聚等各种竞争反应,特别是当液化反应过程中提供的氢气不能满足于单段反应过程的最佳需要时,会发生自由基碎片的交联和缩聚等逆反应,从而影响最终液化油的产率。两段液化工艺将液化工程分成两步,各步的反应条件不同。通常第一段在相对温和的条件下进行,可选择性加入催化剂,主要目的是将煤液化获得较高产率的重质油馏分。在第二段中则采用高活性的催化剂,将第一段生成的重质产物进一步液化。两段液化工艺既可以显著地减少煤液化反应中的逆反应,还在煤适应性、液化产物的选择性和质量上有明显的优点。

4.2 煤直接液化中的关键因素

4.2.1 原料煤

与煤的气化、干馏和直接燃烧等转化方式相比,直接液化属于较温和的转化方式，反应温度较低，也正因为如此它受所用煤种的影响很大。对不同的煤种进行直接液化，其所需的温度、压力和氢气量以及其液化产物的收率都有很大的不同。但是由于煤种的不均一性和煤结构的极度复杂性，人们在考虑煤种对直接液化的影响时，目前也仅停留在煤的工业分析、元素分析和煤岩显微组分含量分析的水平上。

就工业分析来讲，一般认为挥发分高的煤易于直接液化，通常要求挥发分大于35%。与此同时，灰分带来的影响则更为明显，如灰分过高进入反应器后将降低液化效率，还会产生设备磨损等问题，因此要求选用煤的灰分一般小于10%。就元素分析来讲，氢碳比显然是一个重要的指标。氢碳比越大，液化所需的氢气量也就越小，但相关研究也表明，氢碳比越小，越有利于体系中的氢向煤中转移，最终煤的转化率也越大。日本学者津久经和桥本的研究也证明了这个观点，神木上弯煤虽然氢碳比较低，但却有良好的液化特性，这说明元素分析并不能完全反映其液化性能，它还与煤种内部的分子结构和组成相关。

除此之外，还有一些研究成果值得关注，如含氧官能团中脂类化合物可以促进煤液化反应的进行，而酚类化合物则抑制煤液化反应的进行；用核磁共振波谱法和傅里叶变换红外光谱法测定煤结构参数，如芳环上碳原子数、芳环上氢原子数、单元结构的芳环数和芳环缩合度等煤结构参数也是煤液化选煤的重要指标。虽然目前人们尚未建立起统一的评价煤种性质与液化性能的标准，但选择煤种时的大致原则是：氢碳比高，挥发分高，灰分低，镜质组和壳质组含量高。

4.2.2 催化剂

催化剂对煤的直接液化至关重要，是煤直接液化技术开发的热点之一，也是控制工艺成本的重要因素。然而，到目前为止，对于催化剂在煤直接液化过程中的作用还存在较大的争议，主要有以下三种观点：① 认为催化剂的作用是吸附气体中的氢分子，并将其活化成为易被煤自由基碎片接受的活性氢；② 认为催化剂能促进煤中桥键断裂和芳环加氢；③ 认为使溶剂加氢生成可向煤转移氢的供氢溶剂等。

目前国内外开发研究用于煤直接液化的催化剂种类很多，通常按其成本和使用方法的不同，分为廉价可弃型和高价可再生型催化剂。

廉价可弃型催化剂由于价格便宜，在直接液化过程中与煤一起进入反应系统，并随反应产物排出，经过分离和净化过程后存在于残渣中。最常用的此类催化剂为含有硫化铁或氧化铁的矿物或冶金废渣，如天然黄铁矿（FeS_2）和高炉飞灰（Fe_2O_3）等，因此又常称之为铁系可弃型催化剂。1913年，德国Bergius首先使用了铁系催化剂进行煤液化的研究，所使用的催化剂是从铝厂得到的赤泥（主要含氧化铁、氧化铝及少量氧化钛）。通常，铁系可弃型催化剂常用于煤的一段加氢液化反应中，反应完不回收。

高价可再生型催化剂的催化活性一般好于廉价可弃型催化剂，但其价格昂贵。因此在实际工艺中往往以多孔氧化铝或分子筛为载体，担载钼系（或镍系）催化剂，使之能在反应器中停留较长时间。在运行过程中，随着时间的增加，催化剂的活性会逐渐下降，所以必须设有专门的加入和排出装置以更新催化剂，对于直接液化这样的高温高压反应系统，这无疑会增加系统的技术难度和成本。

研究表明，金属硫化物的催化活性高于其他金属化合物，因此无论是铁系催化剂还是钼系催化剂，在进入系统前，最好转化为硫化态形式。同时为了在反应时维持催化剂活性，高压氢气中必须保持一定的硫化氢浓度，以防止硫化态催化剂被氢气还原成金属态。同理不难理解高硫煤对于直接液化是有利的。

4.2.3　反应器

煤直接液化反应器是煤浆与氢气、催化剂等混合并进行反应，是生成液化油的重要单元，是整个直接液化反应工艺的核心设备，是实现煤直接液化工业化的关键技术之一。

如表 4-2 所示，煤直接液化反应的操作条件相当苛刻，其处理的物料包括气相氢、溶剂油、少量的催化剂和大量的固体煤粉，煤浆浓度高达 40%～50%；在反应条件下，气、液体积流量之比达 8%～13%。因此煤直接液化反应器不仅是高温高压设备，而且是高固含率和高气液操作的复杂、多相流动体系。虽然煤液化工艺不同，相应的操作条件也不相同，但煤液化反应器一般都是在高温、高压下操作的气、液、固三相反应器。

在煤直接液化反应器内进行着复杂的化学反应，主要有煤的热解反应和热解产物的加氢反应。热解是吸热反应，而加氢则是强放热反应，因此煤直接液化反应总的热效应是放热反应。如果反应温度低于煤裂解的温度，则反应不完全，大量未反应的煤粉进入下游，给下游单元造成较大的操作负荷和难度；如果反应温度过高，则容易导致反应器结焦，使生成的液化油气发生进一步的裂解反应，导致油收率降低。因此必须严格控制反应器的温度。

表 4-2　煤直接液化反应条件

序号	条件	数值
1	压力 / MPa	15～30
2	温度 /℃	440～465
3	气液比（标态 V/V）	700～1000
4	停留时间 /h	1～2
5	气含率 /%	11～15
6	进出料方式	下部进料、上部出料

自从 1913 年德国的 Bergius 发明煤直接液化技术以来，德国、美国、日本、苏联、中国等国家已经相继开发了几十种煤液化工艺，所采用的反应器结构也各不一样。迄今为止，经过中试和小规模工业化验证的反应器主要有 3 种类型：悬浮床反应器、强制悬浮床反应器和环流反应器。

1. 悬浮床反应器

悬浮床反应器结构简单，其外形为细长的圆筒，其长径比一般为18～30，里面除必要的管道进出口外，无其他多余的内构件。悬浮床反应器以其良好的传热、传质、相间充分接触与高效率的可连续操作特性，而广泛应用于有机化工、煤化工、生物化工、环境工程等生产过程。为达到足够的停留时间，同时有利于物料的混合和反应器的制造，通常用几个反应器串联。氢气和煤浆从反应器底部进入，反应后的物料从中上部排出。德国在第二次世界大战前的工艺（IG）和新工艺（IGOR）、日本的 NEDOL 工艺、美国的 SRC 和 EDS 以及俄罗斯的低压加氢工艺都采用了这种反应器，如图4-3所示。

悬浮床反应器内部构件少，气含率高，有足够的气液传质速度，而且比较成熟，风险小，但是其液相速度偏低，接近或低于颗粒沉降速度，使反应器内固体浓度较高，长时间运转会出现固体沉降问题，需要定期排渣；而且由于流体动力的限制，生产规模不能太大，一般认为最大处理量为2500 t/d。

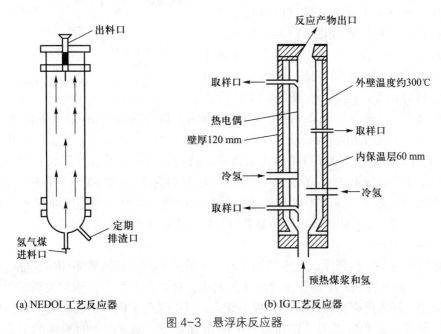

(a) NEDOL 工艺反应器   (b) IG 工艺反应器

图 4-3　悬浮床反应器

2. 强制悬浮床反应器

强制悬浮床反应器是通过循环泵实现内部反应物料的强制循环，如图4-4所示。应用该种反应器的煤液化工艺主要有美国的 H-Coal 工艺、HTI 液化工艺、中国神华煤直接液化工艺等。美国 HRI 公司借用 H-Oil 重油加氢反应器的经验将其用于 H-Coal 煤液化工艺，为了保证固体颗粒处于流化状态，底部采用循环泵协助使反应器内的浆液处于循环状态。另外，为保证催化剂的数量和质量，一方面要排出部分催化剂再生，另一方面要补充一定量的新催化剂。HRI 公司采用图4-4所示的强制悬浮床反应器建立了220 t/d 的中试装置，反应器直径1.5 m，高约10 m。因

H-Coal 工艺反应器内催化剂呈沸腾状态，因此也称之为沸腾床反应器。

强制悬浮床反应器优点是液相速度高，克服了颗粒沉降问题，且气含率低于鼓泡床，达到比较适中的数值，既保证了传质速度，又增加了液相停留时间。另外，由于有大量高温循环物料与新鲜进料的混合，反应热可以通过降低进料温度的办法移出。强制悬浮床反应器的缺点是必须配备能在高温高压条件下运行的循环泵，以及反应器顶部必须有提供气液分离的空间及构件。这就不仅使反应器内部构件复杂化，而且反应器内部的气液比不能过高，否则气液分离不完全，易引起循环泵抽空等一系列问题。

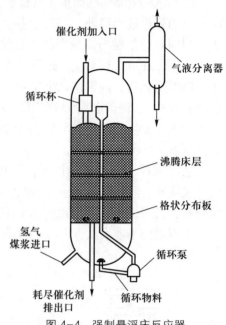

图 4-4　强制悬浮床反应器

我国神华集团借鉴美国 HTI 液化工艺反应器，开发了神华煤液化反应器，也有人称这种反应器为外循环全返混反应器。采用循环泵外循环方式增加循环比，以保证在一定的反应器容积下，达到一个满意的生产能力和液化效果。该种反应器采用北京煤炭科学研究总院开发的"863 高效催化剂"，催化剂与煤浆一起从反应器底部加入，和反应后的物料一起从反应器上部排出。神华集团在内蒙古建设的煤直接液化工业示范装置采用了该种反应器，规模达到了 6000 t/d，2 个反应器的直径均为 4.34 m，高度分别为 41 m 和 43 m。该种反应器生产能力大，气体滞留少，不容易形成大颗粒沉积物，经过神华煤制油有限公司 10 多年的长周期运行验证了此种反应器具有很好的稳定性和可靠性。

3. 环流反应器

环流反应器是在悬浮床反应器的基础上发展起来的一种高效多相反应器，具有结构简单、传质性能好、易于工程放大的特点，在化学工程和其他相关领域中有广泛的应用。环流反应器形式多样，种类繁多，其中气升式内环流反应器是常用的一种。这种反应器利用进料气体在液体中的相对上升运动，产生对液体的曳力，使液体也向上运动，或者说利用导流筒内外的气含率不同而引起的压强差，使液体产生循环运动。气升式内环流反应器有两种类型，中心进料结构环流反应器和环隙进料结构环流反应器，如图 4-5 所示。中科合成油技术有限公司，于 2017 年设计、制造了一台类似的环隙环流反应器，用于其开发的分级液化工艺，但由于技术保密，现在还无更多资料可供参考。从公开资料来看，环流反应器可以应用于煤炭直接液化体系，但在放大设计、优化设计及理论研究方面仍需要做进一步的深入研究。

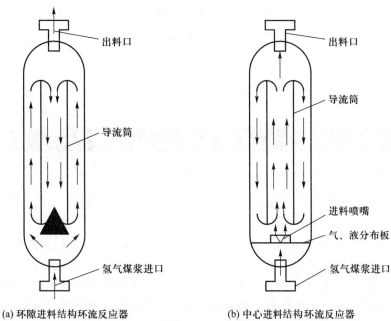

(a) 环隙进料结构环流反应器　　　(b) 中心进料结构环流反应器

图 4-5　气升式内环流反应器

环流反应器的主要优点是反应器内流体定向流动，环流液速度较快，实现了全返混模式，而且不会发生固体颗粒的沉积；气体在其停留时间内所通过的路径长，气体分布更均匀，单位反应器体积的气泡比表面积大，因此相间接触好，传质系数也较大。与强制循环悬浮床反应器比，省去了循环泵和复杂的内构件，减少了操作费用和因循环泵故障而引起的运转风险。因此环流反应器在煤液化领域具有广泛的应用前景，应得到足够的重视。

以上 3 种反应器虽有一些区别，但本质上有许多共同点，如化学反应过程相同，浆体都处于流动状态，温度、压力和停留时间等也十分接近。主要区别是返混程度不同和循环比不同，有的单靠高压泵和氢气的推动，有的还需要借助循环泵或导流筒。煤直接液化反应器的研究与开发涉及反应动力学、流体力学、热力学等学科，需要持续而深入的理论与实践研究。煤液化反应器的研究开发已有近百年的历史，但因各种原因，工作断断续续，至今仍不成熟。

4.2.4　供氢溶剂

煤的直接液化必须有溶剂存在，这是其与煤加氢热解的根本区别。在煤的直接液化过程中，溶剂除了具有输送煤的作用，还具有促进煤液化转化的作用，主要包括三个方面。

（1）分散、溶解煤。煤直接液化过程是一个气、液、固三相反应，溶剂对煤和液化产物的分散作用可以防止局部自由基浓度过高，抑制缩聚反应的速率。此外溶剂对煤的热溶解作用可以使部分煤转化，研究表明 15% 甲醇和 85% 1-甲基萘的混合溶剂在 360 ℃可以使 70.7% 的胜利褐煤溶解转化。

（2）溶解氢气，促进氢气向煤和催化剂扩散。不同种类的煤液化溶剂对氢气的溶解能力不同，表 4-3 为 200℃时氢气在不同溶剂中的溶解度，从表中可以看出烷烃对氢气的溶解能力大于芳烃。

表 4-3 200℃时氢气在不同溶剂中的溶解度

（单位：g/（10^6g 溶剂））

正己烷	甲基环己烷	二苯基甲烷	四氢萘	杂酚油
152	30	8	10	10

（3）向自由基供氢或传递氢。目前被普遍接受的供氢溶剂的供氢机理是氢转移（radical hydrogen transfer）机理，简称 RHT 该过程如反应式（4-3）所示。在这个过程中煤裂解产生的自由基直接从溶剂分子中夺得氢原子，然后形成稳定的分子。部分氢化芳烃是最常见的供氢溶剂，在供出氢原子后的部分氢化芳烃则转化为相应的芳烃。在煤直接液化过程中，供氢溶剂既可以淬灭煤热解产生的自由基，自身又不会形成新的自由基，有利于煤的转化。因此，通过生成芳烃的量可以计算出供氢溶剂的供氢量，也就是被供氢溶剂所淬灭的自由基量。

$$R \cdot + Solvent — H \longrightarrow RH + Solvent \tag{4-3}$$

需要注意的是，供氢溶剂只有在一定的温度区域内才具有供氢作用。温度过低，部分氢化芳烃中的脂肪 C—H 键无法断裂，供氢溶剂没有供氢能力；温度过高，供氢溶剂自身会脱氢，生成供氢能力较差的氢气，此时供氢溶剂的供氢能力降低。溶剂的传递氢作用是指分子氢首先使溶剂加氢，然后加氢的溶剂再将氢转移给自由基的过程。

在煤液化过程中，溶剂在加氢液化反应中的具体作用十分复杂。一方面煤在不同溶剂中的溶解度不同；另一方面溶剂与溶解的煤种有机质或其衍生物之间存在着复杂的氢传递关系，受氢体可能是缩合芳环，也可能是游离的自由基团，而且氢转移反应的具体方式又因所用催化剂的类型而异。一般认为好的溶剂应该既能有效地溶解煤，又能促进氢转移。

在煤液化工艺中，通常采用煤直接液化后的重质油作为溶剂，且循环使用，因此又称为循环溶剂，沸点范围一般在 200~460℃。由于该循环溶剂组分中含有与原料煤有机质相近的分子结构，如将其进一步加氢处理，可以得到较多的氢化芳烃化合物，从而有效提高溶剂油的供氢能力。

4.2.5 反应条件

温度和压力是直接液化工艺两个最重要的操作条件。煤的液化反应是在一定温度条件下进行的，通常煤在 350℃以上开始热解，但如果温度过高则一次产物会发生二次热解，生成气体，使液体产物的收率降低。通过比较，不同的工艺所采用的温度大体相同，为 440~460℃。图 4-6 为液化温度对煤转化率及产物分布的影响。可见当温度超过 450℃时，煤转化率和油产率的增加较少，而气产率增多。

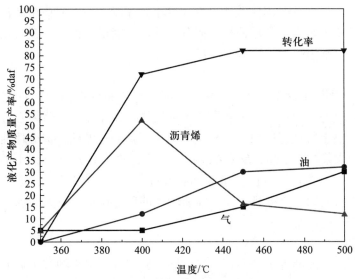

图 4-6　液化温度对煤转化率及产物分布的影响

（daf：干燥无灰基）

对于压力而言，理论上压力越高对反应越有利，但这样会增加系统的技术难度和危险性，降低生产的经济性，因此新的生产工艺都在努力降低压力条件。直接液化工艺的压力变化情况如图 4-7 所示，早期德国 IG 工艺的反应压力高达 30～70 MPa，目前常用的反应压力已经降到了 17～25 MPa，大大减少了设备投资和操作费用。

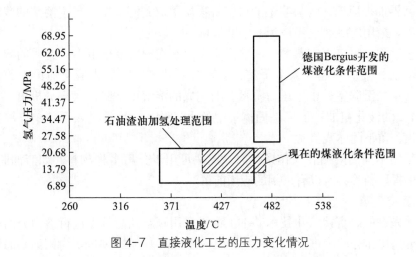

图 4-7　直接液化工艺的压力变化情况

4.2.6　液固分离技术

从反应器出来的油浆中含有各种固体残渣，主要是原料煤中 5%～10% 的灰分、未完全转化的煤和外加催化剂等。为了取得液化粗油，需将这些固体残渣从液化粗油中分离出去。然而这些固体残渣具有粒度小、黏度大、与液化粗油密度差小的特点，因此分离难度很大。采用何种液固分离技术是衡量一种煤直接液化技术先进与否的指标之一。常用的分离技术主要有以下几种。

1. 过滤

过滤是早期煤直接液化过程常用的技术。由于粗油中的固体颗粒具有上述特性，所以简单过滤不能奏效，需要采用辅助措施：如加油稀释后离心过滤、加压热过滤和预涂硅藻土后真空过滤等。IG 老工艺采用离心过滤法，但循环油中含有较多的沥青烯，使煤浆黏度增高，反应系统操作困难，故采用 70 MPa 以上的高压以求降低沥青烯含量。预涂硅藻土过滤法虽然可提高过滤速度，但也有增加成本等弊端。

过滤法的普遍缺点是处理量小，需要较多的单体设备、较大的场地和较多的人力，而且工作环境也差。

2. 反溶剂法

反溶剂是指对前沥青烯和沥青烯等重质组分溶解度很小的有机溶剂，反溶剂通常是含苯类的溶剂油。反溶剂通常具有瞬时偶极矩小、形成氢键能力弱的特点，对煤的液化产物有适当的溶解度。

在实际生产过程中将反溶剂与含固油浆按（0.3～0.4）:1 的比例混合后，含固油浆中的固体颗粒就会析出和凝聚，颗粒逐渐变大，由约 1 μm 增大到 17 μm，其沉降速度也由 0.8～3 cm/h 增加到 30 cm/h 以上。应用反应溶剂油可使液化粗油中的灰分降低到 0.1% 左右。

3. 超临界萃取脱灰

此法由美国凯尔－麦克吉（Kerr-McGee）公司开发，用于两段集成液化工艺。利用超临界抽提原理，将料浆中的可溶解物质萃取到溶剂中，与不溶解的残渣和矿物质分离。采用的溶剂主要是含苯、甲苯和二甲苯的溶剂油。

工艺过程：来自真空蒸馏塔底的淤浆和溶剂在混合器中混合，此时的溶剂处于超临界状态，然后一起导入沉降室，呈现分层状态。上层为液化油集中的轻流动相，流入第二沉降室，由于压力降低，液化煤的溶解度下降，大部分析出，得到含灰约 0.1% 的液化粗油；下层是固体集中的重流动相，接着进入下一个分离器，将溶剂分出，留下固体残渣。

当采用不同的溶剂和操作条件时，此法可用于分离多种物料，如渣油脱沥青、从油砂中提取油等，所以有广阔的应用前景。

4. 真空闪蒸

现代先进的煤直接液化技术基本上都是采用真空闪蒸技术进行液固分离的。真空闪蒸分离操作分两步进行：从反应器出来的高压（约 20 MPa）含固油浆通过热分离器降压闪蒸，分离出气体和轻油，然后进入常压塔进一步分离出轻油；从常压塔出来的含固油浆进入闪蒸塔（温度约 400℃）进行闪蒸，进一步分离出液化油。闪蒸塔底留下沥青烯、煤和矿物质等固体残渣。为了使留下的残渣仍然有一定的流动性，便于用泵输送，蒸馏过程中不能将油全部汽化，一般保持残渣中的油含量在 50% 左右，其软化点约为 160℃。

与过滤操作相比，真空闪蒸的优点是设备大为简化、处理量大增，一个闪蒸器可替代上百台离心机；循环油为蒸馏油，不再含有沥青烯，煤浆黏度降低，反应性能得到改善。真空闪蒸的缺点是残渣中含有部分重质油，故降低了液体产物的总收率。

4.3 国内外典型的直接液化技术

煤直接液化工艺一直在不断发展更新，对影响直接液化效果的各种因素进行了诸多改进，如循环溶剂加氢、寻找高活性催化剂、优化反应器、开发更加可靠的液固分离手段以及对各过程进行优化等，因此，出现了许多各具特色的工艺方法。下面介绍几种典型的直接液化工艺。

德国是最早研究和开发直接液化工艺的国家，其最初的工艺称为 IG 工艺。其后不断改进，开发出被认为是世界上最先进的 IGOR 工艺。美国也在煤液化工艺的开发上做了大量的工作，开发出供氢溶剂（EDS）、氢煤（H-Coal）、催化两段液化工艺（CTSL/HTI）和煤油共炼等具有代表性的工艺技术。此外日本的 NEDOL 工艺也有相当出色的液化性能。在 HTI 技术的基础上，中国神华集团有限责任公司开发了"神华煤直接液化工艺"，并成功实现了百万吨级煤直接液化示范项目的商业运行。神华煤制油是第二次世界大战后首个商业运行的煤直接液化制油工厂。

4.3.1 德国IG和IGOR工艺

IG 法直接煤液化技术是最早投入商业生产的工艺，1927 年德国建成了第一座使用 IG 工艺的煤直接液化工厂。由于战争的需求，德国在 1927—1943 年间共兴建了 12 座液化厂，发动机燃料油的年生产能力达到了 423 万吨 / 年。

德国 IG 工艺其过程为两段加氢过程，第一段加氢是在高压氢气下，煤加氢生成液体油（中质油等），又称煤浆液相加氢。第二段加氢是以第一段加氢的产物为原料，进行催化气相加氢制得成品油，又称中质油气相加氢，所以 IG 法也常称为两段加氢法，德国 IG 工艺流程如图 4-8 所示。第一段加氢液化后的产物经过一系列分离和蒸馏，残渣回收进入气化装置制氢，气体产物经循环压缩机返回加氢系统，重油作为循环溶剂重新进入煤处理系统，中质油在气相加氢工序中进一步加工提质，该过程将最终决定成品油的级别和质量。

首先煤、催化剂和循环溶剂在球磨机内湿磨制得煤浆，然后用高压泵输送并加氢混合后送入热交换器，与从热分离器顶部出来的油气进行热交换后升温至 300～350℃。然后进入预热器和四个串联的反应器，反应器温度为 470℃，压力高达 70 MPa。反应得到的物料先进入热分离器，将沸点在 325℃下的油和气体与沸点在 325℃以上的重质糊浆物分离开来。前者经过热交换器、冷分离器后分离成气体和油，其中气体的主要成分为 H_2，经洗涤后可作循环气回到系统使用。从冷分离器底部得到的油经蒸馏得到粗汽油、中油和重油。而重质糊状物经离心过滤后可得重质油和固体残渣，其中离心和蒸馏所得重质油混合后作为循环溶剂返回系统，固体残渣可干馏获得焦油和半焦，而蒸馏所得的粗汽油和中油则进入其后的气相加氢系统。

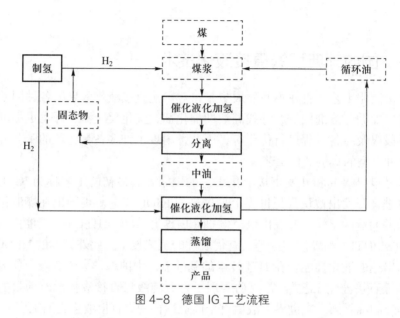

图 4-8　德国 IG 工艺流程

在气相加氢段中，粗汽油和中油先与氢气混合，经热交换器和预热器后，进入三个串联的固定床催化加氢反应器。所得的产物通过热交换器冷却，可分离得到气体和油，前者作为循环气，后者经蒸馏后得到汽油作为主要产品，蒸馏塔塔底的残油则返回作为加氢溶剂。

在 IG 工艺中，常用的催化剂和反应条件见表 4-4，在液相加氢段，主要是采用炼铝工业的废弃物拜耳赤泥、硫酸亚铁和硫化钠作为催化剂。气相加氢段则主要采用以白土为载体的硫化钨作为催化剂。

表 4-4　IG 工艺常用的催化剂和反应条件

项目	原料	反应压力 /MPa	催化剂
液相加氢段	烟煤	70	拜耳赤泥、硫酸亚铁和硫化钠
	烟煤	30	拜耳赤泥、草酸锡和氯化铵
	褐煤	30～70	拜耳赤泥和其他含铁矿物
气相段（Ⅰ）	中油	70	钼、铬、锌、硫，载体为 HF 洗过的白土
气相段（Ⅱ）	中油预加氢	30	硫化钨、硫化镍和三氧化二铝
	中油后加氢	30	硫化钨和氢氟酸洗过的白土

由以上介绍可以看出，IG 工艺的系统比较复杂，反应压力高达 70 MPa。20 世

纪 80 年代，德国在 IG 法的基础上开发了更为先进的煤加氢液化和加氢精制一体化联合工艺 IGOR（intergrated gross oil refining）。其最大的特点是原料煤经该工艺过程液化后，可直接得到加氢裂解及催化重整工艺处理的合格原料油，从而改变了两段加氢的传统 IG 模式，简化了工艺流程，避免了由于物料进出装置而造成的能量消耗，节省了大量的工艺设备费用。

IGOR 直接液化工艺流程如图 4-9 所示。其大致可以分为煤浆制备、液化反应、两段催化加氢、液化产物分离和常减压蒸馏等工艺过程。制得的煤浆与氢气混合后，经预热器进入液化反应器。反应器操作温度仍为 470℃，但反应压力降到了 30 MPa。反应器顶端排出的液化产物进入高温分离器，在此将轻质油气、难挥发的重质油及固体残渣等分离开来。其中分离器下部的真空闪蒸塔代替了 IG 法的离心分离器，重质产物在此分离成残渣和闪蒸油，前者进入气化制氢工段，后者则与从高温分离器分离出的气相产物一并送入第一固定床加氢反应器，反应器温度在 350～420℃。加氢的产物进入中温分离器，从底部排除的重质油作为循环溶剂使用，从顶部出来的馏分油气送入第二固定床反应器再次加氢处理，由此得到的加氢产物送往气液低温分离器，从中分离的轻质油气送入气体洗涤塔，回收其中的轻质油，而洗涤塔塔顶排出的富氢气体则循环使用。

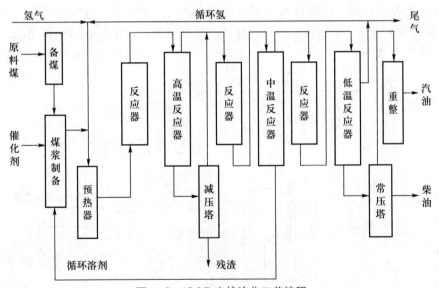

图 4-9　IGOR 直接液化工艺流程

在 IGOR 工艺中，其液化段催化剂与 IG 法一样以拜耳赤泥为主。而在固定床加氢精制工艺过程中，则改为以 Ni-Mo/Al$_2$O$_3$ 催化剂为主。在传统 IG 工艺中，其液化油往往含有大量的多环芳烃，其中 O、N 和 S 等杂环混合物及酚类化合物对人体健康及环境都有较大的危害，而通过 IGOR 工艺得到的液化油既没有一般煤制油刺激的臭味，而且杂质原子及对人体有害的物质也大大减少。

与传统 IG 工艺相比，IGOR 工艺具有以下显著的特点。

（1）反应压力从 70 MPa 降到 30 MPa，且液化反应和液化油提制加工在同一个高压系统内进行，不仅缩短和简化了工艺过程，而且利于得到质量优良的精制燃料油。

（2）固液分离以闪蒸塔代替了离心分离装置，生产能力大，效率高。同时，煤液化反应器的空速也有较大的增大，从而提高了生产能力。

（3）以加氢后的油作为循环溶剂，使得溶剂具有更高的供氢性能，有利于提高煤液化过程的转换率和液化油收率。

4.3.2 美国H-Coal、CTSL和HTI工艺

H-Coal 工艺是美国 HRI 公司在 20 世纪 60 年代，以原有的重油加氢裂化工艺（H-oil）为基础开发出来的，它的主要特点是采用了高活性的载体催化剂和沸腾床反应器，属于一段催化液化工艺。该技术已完成了 200 t/d 和 600 t/d 的中试试验，并完成了 5000 t/d 的煤液化厂的概念设计。

H-Coal 工艺的流程如图 4-10 所示，其大致可分为煤浆制备、液化反应、产物分离和液化油精制等组成部分。首先煤浆与氢气混合后一起预热到 400℃，然后送入沸腾床催化反应器内，反应器的操作温度为 427～455℃，反应压力 18.6 MPa，浆料在反应器内停留 30～60 min。由于煤加氢液化反应是强放热过程，因此反应器出口的产物温度比进口的高 66～150℃。反应产物离开反应器后进行分离，过程与 IGOR 工艺类似，即经过热分离器到闪蒸塔，塔底产物经水力旋流分离器，含固体少的浆液用作循环溶剂制煤浆，含固体多的进行减压蒸馏后，重油循环使用，而残渣则进行气化制氢。

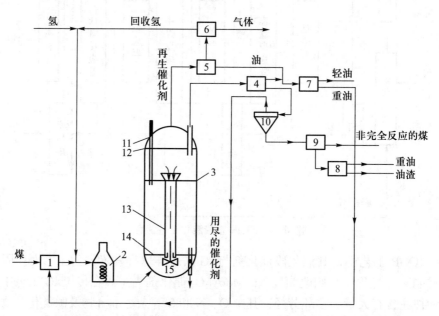

1—煤浆制备；2—预热器；3—反应器；4—闪蒸塔；5—冷分离器；6—气体洗涤塔；
7—常压蒸馏塔；8—减压蒸馏塔；9—液固分离器；10—旋流器；11—浆状反应物料液位；
12—催化剂上限；13—循环管；14—分布板；15—搅拌螺旋桨

图 4-10 H-Coal 工艺流程

H-Coal 的核心设备是其催化沸腾床反应器,该反应器为气、液、固三相流化床,床内装有 Ni-Mo/Al$_2$O$_3$ 催化剂。通过底部的液相循环泵,使液相在反应器内循环,并使固体催化剂处于流化沸腾状态。这样可使反应器内部温度分布均匀,增加反应器的容积使用率,还可以防止未液化的煤粉或灰分在底部沉积。

H-Coal 工艺的主要特点可以归纳为以下几点。

(1)操作灵活性大,表现在对原料煤的适应性和对液化产物品种的可调性好。试验表明,该工艺可以适用于褐煤、次烟煤和烟煤的液化反应。同时,由于采用了高活性催化剂,不完全依赖煤种自身的活性,因此可以通过控制催化剂的活性来实现对液化产物的控制,并取得较好的煤转化率。

(2)沸腾床内传热传质效果好,有助于提高煤的液化率。

(3)该工艺将煤的催化液化反应、循环溶剂加氢反应和液化产物精制过程综合在一个反应器内进行,可有效地缩短工艺流程。

1982 年,HRI 公司又开发出催化两段液化工艺(CTSL)。使得煤液化的产率高达 77.9%,而成本比一段催化液化工艺降低了 17%。该工艺的第一段和第二段都装有高活性的加氢裂解催化剂,前一段可用廉价的催化剂,不必回收;第一段反应后先进行脱灰再进行第二段反应,煤中液化残渣和矿物质已经除去,故可采用高活性催化剂,如 Ni-Mo/Al$_2$O$_3$。两段反应器紧密相连,可单独控制各自的反应条件,使煤液化处于最佳的操作状态。

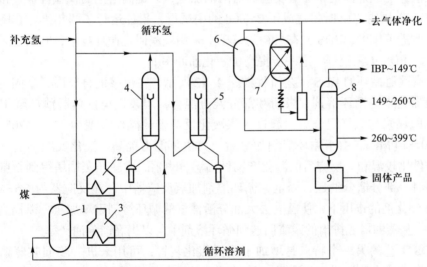

1—煤浆混合罐;2—氢气预热器;3—煤浆预热器;4—第一段液化反应器;5—第二段液化反应器;
6—高温分离器;7—气体净化装置;8—常压蒸馏塔;9—残渣分离装置

图 4-11 CTSL 的典型工艺流程

CTSL 的典型工艺流程如图 4-11 所示。煤浆经预热后再与氢气混合并泵入一段流化床液化反应器。反应器操作温度为约 400℃,比 H-Coal 的操作温度要低。由于第一段反应器的温度较低,使得煤在温和的条件下发生热解反应,同时也有利于反应器内循环溶剂的进一步加氢。第一段的液化产物被直接送到第二段流化床液化反应器中，反应温度 435～441℃，一段生成的沥青烯和前沥青烯等重质产物在二段液化反应器中继续发生加氢反应，该过程还可以达到部分脱出产物中的杂质原子提高液化油质量的效果。

从第二段反应器中出来的产物先用氢激冷，以抑制液化产物在分离过程中发生结焦现象，分离出的气相产物经净化后循环使用，而液相产物经常压蒸馏工艺过程可制备出高质量的馏分油，分离出的重质油和残渣与其他工艺一样处理。通过选取合适的催化剂和分段温度，CTSL 的液化油产率和质量都有很大的提高。

随着美国 HRI 公司并入 HTI 公司，HTI 公司在原有 H-Coal 和 CTSL 工艺基础上开发了 HTI 煤液化新工艺，其主要特点：① 采用流化床反应器和 HTI 拥有专利的铁基催化剂；② 反应条件比较温和，反应温度 440～450℃，反应压力 17 MPa；③ 在高温分离器后面串联有在线加氢固定床反应器，对液化油进行加氢精制；④ 固液分离用超临界萃取的方法，从液化残渣中最大限度回收重质油，从而大幅度提高了液化油收率。

4.3.3 美国EDS工艺和日本NEDOL工艺

美国 EDS 工艺是由美国 EXXON 石油公司于 1966 年首先开发的对循环溶剂进行加氢的直接液化工艺，又称供氢溶剂煤液化工艺。即让循环溶剂在进入煤预处理过程之前，先经过固定床加氢反应器对溶剂加氢，以提高溶剂的供氢性能。该工艺1979 年在美国得克萨斯州建成了 250 t/d 的中试厂，累计运行了两年半。在随后的试验及改进工作中，EDS 又在最初的基础上采用残渣回送循环技术，开发了带有残渣循环的 EDS 工艺流程，进一步提高了液化油产率。

带有残渣循环的 EDS 工艺流程如图 4-12 所示，在煤浆混合器内，从固定床加氢反应器送来的循环溶剂、煤粉和部分残渣混合，用泵送至预热器预热至 425℃。预热后的煤浆与氢气混合后一起进入煤液化反应器，操作温度为 427～470℃，压力为 10～14 MPa。由于循环溶剂加氢后，其供氢能力提高，液化反应不需加催化剂且条件比较温和。反应后的液化产物经高温分离器、常减压蒸馏塔得到石脑油产品。同时一部分馏分油送入固定床循环溶剂加氢反应器中，在反应器内 Co-Mo 和Ni-Mo 催化剂的作用下，使已失去大部分活性氢的循环溶剂重新加氢，以提高其供氢能力。从蒸馏塔底排出的残渣回送到循环溶剂中，以提高馏分油产率。

EDS 工艺的另一个特点是增加了灵活焦化装置，可用来进一步回收蒸馏塔底残渣中含碳化合物，进而提高液化油的产率。该装置通常用于石油渣油的工艺中，主要是由流化焦化和流化气化反应器集成构成。操作温度 485～650℃，压力小于3 MPa。当 EDS 系统残渣不循环时，残渣进入灵活焦化装置，在提高液化油产率的同时，还可以增加低热值燃气和焦炭的产率。当其与残渣循环工艺结合时，又可达到灵活调节液化油产物分布的目的。

NEDOL 工艺是 20 世纪 80 年代日本在"阳光计划"的研究基础上开发的一项直接液化工艺，在流程上与 EDS 工艺十分类似，都是先对液化重油进行加氢后再作为循环溶剂。主要不同是其在煤浆加氢液化过程中加入铁系催化剂（合成硫化铁或天然硫铁矿），并采用更加高效和稳定的真空蒸馏的方法进行液固分离。

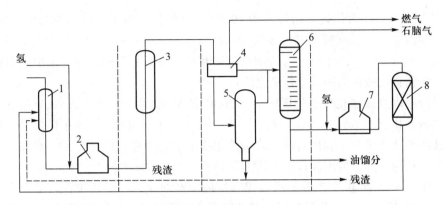

1—煤浆制备罐；2—煤浆预热器；3—煤液化反应器；4—高温分离器；5—减压塔；
6—常压蒸馏塔；7—重油预热器；8—循环溶剂加氢反应器

图 4-12　带残渣循环的 EDS 工艺流程

日本 NEDOL 工艺的流程如图 4-13 所示，原料煤、铁催化剂和循环溶剂在煤浆制备单元混合制备油煤浆，油煤浆经高压原料泵加压后，与氢气压缩机送来的富氢循环气体一起进入预热器内加热到 387～417℃，然后进入高温液化反应器内，操作温度为 450～460℃，压力为 16.8～18.8 MPa。反应后的液化产物送往高温分离器、低温分离器以及常压蒸馏塔中进行分离，得到轻油和常压塔底油浆。常压塔底油浆经加热后送入减压塔（真空闪蒸塔），分离得到重质油和中质油及残渣。其中重质油和部分用于调节循环溶剂量的中质油作为循环溶剂进溶剂加氢反应器，反应器内部的操作温度为 290～330℃，反应压力为 10.0 MPa，催化剂为 Ni-Mo/Al$_2$O$_3$。

总的来说，NEDOL 工艺由于对 EDS 做了改进，其液化油的质量要高于美国 EDS 工艺，同时操作压力低于德国的 IGOR 工艺。

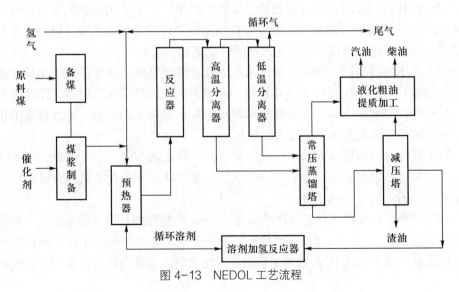

图 4-13　NEDOL 工艺流程

4.3.4　中国神华煤直接液化工艺

国内的煤直接液化技术研发始于 20 世纪 50 年代，为了应对国外的经济封锁，中国科学院大连石油研究所开展了煤炭加氢液化研究，抚顺石油三厂开展了煤焦油加氢生产成品油的工业试生产。后因 1959 年大庆油田的发现，改变了中国贫油的状况，煤炭直接液化的研究工作随之终止。

受国际煤直接液化发展的影响，从 20 世纪 70 年代末开始，我国又重新开始了煤炭加氢液化技术研究。国家"六五"和"七五"计划期间，开展了以煤炭资源普查和液化性能评价为主要内容的煤直接液化技术基础研究。1996 年后，煤炭科学研究总院分别与德国、美国和日本合作，开展了煤直接液化的放大实验。

神华集团从 20 世纪末开始进行煤直接液化产业化技术开发工作。鉴于当时没有成熟的煤直接液化工业化技术，神华集团利用国内外科研、工程和设备制造等大型企业资源，自主进行了百万吨级煤直接液化示范项目的建设与运行。自 2008 年 12 月神华煤直接液化示范装置成功试车以来，经历了 2009 年的技术改造和试运行；2010 年进行技术完善和商业化试运行；2011 进入了商业化运行阶段。神华煤直接液化示范项目的成功运行，为中国煤直接液化产业化发展和技术进步奠定了坚实的基础。

神华煤直接液化示范工程采用的煤直接液化工艺技术是在充分消化吸收国外现有煤直接液化工艺的基础上，利用先进工程技术，经过工艺开发创新，依靠自身技术力量，形成了具有自主知识产权的神华煤直接液化工艺，工艺流程如图 4-14 所示。

神华煤直接液化工艺技术具有如下特点。

（1）采用超细水合氧化铁（FeOOH）作为液化催化剂。以 Fe^{2+} 为原料，以部分液化原料煤为载体，制成的超细水合氧化铁，粒径小、催化活性高。

（2）循环溶剂经过预先加氢处理。煤液化的循环溶剂采用催化预加氢，可以制备 45%～50% 流动性好的高浓度油煤浆；经加氢处理的溶剂油不仅可以防止煤浆在预热器内结焦，还可以提高煤液化过程的转化率和油收率。

（3）采用两级串联强制循环悬浮床反应器。该类型反应器使得煤液化反应器轴向温度分布均匀，反应温度更容易控制。由于强制循环悬浮床反应器气体滞留系数低，反应器液相利用率高；煤液化物料在反应器中有较高的液速，可以有效阻止煤中矿物质和外加催化剂在反应器内沉积。

（4）固液分离减压蒸馏技术。减压蒸馏是一种成熟有效的脱除沥青和固体的分离方法，减压蒸馏的馏出物中几乎不含沥青，是循环溶剂催化加氢的合格原料，减压蒸馏残渣固含量在 50% 左右。

（5）循环溶剂和煤液化初级产品采用 T-Star 强制循环悬浮床加氢工艺。悬浮床反应器有效延长了稳定加氢操作的周期，避免了固定床反应器由于催化剂积炭压差增大的风险；经 T-Star 工艺稳定加氢的煤液化初级产品性质稳定，便于下游进一步加工。与固定床相比，悬浮床操作更加稳定、操作周期更长、原料适应性更广。神华示范装置运行结果表明，神华煤直接液化工艺技术先进，是目前唯一经过工业化规模和长周期运行验证的煤直接液化工艺。

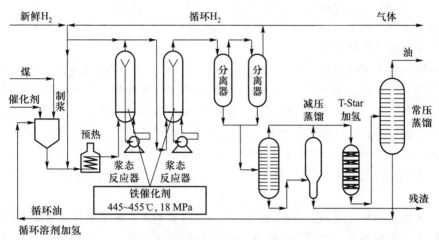

图 4-14　神华煤直接液化工艺流程

4.3.5　中科合成油技术有限公司的煤分级液化工艺

中科合成油技术有限公司在"十一五"期间成功开发了具有自主知识产权的煤间接液化成套技术，并于 2016 年 12 月在神华宁煤百万吨级商业示范项目实现成功运行。在此背景基础上，为进一步提高煤液化过程的整体能量转化效率，拓展煤液化原料煤（如褐煤、生物质、重质油）的来源，通过综合的过程能量分析，中科合成油技术有限公司首次提出了煤的分级液化工艺概念。

煤的分级液化工艺即将煤等含碳原料在较温和的条件（380~430℃，3.0~5.0 MPa）下加氢部分液化，获取液化粗油，残渣配煤/焦气化制得的合成气用于间接液化合成油品。其核心是将煤等原料中的富氢组分先在温和条件下实现部分液化，获取粗油，重质残渣用于气化，气化生产的合成气可供应煤的部分加氢液化所需的氢气，也可用作费托合成的原料气。上述过程通过渣煤气化，形成分级转化的联产系统，可大幅度提高煤液化整体过程的能量转化和排放控制效率，实现高效清洁的煤液化过程。

该工艺技术的主要特点是：

（1）通过温和的加氢反应，使煤中容易液化的富氢部分加氢液化，工艺简单、操作安全稳定，设备可以国产化，建设和运行成本大大降低。煤在相对较低的温度和压力下通过加氢、热溶、解聚，先抽出粗油作为中间馏分油，经加氢处理成为成品油；液化残渣通过气化转化为合成气，合成气通过费托合成及加氢处理转化为成品油，通过上述两个过程的合理集成，可以降低原料消耗，提高全过程能源转化效率。

（2）通过煤的加氢部分液化和煤的间接液化两个过程的合理集成，可将两个过程的优势互补，费托合成过程尾气的部分氢气可用于煤的加氢处理，使煤转化的全过程能量效率及吨煤的油收率大幅提高。

（3）煤的加氢部分液化油品和费托合成油品经加氢精制（含裂化）后，通过合理的混兑方案，可生产出高品质的汽油、柴油等产品，在提高油品品质的同时，又丰富了煤制油的产品方案。

分级液化工艺技术的核心是煤的温和加氢热解。与传统的煤炭直接液化工艺相比，煤温和加氢热解制备油品技术的反应压力在 2～10 MPa，仅为传统煤直接液化工艺反应压力的 1/10～1/2，而且反应温度为 390～430℃，相对传统煤直接液化工艺的反应温度（430～470℃）也有所降低，从而对设备要求的苛刻度大为降低；与传统的煤干馏生产煤焦油的反应温度（500～900℃）相比，煤温和加氢热解制备油品技术的反应温度更是大为降低，而且油品产量更高，品质更好，生产过程更环保。

温和加氢热解工艺流程如图 4-15 所示。将煤粉 1、催化剂及活性助剂 2 与供氢溶剂油 3 在油煤浆混配装置 4 内充分混合后配制成油煤浆。将油煤浆与一部分新鲜氢气 5 和循环氢气 17 进行混合，经油煤浆预热器 7 预热后送入加氢热解液化反应器 8；将另一部分新鲜氢气 5 和循环氢气 17 的混合气体经氢气预热器 6 预热后送入加氢热解液化反应器 8。加氢热解液化反应器 8 上出口产生的第一气相产物经换热降温处理后送入热高压气液分离器 9 中并经水冷后送入冷高压气液分离器 10 中，

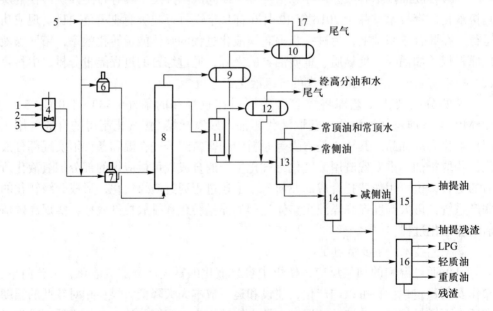

1—煤粉；2—催化剂及活性助剂；3—供氢溶剂油；4—油煤浆混配装置；5—新鲜氢气；
6—氢气预热器；7—油煤浆预热器；8—加氢热解液化反应器；9—热高压气液分离器；
10—冷高压气液分离器；11—中压缓冲罐；12—气液分离器；13—常压蒸馏塔；
14—减压蒸馏塔；15—抽提塔；16—延迟焦化装置；17—循环氢气

图 4-15　温和加氢热解工艺流程

将热高压气液分离器 9 中得到的热高分油送入常压蒸馏塔 13 中，从冷高压气液分离器 10 中获得冷高分油和水，同时，将冷高压气液分离器 10 产生的富氢气体的一部分作为尾气外排，另外的部分作为循环氢气 17 循环使用。将加氢热解液化反应器 8 产生的含固液体物料送入中压缓冲罐 11 中。将中压缓冲罐 11 产生的第二气相产物送入气液分离器 12，将气液分离器 12 产生的气体作为尾气外排。将气液分离器 12 中产生的液态产物、中压缓冲罐 11 中产生的含固油浆产物和热高压气液分离器 9 中产生的热高分油的混合物送入常压蒸馏塔 13 中进行常压蒸馏，形成常顶油、常顶水、常侧油和常底油浆。将常底油浆送入减压蒸馏塔 14 中进行减压蒸馏，形成减侧油和减底油浆。收集常顶油、常侧油和减侧油的混合物作为重质粗油品。将减底油浆送入抽提塔 15，分离为抽提油和抽提残渣；或将减底油浆送入延迟焦化装置 16，分离为 LPG、轻质油、重质油及残渣。

━━━ 思考题 ···

1. 简述煤的直接液化的基本原理。
2. 煤的直接液化有哪些典型的工艺？各有何特点？
3. 简述煤的直接液化过程中所用的催化剂品种及其性能。
4. 煤的直接液化粗油提质加工技术主要有哪些？
5. 国内外煤的直接液化发展现状如何？

第5章

煤间接液化技术

煤液化技术包括直接液化和间接液化两大类，第 4 章对煤直接液化技术进行了介绍，本章对煤液化的另一条技术路线——煤间接液化技术进行介绍。煤间接液化中的合成技术是由德国科学家 Frans Fischer 和 Hans Tropsch 于 1923 年首先发现的，并以他们名字的第一字母即 F-T 命名，简称 F-T 合成或费托合成。依靠间接液化技术，不但可以从煤炭中提炼汽油、柴油、煤油等普通石油制品，而且还可以提炼出航空燃油、润滑油等高品质石油制品以及烯烃、石蜡等多种高附加值的产品。自从 1923 年，Fischer 和 Tropsch 发现合成气（$CO + H_2$）在铁基催化剂上可发生反应生成液体燃料以来，煤间接液化工业化已经历了近 100 年的发展历史。

纵观全球煤制油工业技术的发展历史，可以发现，煤制油技术的命运从来没有掌握在煤制油人自己的手中，总是受到战争、经济发展、石油价格、国际政治和国家能源战略安全等因素的影响。

20 世纪 30 年代，基于军事目的，德国建成了 9 个费托合成油厂，总产量达 57 万吨，此外在日本、法国等国家有近 10 套合成油装置，全球总生产能力达到 100 万吨 / 年。20 世纪 50 年代，随着廉价石油和天然气的大量供应，费托合成油厂因竞争力差而全部停产。南非本国不产石油，南非政府为了解决国内液体燃料的供应，充分利用本国丰富的煤炭资源，在 1939 年购买了费托合成专利在南非的独家使用权，并于 1955 年依托 SASOL 公司建成煤间接液化制油工厂 SASOL-Ⅰ厂。20 世纪 70 年代，由于石油危机的爆发，SASOL 公司于 20 世纪 80 年代又相继新建了 SASOL-Ⅱ厂、SASOL-Ⅲ厂。SASOL 公司在近 70 多年的发展过程中不断完善其费托合成工艺过程，调整其产品结构，已形成世界上最大的以煤基合成油品为主导的大型综合性煤化工产业基地。

我国曾是世界上较早拥有煤制油工厂的国家之一。1937 年日军在锦州石油六厂引进德国常压钴基固定床费托合成技术建设煤制油厂，1943 年运行并年产液体燃料 100 t，1945 年日本战败后停产。1950 年赵宗燠等接管并恢复扩建了锦州煤制油装置，1951 年生产出油，1959 年产量最高时达 4.7 万吨 / 年。1953 年中国科学院大连石油研究所（中国科学院大连化学物理研究所前身）进行了 4500 吨 / 年铁催化剂流化床合成油中试试验，但是由于催化剂磨损和黏结等问题使得技术并未过关。这时因大庆油田的发现，我国放弃了煤制油技术的开发，煤制油装置全部关闭。

1980 年我国基于能源安全与技术储备的考虑，恢复并开始了第二次煤制油技术的开发。中国科学院山西煤炭化学研究所提出了有别于南非的合成技术，其核心是将传统的费托合成与沸石分子筛相结合，形成了固定床两段合成工艺技术（MFT工艺）。该技术于 1989 年完成 100 吨／年工业中试，1993—1994 年完成了 2000 吨／年工业试验，并生产出合格的 90 号汽油。但是由于当时油价过低，技术经济性很难过关，且后续支持经费难以到位，我国的煤制油技术开发又一次陷入低谷。

1997 年，中国科学院山西煤炭化学研究所李永旺课题组调阅了我国的全部煤制油试验资料，分析了我国煤炭和石油资源的状况、国际油价的走势、我国经济的发展速度和国民可以买得起轿车的时间节点，认为煤制油技术经济性如果得到持续的改进，预测在 2005—2008 年煤制油技术经济性与油价的关系就会出现转折点，大规模建设煤制油厂的时机就会来临。基于以上准确的预测、判断，李永旺研究员决定重启煤制油技术的研发，同时将主攻方向由原来的固定床合成工艺转变为更为先进的浆态床合成工艺。课题组于 1998—2000 年间在实验室成功研制出了高性能的低温浆态床费托合成铁基催化剂，同时催化分离技术获得重大进展，浆态床煤制油工艺的技术经济性瓶颈得到突破。2001 年在太原小店工业区建起千吨级浆态床合成工业中试装置，2004 年开发出与国外水平相当的低温浆态床煤制油技术。

2006 年，中国科学院山西煤炭化学研究所李永旺课题组的原班人马，成立了中科合成油技术有限公司。李永旺研究员针对低温合成过程能效较低的缺陷，提出了高温浆态床间接液化工艺技术的概念，并于 2008 年成功开发出国际上最为先进的高温浆态床煤制油工艺及催化剂成套技术。2009 年内蒙古伊泰和山西潞安两个 16 万吨／年合成油示范厂投产出油，并实现"安、稳、长、满、优"的工业生产，标志着我国已经掌握了先进可靠的煤间接液化工业技术。同期上海兖矿能源科技研发有限公司也分别完成了 5000 吨／年的低温浆态床合成和高温固定流化床合成的工业中试试验。2016 年 12 月神华宁煤集团 400 万吨／年煤制油商业装置（核心技术为中科合成油技术有限公司开发的高温浆态床煤制油工艺技术）建成并投产，标志着我国自主开发的煤间接液化技术的全面领先性，也标志着该技术大规模商业化应用的开始，我国进入大规模自主发展煤制油工业的新阶段。目前，应用中科合成油技术有限公司的技术，在全国范围正在实施近 1350 万吨／年产能的煤间接液化商业装置的建设，包括已经投产的内蒙古杭锦旗 120 万吨／年煤制油项目和山西潞安 100 万吨／年煤制油项目；拟建内蒙古大路 200 万吨／年、贵州毕节 200 万吨／年、新疆伊犁 100 万吨／年、新疆甘泉堡 200 万吨／年、内蒙古锡林郭勒 50 万吨／年等商业化项目。

5.1 煤间接液化基本原理及工艺流程

5.1.1 煤间接液化基本原理

煤间接液化是指将煤炭转化为汽油、柴油、煤油、燃料油、液化石油气和其他化学品等液体产品的工艺过程，主要由三大部分组成，即煤制合成气（包括造气和净化）、合成气费托合成以及合成油品加工精制。其中费托合成单元是其核心部分。费托合成反应见式（5-1）～式（5-8）。

$$nCO + (2n + 1)H_2 \longrightarrow C_nH_{2n+2} + nH_2O \tag{5-1}$$

$$nCO + 2nH_2 \longrightarrow C_nH_{2n} + nH_2O \tag{5-2}$$

$$nCO + 2nH_2 \longrightarrow C_nH_{2n+2}O + (n-1)H_2O \tag{5-3}$$

$$(n + 1)CO + (2n + 1)H_2 \longrightarrow C_nH_{2n+1}CHO + nH_2O \tag{5-4}$$

$$nCO + (2n-2)H_2 \longrightarrow C_nH_{2n}O_2 + (n-2)H_2O \tag{5-5}$$

$$CO + H_2O \longrightarrow CO_2 + H_2 \tag{5-6}$$

$$CO + H_2 \longrightarrow H_2O + C \tag{5-7}$$

$$2CO \longrightarrow CO_2 + C \tag{5-8}$$

式（5-1）和式（5-2）为生成直链烷烃和 1- 烯烃的主反应，可以认为是烃类水蒸气转化的逆反应，都是放热量很大的反应。式（5-3）～式（5-5）为生成醇、醛、酮、酸及酯等含氧有机化合物的副反应。式（5-6）是费托合成体系中伴随的水煤气变换反应（water gas shift，WGS），它对费托合成反应具有一定的调节作用。式（5-7）是积炭反应，析出游离碳，引起催化剂上积炭。式（5-8）是歧化反应。以上反应均为强放热反应，根据催化剂的不同，可以生成烷烃、烯烃、醇、醛、酸等多种有机化合物。

由以上反应可以清楚地看到，由于 H_2/CO 的不同，费托合成可以发生不同的反应，生成不同的产物。在大多数情况下，其主要产物是烷烃和烯烃。根据实际工艺中链终止和链增长的相对速度差异，生成不同链长的分子，但一般遵循 ASF 分布规律，即

$$w_n/n = (1-\alpha)^2 \alpha^{n-1}$$

式中，n 为产物所含的碳原子数；w_n 为碳原子数为 n 的产物的质量分数；α 是链增长概率。

一般而言，费托合成是将合成气 CO 和 H_2 转变为长链烃的过程，它复杂的反应机理包括了许多表面介质以及基元反应步骤。实验研究表明，费托反应可以分为四个阶段：吸附、链的最初形成、链的增长以及链的终止。然而经过近百年的研究，费托反应的主要机理过程，即链增长（C + C 偶合）反应的机理现在还不十分清楚，仍旧是争论的热点，多年来研究者们众说纷纭。目前已报道的三种主要机理是：碳化物机理（包括烷基机理及烯基亚烷基机理）、CO 插入机理以及含氧中间体缩聚机理。

1. 碳化物机理

最早的费托合成反应机理是由其发明者 Fischer 和 Tropsch 提出的。他们认为，CO 在催化剂表面上先解离形成活性炭物种，该物种和氢气反应生成亚甲基后再进一步聚合生成烷烃和烯烃，而亚甲基则与催化剂本体中的金属碳化物相关，因此，该机理被称为本体碳化物机理。该机理能解释各种烃类的生成，但无法解释含氧化合物与支链烃的生成。

2. CO插入机理

20世纪70年代，Pichler和Schulz基于研究大量不同实验反应类型的结果提出了CO插入机理。该机理认为CO和H_2生成甲酰基后，进一步加氢生成桥式亚甲基物种，后者可进一步加氢生成碳烯和甲基，经CO在中间体中反复插入和加氢形成各类碳氢化合物。CO插入理论能很好地解释许多现象，其中包括含氧化合物的生成，但不能解释支链产物的形成。

3. 含氧中间体缩聚机理

Anderson等人提出了较碳化物机理更能详细解释费托合成产物分布的含氧中间体缩聚机理。该机理的中间体为含氧的碳氢和金属化物：M═CHOH，链增长通过CO氢化后的羟基碳烯缩合，链终止烷基化的羟基碳烯开裂生成醛或脱去羟基碳烯生成烯烃，而后再分别加氢生成醇或烷烃。该机理可同时解释C—C键和C—O键的形成，但忽略了表面碳化物在链增长中的作用。

费托合成的原料仅是简单的CO和H_2，但其合成产物却可高达数百种以上，所以通过一个简单的机理模型很难对费托机理进行准确的描述。相信随着科学技术的不断进步，费托合成机理的奥秘将被逐步解开。

5.1.2 煤间接液化基本工艺流程

煤间接液化的基本工艺流程如图5-1所示，依次可分为煤气化、粗煤气净化、费托合成反应、产物分离和产品精制五个部分。

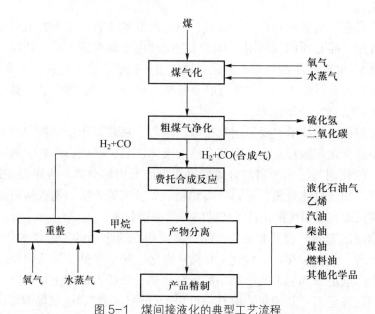

图5-1 煤间接液化的典型工艺流程

现代煤液化工厂的产能都是以百万吨/年规划的，因此要求煤气化单炉的处理能力大，一般要达到千吨/天的处理能力。按照这样的要求，固定床气化技术和流化床气化技术因为单炉处理能力较小，不适合作为现代煤液化项目的备选技术。无论是已经投产的还是正在建的煤液化项目中，气流床煤气化技术是当今现代煤液化项目的首选。前面的章节已经介绍过，成熟且已工业化的气流床煤气化技术主要有壳牌粉煤气化、GSP 粉煤气化、水煤浆加压技术（Texaco、多喷嘴与多原料浆）等。壳牌粉煤气化炉，单炉处理能力达 2000～2500 吨 / 天煤；Texaco 水煤浆气化炉，单炉处理能力达 1500～4000 吨 / 天煤；华东理工大学多喷嘴对置式气化炉，单炉最大处理能力可达 3000 吨 / 天煤。以上几种炉型均符合现代煤液化项目对气化装置的要求，可根据引进费用及煤种情况，经过经济比较加以选择。其中，华东理工大学多喷嘴对置式气化炉，技术与设备均立足国内，在投资与运行费用方面优势明显。

费托合成催化剂对合成气中的硫化物极其敏感，少量的含硫物质就可能引起催化剂的严重失活，因此对合成气净化要求非常高。因为现代煤液化工厂合成气的产能巨大，所以已经投产和在建的煤间接液化项目基本上都是采用处理能力和净化度都很高的低温甲醇洗工艺净化合成气，在进合成反应器之前再使用干法脱硫剂——氧化锌脱硫进行最后的把关，确保进入合成反应器的合成气中硫含量符合标准。

费托合成反应是整个煤间接液化合成工艺的核心部分，其中的关键技术是催化剂和反应器。自 20 世纪 20 年代费托合成反应发现以来，制备出价格低廉、活性高、稳定性好且具有工业应用前景的催化剂，对煤间接液化技术的成功产业化具有重要意义。费托合成反应是强放热反应，平均放热约 165 kJ/mol（C 原子）。由于放热量大，常发生催化剂局部过热，导致选择性降低，并引起催化剂积炭甚至堵塞床层。因此要求费托合成的反应器应具有较强的移热能力，避免催化剂失活，提高产物的选择性。

费托合成尾气包括未转化的合成气、CO_2 及低碳烃类，对于大工业生产，尾气中包含的有用产品必须回收利用。对尾气的处理由于规模的不同，处理方案也有所差异。目前 SASOL 工厂的处理方案是：尾气首先脱碳，然后经深冷分离回收烃类，同时尾气被分为富甲烷流股、富氢流股及乙烯、丙烯、LPG 等产品，其中富甲烷流股，通过重整反应生产合成气。

现代煤间接液化技术主要采用浆态床反应器，从浆态床反应器中出来的产品含有粒径很小的催化剂颗粒，为了得到合格的液体产品，必须将产物中的固体催化剂分离出来。催化剂与液相产物的分离可以在反应器内部分离，也可以在外部进行，主要有沉降、加压过滤分离，磁力分离和超临界分离等方法。能否从液体产物中分离废催化剂是现代煤间接液化技术成功的一项关键技术。

从反应器出来的产物并非最终产品，需要根据所采用的工艺技术和市场需求，通过加氢处理、加氢裂化、异构化 / 加氢异构化、催化重整、烷基化和醚化等常规炼油技术生产满足市场需求的产品。费托合成油是费托合成的主要产物，是生产煤基燃料油和提炼化工产品的主要原料，可生产汽油、柴油和航空煤油等油品以及 α 烯烃等高附加值的化工产品。

低温费托合成和高温费托合成工艺过程的产物分布有很大的差异。低温费托合成产物碳数高，直链烷烃多，因此可通过加氢处理、加氢裂解等手段加工成无硫、无氮、低芳烃、高十六烷值的高品质柴油和以直链烷烃为主的高品质汽油。由低温费托合成产物生产的柴油,其十六烷值高达 70 以上,所产石脑油作为乙烯裂解料,具有比石油基石脑油更高的烯烃收率。低温费托合成产物还可以加工成煤油、不同等级的石蜡产品如软蜡、硬蜡和氧化蜡等。石蜡经加氢异构和催化脱蜡处理,可生产高黏度、低挥发性的润滑油基础油。

高温费托合成油主要为石脑油基柴油馏分,且油品中 α 烯烃含量较高,其产品特征表明,高温费托合成产品较适合生产汽油、柴油、喷气燃料以及高附加值烯烃产品。高温费托合成产物生产汽油主要有两种途径:① 将石脑油馏分($C_5 \sim C_{10}$)通过异构化或催化重整,加工成符合或者接近辛烷值标准的汽油;② 将高温费托合成气相产物加工成汽油产品,气相烯烃通过齐聚反应转化为汽油馏分,得到辛烷值较高的烯烃汽油调和组分,或进一步加氢处理得到符合烯烃含量要求的汽油产品。高温费托合成生成的丙烷和丁烷可作为液化石油气产品。由于高温费托合成产物含有大量 α 烯烃和含氧化合物,对其进行提取加工既是高温费托合成产物深加工的研究重点,也是提高高温费托合成过程整体效益的有效途径。

5.2 煤间接液化工艺的关键因素

煤间接液化工艺的关键因素包括:气化炉、催化剂、合成反应器、反应条件和液固分离技术。气化炉的选择主要是关系到合成反应原料气能否稳定供应的问题,是整个煤间接液化工艺的龙头。在前面的章节已经对气化做过详细的介绍,本章节就不再介绍气化技术。下面对煤间接液化工艺其他关键因素进行介绍。

5.2.1 催化剂

自 1923 年 Frans Fischer 和 Hans Tropsch 发现费托合成反应以来,催化剂的研究一直是费托技术研究的核心之一。研究人员希望开发出价格低廉、活性高且稳定性好的,具有工业应用前景的催化剂。最常用的费托合成催化剂其金属主活性组分有 Fe、Co、Ni 以及 Ru 等过渡金属,费托合成催化剂与温度、压力和产物的关系如图 5-2 所示。从图 5-2 可以看出,费托合成反应中,不同的催化剂对应的最佳反应温度和压力各不相同,其相对应的生成产物也不尽相同。为了提高催化剂的活性、稳定性和选择性,除主成分外还要加入一些辅助成分,如金属氧化物或盐类等。大部分催化剂都需要载体,如氧化铝、二氧化硅、高岭土或硅藻土等。制备合成的催化剂只有经 $CO + H_2$ 或 H_2 还原活化后才具有活性。

Ru 基催化剂是最理想的费托合成催化剂,在费托合成反应过程中影响因素最少。但是 Ru 资源有限、储量不足,因此价格昂贵,一般只用作实验室的基础研究。Ni 基催化剂的加氢能力非常强,易形成羰基镍和甲烷,因而使用上受到限制。鉴于上述原因,目前已经用于大规模生产的费托合成催化剂只有 Fe 基催化剂和 Co 基催化剂。Co 基催化剂的价格相对较高,且 Co 基催化剂 WGS 反应活性较低,较适合

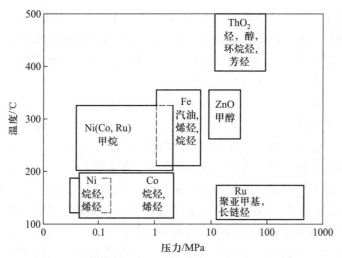

图 5-2   费托合成催化剂与温度、压力和产物的关系

高 H_2/CO 的天然气基合成气的费托合成，主要以重质烃和石蜡为主。而 Fe 基催化剂廉价易得，WGS 活性较高，尤其适合于低 H_2/CO 的煤基合成气的费托合成。

SASOL 公司使用的主要是铁系催化剂。在 SASOL 公司固定床和浆态床反应器中使用的是沉淀铁催化剂，在流化床反应器中使用的是熔铁催化剂。在国内，中科合成油技术有限公司开发的高温浆态床费托合成技术也是使用铁系催化剂，并且经过了内蒙古伊泰和山西潞安两个 16 万吨 / 年合成油示范厂的验证。神华宁煤集团 400 万吨 / 年煤制油商业装置上使用的也是由中科合成油技术有限公司开发的铁系催化剂。

铁基催化剂按使用温度可分为低温铁基催化剂和高温铁基催化剂。低温沉淀铁催化剂的主活性组分为 $\alpha\text{-}Fe_2O_3$，添加的助剂有 K_2O、CuO 和 SiO_2 或 Al_2O_3，例如，南非 SASOL 公司的 Arge 固定床使用的 LTFT 催化剂就是 $Fe\text{-}Cu\text{-}K/SiO_2$ 催化剂。低温沉淀铁催化剂的使用温度一般为 220～250℃，主要产物为长链重质烃，经加工可生产优质柴油、汽油、煤油和润滑油等，同时副产高附加值的硬蜡。

高温铁基催化剂又分为熔铁催化剂和沉淀铁催化剂两种。南非 SASOL 公司的 SAS（sasol advanced synthol）反应器中使用的高温催化剂为熔铁催化剂，主要组分为 Fe_3O_4，该催化剂选用低杂质的磁铁矿，加入各种助剂，熔融后经粉碎、球磨、筛分后得到。但熔铁催化剂活性受其比表面积的制约，选择性受到助剂含量和成分分布不均匀的影响。受制备方法以及磁铁矿中杂质成分复杂、含量多变的影响，给准确控制熔铁催化剂中助剂的含量带来一定困难。同时，在原料掺混和熔炼过程中，很难使助剂均匀分布于催化剂中，造成催化剂催化性能的不稳定。采用沉淀法制备高温催化剂可以很好地解决上述问题。与低温沉淀铁催化剂不同，高温沉淀铁催化剂的助剂含量较低。

金属 Co 加氢活性介于 Ni 与 Fe 之间，具有较高的费托链增长能力，反应过程中稳定并不易积炭和中毒，寿命相对较长。Co 基催化剂具有很低的水煤气变换反应活性，因此碳利用率高，适用于高 H_2/CO 的合成气转化。Co 基费托合成催化剂可最大限度地生成重质烃，且以直链饱和烃为主，深加工得到的中间馏分油燃烧性能优良，简单切割后即可用作航空煤油及优质柴油。此外，还可副产高附加值的硬蜡。因为 Co 基催化剂在活性、寿命及产物选择性等方面的优点，使其成为费托合成催化剂的研究热点。目前，全球各大煤化工企业、石油公司、科研机构及催化剂厂商均投入巨大的人力财力开发性能优异的 Co 基费托合成催化剂。

未来费托合成催化剂的发展方向为减少甲烷生成、选择性合成目标烃类（液体燃料、重质烃或烯烃等）以及研究开发拓宽 ASF 分布规律的费托合成催化剂。未来的研究趋势将更多地向催化剂的复合化、多功能化发展，如双峰孔分布催化剂、核壳型催化剂等，即以一种催化剂解决多个工艺才能完成的问题，目标是增加催化剂的活性和对重质烃的选择性，减少甲烷和 CO_2 排放。

5.2.2 合成反应器

间接液化工艺的核心设备是费托合成反应器，在实际工艺中，合成反应器的设计和选择主要需考虑以下几个问题：

（1）费托合成反应是强放热反应，因此费托合成反应器应具有较强的移热能力，保持反应温度的恒定，避免催化剂失活，提高产物的选择性。

（2）费托合成反应器要易于操作，便于失活催化剂的更换，利于催化剂与液体产物的分离等问题。

从 SASOL 公司煤液化厂的发展可以看出，其合成反应器发展经历了四个阶段：固定床反应器技术阶段（1950—1980 年）、循环流化床反应器阶段（1970—1990 年）、固定流化床反应器阶段（1990—　）和浆态床反应器阶段（1993—　）。

1. 固定床反应器

固定床反应器采用的是类似于列管式换热器的管壳式结构，又称列管式 Arge 固定床，其结构如图 5-3（a）所示。固定床反应器管内装填催化剂，管外为加压饱和水，反应热由管外水的沸腾汽化移出，因此可以通过调整管间水蒸气压力控制管内反应温度。由于反应热靠管子的径向传出，故反应管的直径不能太大，所以反应管的管数很多。它的主要特点是使用沉淀铁催化剂，反应温度较低，液体产物易于收集，催化剂与重质烃易于分离，不存在催化剂和液态产物分离的问题。但主要缺点是存在着径向与轴向的温度梯度，催化剂难以控制在最佳的反应温度，且易因局部过热而造成催化剂烧结、积炭，堵塞反应管，随着反应时间的延长由于重质蜡的积累，催化剂床层压降逐渐增大，而且催化剂更换困难，不适合大规模生产。

2. 循环流化床反应器

循环流化床反应器是合成气在反应器内达到较高的线速度，使催化剂悬浮在反应气流中，合成气带出的催化剂通过旋风分离器分离后，再返回到反应器中，如此循环。催化剂和反应气体在反应器内剧烈运动，强化了传热过程，因而反应器床层内各处温度比较均匀，有利于合成反应选择性的控制。SASOL 公司采用的循环流化床反应器，又称Synthol反应器，其结构如图5-3（b）所示。由于循环流化床传热系数大，散热面积小，反应器结构得到简化，生产能力显著提高，其单台生产能力达到6500吨/天合成油，因此流化床反应器适合大规模生产。但是循环流化床的主要缺点是：① 合成反应器装置投资高、操作复杂烦琐、检修费用高、反应器进一步放大困难；② 操作温度较高（350℃），重质烃的选择性较差，随催化剂老化，反应温度逐渐升高，产物轻质化严重；③ 气固两相流速较高，设备磨损问题突出，催化剂丢失严重，旋风分离器容易被催化剂堵塞。

3. 固定流化床反应器

为了解决循环流化床固有的问题，20世纪90年代SASOL公司与美国Badger公司合作开发了无循环的流化床反应器，又称固定流化床反应器。该反应器内的合成气气速比循环流化床当中的低，通过在底部增加气体分布器，使得催化剂在反应器内呈流化状态，从而保持一定的料位高度，由于在反应器上方提供了足够的自由空间以分离出大部分催化剂，部分被带出的催化剂通过反应器顶部的多孔金属过滤器被分离并返回床层。由于催化剂颗粒被控制在反应器内，不仅降低了催化剂的消耗，而且可以取消催化剂回收系统，从而节省了设备投资费用。因为固定流化床的反应器直径可远大于循环流化床的直径，因而使得原料的转化率更高，反应器产能更大，而操作和维修费用却更低。

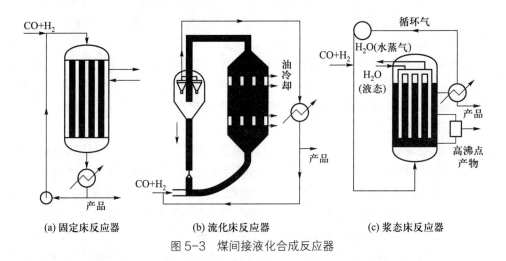

图5-3 煤间接液化合成反应器

（a）固定床反应器　　（b）流化床反应器　　（c）浆态床反应器

4. 浆态床反应器

浆态床反应器是一种"气、液、固"三相反应床，气体以鼓泡形式通过悬浮有固体细粒的液体层，以实现"气、液、固"相的反应过程，如图5-3（c）所示。这类反应器的催化剂一般为固相，反应物为气体，内有液相介质。反应器下方设置有气体分布器，原料气被均匀分配，气泡小而均匀，从而强化了气液传质。反应器内部设置液固分离装置，用于分离细小催化剂和液体产物。对于费托合成这样的强放热反应，反应生成的热量依靠内置的冷却水管进行移热。

与列管式固定床费托合成反应器相比，浆态床反应器床层内反应物混合较好、温度均匀，可等温操作；单位反应器体积的产率高，每吨产品催化剂的消耗仅为列管式固定床反应器的 20%～30%；通过改变催化剂组成、反应压力、反应温度、H_2/CO以及空速等条件，可在较大范围内改变产品组成，适应市场需求的变化；浆态床反应器的床层压降小（小于 0.1 MPa，管式固定床反应器可达 0.3～0.7 MPa）；反应器控制简单，操作成本低；反应器结构简单、易于放大、投资低（仅为同等产能管式固定床反应器的 25%）。目前，对浆态床反应器的研究主要集中在内部传质、传热特性等流体力学方面，如气含率、固体浓度分布、粒径分布以及气泡尺寸分布的变化规律及其影响因素。这些参数都对费托合成的工业应用具有很高的理论指导意义，同时也是浆态床反应器放大的重要设计依据。

5.2.3 反应条件

对于以生产液体燃料为目的产物的费托合成，提高合成产物的选择性是至关重要的。产物的选择性除受催化剂影响外，还由热力学和动力学因素所决定。在催化剂的操作范围内，选择合适的反应条件，对调节选择性起着重要的作用。

1. 原料气组成

原料气中有效成分 ($CO + H_2$) 含量高低影响合成反应速率的快慢。一般是有效合成气 ($CO + H_2$) 含量高，反应速率快，转化率增加，但是反应放出热量也多，易造成床层超温。另外制取高纯度的合成原料气 ($CO + H_2$) 成本高，所以一般要求其含量为 80%～85%。原料气中的 $V(H_2)/V(CO)$ 比值，影响反应进行的方向。$V(H_2)/V(CO)$ 比值高，有利于饱和烃、轻产物及甲烷的生成；比值低，有利于链烯烃、重产物及含氧化合物的生成。提高合成气中 $V(H_2)/V(CO)$ 比值和反应压力，可以提高合成气的利用率。排除反应中的水蒸气，也能增加合成气的利用率和产物产率，因为水蒸气的存在会增加 CO 的变换反应 ($CO + H_2O \rightleftharpoons H_2 + CO_2$)，使 CO 的有效利用降低，同时也降低了合成反应速率。

2. 反应温度

费托合成反应温度主要取决于合成时所选的催化剂。对每一系列费托合成催化剂，只有当它处于合适的温度范围时，催化反应是最有利的。活性高的催化剂，合成的温度范围较低。如钴催化剂费托合成反应的最佳温度为 170～210℃（取决于催化剂的寿命和活性），铁催化剂费托合成反应的最佳温度为 220～340℃。在合适的温度范围内，提高反应温度，有利于轻产物的生成。因为反应温度高，中间产物的脱附增强，限制了链的生长反应。而降低反应温度，有利于重产物的生成。在动力学方程中，反应速率和时空产率都随温度的升高而增加。但是反应温度升高，副反应的速率也随之猛增。如温度高于 300℃时，甲烷的生成量增多，因此生产过程中必须严格控制反应温度。

3. 反应压力

反应压力不仅影响催化剂的活性和寿命，而且也影响产物的组成和产率。压力增加，会导致产物中重馏分和含氧化合物增多，产物的平均相对分子质量也会随之增加。另外，压力增加还会使反应速率加快，使氢气分压增高。对于铁催化剂，一般要求在 0.7～3.0 MPa 范围内使用，如果采用常压费托合成，则会导致铁基催化剂活性降低、寿命缩短。钴基催化剂可以在常压下使用，但是在 0.5～1.5 MPa 压力下使用合成效果更好，同时也可以延长催化剂的寿命。用钴催化剂进行费托合成时，烯烃随压力增加而减少，铁催化剂的产物中烯烃含量受压力影响较小。

4. 空速

对不同催化剂和不同的合成方法，都有最适宜的空速范围：如钴催化剂进行费托合成时适宜的空速为 80～120 h^{-1}，沉淀铁催化剂进行费托合成时空速为 500～700 h^{-1}，熔铁催化剂气流床合成空速为 500～1200 h^{-1}。在适宜的空速下进行费托合成，油产率最高。但是增加空速，会导致转化率降低，产物变轻，烯烃生成量增加。

5.2.4　液固分离

浆态床反应器是现代煤间接液化技术的主流反应器，SASOL 公司 20 世纪 90 年代就已经开发出了自己的浆态床反应器，在我国的煤制油项目中基本上都是使用中科合成油技术有限公司开发的高温浆态床反应器，上海兖矿能源科技研发有限公司也开发了自己的低温浆态床反应器。浆态床反应器的性能要优于其他反应器，但是使用浆态床反应器有一个很大的问题，就是催化剂的分离问题。

浆态床费托合成使用的催化剂的颗粒很小，直径一般在 20～100 μm 之间。这么小的催化剂，从黏度较大的蜡里面分离出来是一件不容易的事情。分离不好，导致催化剂损失，直接增加成本，同时这么微小的颗粒留在蜡里，也影响下游的工艺。

为此研究人员开发、设计了多种分离方法和装置。重力沉降法是将含催化剂的蜡产物引入沉降器通过重力作用将其分离；离心分离是将混合浆液泵入离心机进行固液分离，其最大的优点是高效、省时；过滤分离主要是采用孔径比催化剂粒径小得多的烧结金属丝网对浆液进行过滤，其最大的缺点是经过长时间使用后，网孔被催化剂粒子堵塞，难以反吹；磁分离技术主要利用高梯度磁场产生的强大的磁场力，使催化剂与液相产物分离；超临界萃取分离实际上是利用超临界流体作为一种溶剂，将费托合成石蜡萃取出来，达到与催化剂分离的目的。

从目前的应用情况看，中科合成油技术有限公司、上海兖矿能源科技研发有限公司和 SASOL 公司这三家的浆态床工艺基本上都是采用加压过滤的方式分离催化剂和蜡。过滤工艺采用内过滤器和外过滤器相结合的方法，内过滤器可以相对快速过滤稍大催化剂颗粒，而外过滤器主要慢速过滤内过滤器未过滤掉的微小催化剂颗粒。

5.3 国内外典型煤间接液化工艺技术

煤间接液化工艺按费托合成的反应温度可分为低温煤间接液化工艺和高温煤间接液化工艺。通常将反应温度低于280℃的费托合成反应称为低温煤间接液化工艺，反应温度高于300℃的费托合成反应称为高温煤间接液化工艺。通常情况下，低温煤间接液化采用固定床或浆态床反应器；高温煤间接液化采用流化床（循环流化床、固定流化床）反应器。

目前，国外以煤为原料进行间接液化制油的企业主要是南非SASOL公司，经过半个多世纪的发展，SASOL公司可以根据客户不同的需求对外输出固定床、流化床和浆态床等组合而成的低温煤间接液化工艺和高温煤间接液化工艺。Shell公司开发了以廉价天然气为原料制取合成气（CO + H_2），然后进行费托合成的SMDS低温间接液化工艺。美国Syntroleum公司也开发了以天然气为原料，采用流化床反应器及钴基催化剂的低温间接液化工艺。

国内，中国科学院山西煤炭化学研究所 / 中科合成技术有限公司经过多年的研发，开发出了费托合成与沸石分子筛相结合的固定床两段合成工艺，Fe-Cu-K/SiO_2低温浆态床费托合成工艺及成功实现工业化的Fe-Mo-Mn高温浆态床费托合成工艺。兖矿集团也开发出了具有自主知识产权的低温浆态床费托合成工艺和高温流化床费托合成工艺。

5.3.1 南非SASOL公司煤间接液化工艺

SASOL公司于1950年成立，1955年建成第一座煤间接液化工厂。图5-4为SASOL-Ⅰ厂生产工艺流程。从鲁奇炉加压气化得到的粗煤气先经过冷却、净化处理后得到石脑油、废气和纯合成气。其中石脑油和粗煤气与冷却分离的焦油一起进入下游的精馏装置，废气在排入大气之前必须经过脱硫等环保设备进行处理。纯合成气进入费托合成系统，SASOL-Ⅰ厂有5台固定床反应器和3台流床化反应器，合成产物冷却至常温后，水和液态烃析出，气体产物大部分作为循环气返回到反应器。

SASOL-Ⅱ和SASOL-Ⅲ厂是在20世纪70年代两次石油危机的背景下，南非政府为扩大生产而兴建的，根据SASOL-Ⅰ厂的实践经验确定采用Synthol合成工艺，并扩大了生产规模，其全厂生产工艺流程如图5-5所示。从36台鲁奇气化炉得到的粗煤气经过净化后，进入8台Synthol反应器组成的费托合成系统，得到的液态油和气态产物分别进入相关的分离、提质和加工系统。与SASOL-Ⅰ厂相比，在液体油的后续处理上，新厂采用了一批现代的炼油技术，例如聚合、异构化、加氢裂解等，生产更加高级和清洁的液体燃料。

1. SASOL公司Arge固定床煤间接液化工艺

SASOL公司Arge固定床低温煤间接液化工艺流程如图5-6所示。新鲜气和循

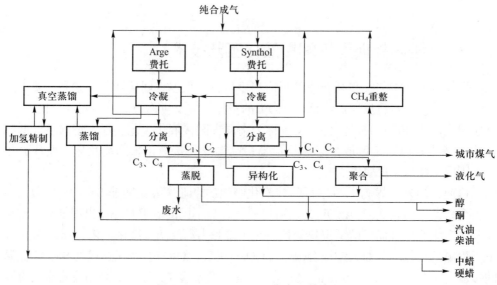

图5-4 SASOL-Ⅰ厂生产工艺流程

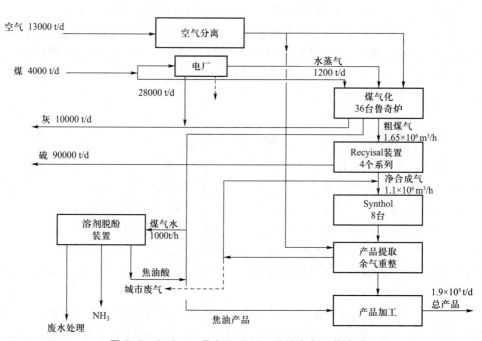

图5-5 SASOL-Ⅱ和SASOL-Ⅲ的生产工艺流程

环气升压至2.5 MPa进入换热器,与反应器出来的产品气换热后从顶部进入反应器,反应温度保持在220~235℃,反应器底部采出石蜡。气体产物先经换热器冷凝后采出高温冷凝液(重质油),再经两级冷却,所得冷凝液经油水分离器分出低温冷凝物(轻油)和反应水。石蜡、重质油、轻油以及反应水进行进一步加工处理,尾气一部分循环返回反应器,另一部分送去低碳烃回收装置,产品主要以煤油、柴油和石蜡为主。

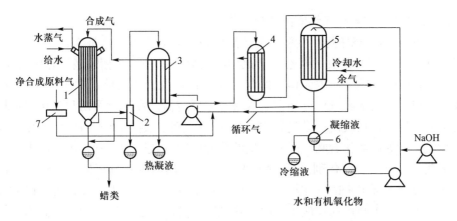

1—反应器；2—蜡分离器；3—换热器；4、5—冷却器；6—分离器；7—压缩机

图 5-6 Arge 固定床低温煤间接液化工艺流程

2. SASOL公司Synthol流化床煤间接液化工艺

SASOL 公司 Synthol 流化床煤间接液化工艺流程如图 5-7 所示。当装置新开车时，需要通过点火炉加热反应气体。当转入正常操作后，气体通过与重油换热升温至 160℃，然后进入反应器的水平进气管，与沉淀室下来的热催化剂混合，进入提升管和反应器内进行反应，温度迅速升至 320～330℃。部分反应热由循环冷却用油移出。气体产物通过油洗塔，析出的重油一部分作为循环油使用加热反应气体，其余作为重油产物。在热油洗塔顶部出来的气体产物经过洗涤分离进一步冷凝成轻油、水和有机氧化物。与 Arge 不同，这里余气经过洗涤加压后，作为循环气进入反应器。

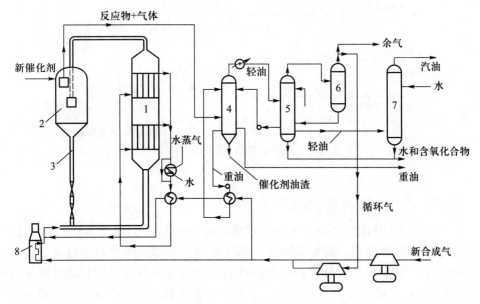

1—反应器；2—催化剂沉降室；3—竖管；4—油洗塔；5—气体洗涤分离塔；
6—分离器；7—洗塔；8—开工炉

图 5-7 Synthol 流化床煤间接液化工艺流程

3. SASOL公司浆态床煤间接液化工艺

SASOL 公司浆态床煤间接液化工艺流程如图 5-8 所示。这是 SASOL 公司基于低温费托合成反应而开发的浆态床合成中间馏分油工艺。三相鼓泡浆态床反应器，在 240℃下操作，反应器内液体石蜡与催化剂颗粒混合成浆体，并维持一定液位。合成气预热后从底部经气体分布器进入浆态床反应器，在熔融石蜡和催化剂颗粒组成的浆液中鼓泡，在气泡上升过程中，合成气在催化剂作用下不断发生费托合成反应，生成石蜡等烃类化合物。反应产生的热量由内置式冷却盘管移出，产生一定压力的水蒸气。石蜡和催化剂采用 SASOL 公司开发的内置式分离器专利技术进行分离。从反应器上部出来的气体经冷却后回收烃组分和水，获得的烃物流送往下游的产品改质装置，水则送往反应水回收装置进行处理。浆态床反应器结构简单，传热效率高，可在等温下操作，易于控制操作参数，可直接使用现代大型气化炉生产的低 H_2/CO 值（0.6～0.7）的合成气，且对液态产物的选择性高，但存在传质阻力较大的问题。

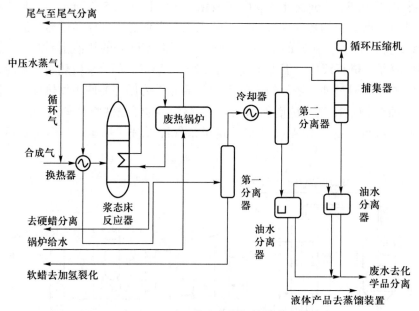

图 5-8　SASOL 公司浆态床煤间接液化工艺流程

5.3.2　Shell公司的SMDS工艺

Shell 公司的 SMDS（Shell-Middle-Distilale-Synthesis）费托合成技术不是以煤为原料制取液体燃料，而是以廉价天然气为原料制取液体燃料的合成工艺，如图 5-9 所示。整个工艺可分为通过费托反应合成高分子石蜡烃和石蜡烃加氢裂化（或加氢异构化）制取发动机燃料两步。第一步采用管式固定床反应器，使用自己开发的热稳定性较好的钴基催化剂高选择性地合成长链石蜡烃；第二步采用滴流床反应器，将重质烃类转化为中质馏分油（如石脑油、煤油、瓦斯油等），反应温度为 300~350℃，反应压力为 3~5 MPa。产品构成可根据市场供需变化调整上述两种技术的工艺操作条件。采用 SMDS 合成技术制取汽油、石脑油、煤油和柴油，其热效率可达 60%，而且经济上优于其他煤间接液化技术。马来西亚应用该技术于 1993 年建成 50 万吨／年合成油工厂，投产至今，反应器运行良好，经济效益显著。虽然 SMDS 合成技术主要以天然气作为原料，但由于用合成气生产液体燃料，所以利用煤气化生产的合成气生产液体燃料应当也是可行的。

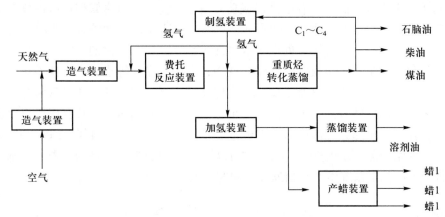

图 5-9　Shell 公司的 SMDS 工艺流程

5.3.3　中国科学院山西煤炭化学研究所/中科合成油技术有限公司煤间接液化工艺

1. 中国科学院山西煤炭化学研究所两段费托合成工艺技术

中国科学院山西煤炭化学研究所从 20 世纪 80 年代开始攻关煤间接液化技术，成功开发了将传统的费托合成与沸石分子筛相结合的固定床两段合成工艺技术（Modified-FT，简称 MFT），并完成了 2000 t/a 的工业试验，两段费托合成工艺流程如图 5-10 所示。MFT 合成工艺又称改良费托合成法。在 MFT 工艺中，合成气经净化后，首先在一段反应器中经费托合成铁基催化剂作用生成 C_1~C_{40} 宽馏分烃类，此馏分进入装有择形分子筛催化剂的二段反应器进行烃类催化转化反应，改质为 C_5~C_{11} 汽油馏分。由于两类催化剂分别装在两个独立的反应器内，各自可调控到最佳反应条件，能充分发挥各自的催化性能。

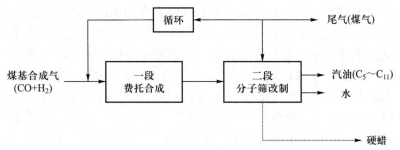

图 5-10　两段费托合成工艺流程

2. 中国科学院山西煤炭化学研究所/中科合成油技术有限公司高温浆态床合成工艺

1998—2000 年，中国科学院山西煤炭化学研究所在实验室成功研制出了高性能的低温浆态床费托合成铁基催化剂，同时解决了蜡、催化剂分离技术难题；2001 年在太原小店工业区建起千吨级浆态床合成工业中试装置，2004 年开发出与国外水平相当的低温浆态床煤制油技术。然而，低温浆态床煤制油技术整体热效率较低，针对此问题，中科合成油技术有限公司成功开发了具有完全自主知识产权的铁基高温费托浆态床合成工艺，如图 5-11 所示。该工艺流程包括：煤气化、变换、净化、油品合成、产品加工（含尾气处理）等单元。首先，煤和气化剂一同进入现代大型气流床气化炉，生成的粗煤气，经耐硫变换，合成气净化等步骤进入浆态床反应器底部。反应生成的轻质组分及未反应的气体从反应器顶部离开，通过气液分离器将轻油和未反应的气体分离。大部分气体组分通过压缩机加压与新鲜合成气合并进入浆态反应器。一小部分气体作为尾气经进一步的分离，分成燃料气，LPG 和轻石脑油。从气体组分分离出的轻油、石脑油和浆态床反应器中部出来的重质蜡全部送入下游合成油品加工系统生产石脑油和中间馏分油。

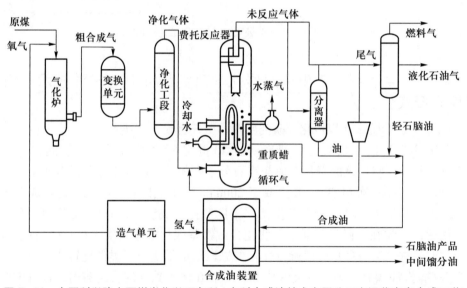

图 5-11　中国科学院山西煤炭化学研究所 / 中科合成油技术有限公司高温浆态床合成工艺

中科合成油技术有限公司开发的具有完全自主知识产权的高温浆态床费托合成工艺充分兼顾气化技术的优化匹配选择、工艺完善和全系统的节水节能。通过技术的优化和改进，高温浆态床费托合成集成技术整体的能量转化效率可提高至 44%～47%，水耗由 13.53 t 水 /t 油品降低至低于 5 t 水 /t 油品。中科合成油技术有限公司为内蒙古伊泰和山西潞安两个 16 万吨 / 年的示范项目提供了从人员培训、建设、试运行、稳定运行的全面技术支持和服务，对制约示范装置运行的技术难点进行了系统的分析，并提供了解决方案，有力地保证了示范项目的技术需求和人员需求，示范项目顺利实现了达产、超产。目前内蒙古伊泰示范项目的生产负荷已经达到 120%，山西潞安示范项目的生产负荷已经达到 90% 左右。

2016 年 12 月 6 日，以中国科学院山西煤炭化学研究所 / 中科合成油技术有限公司自主研发的高温铁基浆态床煤炭间接液化技术为核心的全球单套规模最大的煤炭间接液化装置——神华宁煤集团 400 万吨 / 年煤制油工程投料，产出费托轻质油和费托重质油；9 日产出稳定合格蜡；18 日加氢精制装置产出合格柴油；21 日实现了煤制油工程全流程贯通。该技术的成功产业化标志着我国已经完全掌握了处于全球领先地位的百万吨级煤间接液化工程的工业核心技术，打破了国外的技术垄断，对煤炭清洁高效转化利用具有重要的带动示范效应，为应对全球石油市场和"后石油时代"的能源技术革命和化解我国可持续发展面临的能源困局提供了新的路径。

5.3.4 兖矿集团煤间接液化工艺

1. 低温煤间接液化工艺

兖矿集团自主研发的低温煤间接液化工艺采用三相浆态床反应器和铁基催化剂。该工艺主要由催化剂前处理、费托合成及产品分离三部分构成，主要工艺流程如图 5-12 所示。来自净化工段的新鲜合成气和循环尾气混合，经循环压缩机加压后，预热到 160℃进入费托合成浆态床反应器，在催化剂的作用下部分转化为烃类物质，反应器出口气体进入激冷塔进行冷却、洗涤，冷凝后液体，经高温冷凝物冷却器冷却后进入过滤器过滤，过滤后的液体作为高温冷凝物送入产品储槽。在激冷塔中未冷凝的气体，进入高压分离器，液体和气体在高压分离器得到分离，液相中的油相作为低温冷凝物，送入低温冷凝物储槽。水相作为反应水，送至废水处理系统。高压分离器顶部排出的气体，经过高压分离器闪蒸槽闪蒸后，一小部分放空进入燃料气系统，其余与新鲜合成气混合后，经循环压缩机加压，并经原料气预热器预热后，返回反应器。反应产生的石蜡经反应器内置液固分离器与催化剂分离后排放至石蜡收集槽，然后经粗石蜡冷却器冷却至 130℃，进入石蜡缓冲槽闪蒸，闪蒸后的石蜡进入石蜡过滤器过滤，过滤后的石蜡送入石蜡储槽。

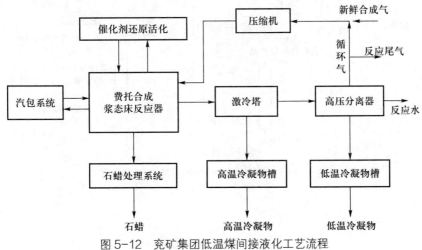

图 5-12 兖矿集团低温煤间接液化工艺流程

　　2012 年 7 月，应用上海兖矿能源科技研发有限公司开发的低温煤间接液化工艺技术的兖矿榆林 100 万吨 / 年工业示范项目开工建设，2015 年 8 月底正式投料开车，经过多次技术改进，现已基本实现稳定运行。

　　2. 高温煤间接液化工艺

　　上海兖矿能源科技研发有限公司开发的高温煤间接液化工艺采用沉淀铁催化剂，工艺流程如图 5-13 所示。来自气化装置并经净化的合成气，在 340~360℃温度下，在固定流化床中与催化剂作用，发生费托合成反应，生成一系列的烃类化合物。烃类化合物经激冷、闪蒸、分离、过滤后获得粗产品高温冷凝物、低温冷凝物和反应水进入精馏系统，费托合成尾气一部分放空进入燃料气系统，另一部分与界区外的新鲜气混合返回反应器。

　　陕西未来能源化工有限公司榆林煤间接液化一期后续项目（400 万吨 / 年煤制油项目）将采用兖矿集团自主开发的大型高温与低温费托合成多联产专利技术，建设 400 万吨 / 年煤间接液化装置。项目以煤为原料，生产油品及化学品，年产能达到 417 万吨。建设地点位于榆阳区芹河镇已建成的 100 万吨 / 年煤间接液化示范项目东侧。项目年耗原煤、燃料煤约 2000 万吨，年耗水约 4350 万吨，占地约 1.5 万亩，总投资估算约 698 亿元。项目建成后，将形成以间接液化项目为核心，塑料橡胶、费托特色化工、纺织等多种产业集群，与当地现有的相关产业形成优势互补，填补本地区产业的短板，进一步提高区域产业产品质量，降低生产成本，增加产品附加值，有望成为国内最大的超清洁油品、塑料橡胶等多种煤化工循环利用产业集群。

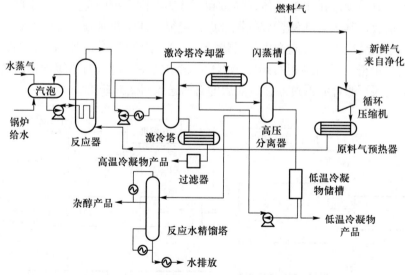

图 5-13　兖矿集团高温煤间接液化工艺流程

思考题 ···

1. 简述煤间接液化的基本原理及主要化学反应。
2. 简述费托合成过程中链增长机理。
3. 简述煤间接液化的基本工艺流程。
4. 简述煤间接液化反应器的种类及其特点。
5. 简述煤间接液化的反应条件。
6. 简述 SASOL 公司不同时代的煤间接液化工艺流程。
7. 简述中国科学院山西煤炭化学研究所 / 中科合成油技术有限公司高温浆态床合成工艺流程。

通过扫描二维码进入国家级一流本科课程：虚拟仿真实验教学一流课程《煤炭高效清洁利用虚拟仿真综合实训》低温费托合成工艺 2D 生产实习仿真软件操作界面。

第6章
煤制甲醇技术

在我国，甲醇产能大，使用范围广、后续产品多，大规模生产技术成熟，是当代中国煤制化学品中最具代表性的产品。甲醇含有一个甲基和一个羟基，具有醇类的典型反应，同时又能进行甲基化反应，因此由甲醇出发，可以合成一系列的化学产品（如二甲醚、烯烃、甲醛、醋酸和甲基叔丁基醚等）。甲醇不仅是重要的化工原料，同时也是重要的替代燃料。甲醇具有良好的燃料性能，无烟、辛烷值高、抗爆性能好，因此甲醇作为发动机替代燃料的可行性研究得到了人们的广泛重视。甲醇是当代中国煤化工产业中最重要的化工产品，是仅次于三烯和三苯的重要基础有机化工原料，是新型煤化工的重要中间体。

早期人们主要通过木材干馏法生产甲醇。人们发现木材在长时间的加热炭化过程中，产生可凝或不可凝的挥发性物质，通过精馏这些物质，可获得天然甲醇，俗称木醇。1857年，研究人员开发了氯甲烷水解法生产甲醇，如式（6-1）所示。但是氯甲烷法存在水解速率慢，价格昂贵，原料利用率低（该法中氯元素以氯化钠或氯化钙的形式损失掉）等问题，故没有实现工业化。20世纪40年代以后随着天然气的大量发现，研究人员又开发了甲烷部分氧化法生产甲醇，如式（6-2）所示。虽然该法工艺流程简单，投资较低，但是由于氧化过程不易控制，甲醇收率较低。但是随着科学技术的发展，收率的提高，甲烷部分氧化法会成为生产甲醇的发展方向。

$$CH_3Cl + H_2O + NaOH \rightleftharpoons CH_3OH + NaCl + H_2O \qquad (6-1)$$
$$2CH_4 + O_2 \rightleftharpoons 2CH_3OH \qquad (6-2)$$

目前，工业上普遍采用合成气（$CO + H_2$）生产甲醇。20世纪40年代以前，主要是以煤为原料生产合成气，进而合成甲醇。20世纪40年代以后，由于大量廉价天然气的发现，工业上逐渐放弃了以煤为原料生产合成气，转而使用天然气重整生产合成气，进而生产甲醇。全球甲醇产量的90%以上是以天然气为原料，以煤为原料的甲醇产量仅占2%。但是近些年来，由于我国特殊的资源特点（富煤、贫油、少气），国家已经限制用天然气生产化工产品，而将天然气优先用于城市燃料，因此在我国以煤气化为龙头的甲醇生产工艺受到科研人员和工业界的普遍重视。本章将重点介绍以煤气化为龙头的甲醇生产工艺。

6.1 煤制甲醇的化学原理及工艺流程

6.1.1 煤制甲醇的化学原理

甲醇的分子式为 CH_3OH，理论上只要含有 C、H、O 三种元素的物质通过一定的反应就可以生成甲醇。20 世纪初，人们发现 $(CO+H_2)$ 在铁系催化剂作用下合成的液体油中，有甲醇存在，受此启发，科研人员开发了一系列通过合成气生产甲醇的工艺和催化剂。煤制甲醇，首先是通过煤气化生产合成气，然后通过合成气生产甲醇。因为煤气化在前面的章节已经介绍过，本节主要介绍通过合成气生产甲醇的原理。合成气生产甲醇的主要反应如下：

$$CO + 2H_2 \Longleftrightarrow CH_3OH + 90.64 \text{ kJ/mol} \tag{6-3}$$

合成气中一般允许有少量（2%～8%）的 CO_2 气体存在，CO_2 与 H_2 在适当反应条件下也可以发生反应生成甲醇，反应式为

$$CO_2 + 3H_2 \Longleftrightarrow CH_3OH + H_2O + 49.67 \text{ kJ/mol} \tag{6-4}$$

在反应器内除了生成甲醇的主要反应外，还有如下副反应发生：

$$CO + 3H_2 \Longleftrightarrow CH_4 + H_2O + 115.69 \text{ kJ/mol} \tag{6-5}$$

$$2CO + 2H_2 \Longleftrightarrow CH_4 + CO_2 + 227.32 \text{ kJ/mol} \tag{6-6}$$

$$2CO + 4H_2 \Longleftrightarrow (CH_3)_2O + H_2O + 200.30 \text{ kJ/mol} \tag{6-7}$$

$$4CO + 8H_2 \Longleftrightarrow C_4H_9OH + 3H_2O + 49.62 \text{ kJ/mol} \tag{6-8}$$

从以上反应式可知，通过 CO 加 H_2 生产甲醇，$H_2/CO=2$ 时，理论上合成的甲醇量多。对于 CO_2 加 H_2 合成甲醇，$H_2/CO_2=3$ 时合成的甲醇量多。实际生产中，这两个反应同时进行，而且因为原料气中 CO_2 的含量较低，为了保证足够的甲醇合成率，甲醇合成时 $(H_2+CO_2)/(CO+CO_2)$ 的值控制在 2.05～2.15。气化工段生产的原料气中 H_2 的含量低，CO 的含量高，为了使得 $(H_2+CO_2)/(CO+CO_2)$ 的值在 2.05～2.15，一般都在气化工段之后设置变换工段，通过变换反应提高氢气含量，使得氢碳比控制在合理的范围之内。

但是通过水煤气变换反应之后，不仅提高了 H_2 的含量，CO_2 的含量也增加了。在合成塔中进行反应，一般允许有 2%～8% 的 CO_2 气体存在，过高的 CO_2 含量对反应进行不利。因此，合成气在进反应器之前需将多余的 CO_2 脱除。因为粗煤气中会有大量的 H_2S 气体，而 H_2S 气体的存在会使合成甲醇的催化剂中毒，因此合成气在进反应器之前还要进行煤气净化。现代工厂通过低温甲醇洗工艺将两个工段合并成一个工段进行，既脱除了 H_2S 气体，又控制了原料气中 CO_2 的含量。

通过热力学和动力学的分析可知，增大压力，降低反应温度有利于甲醇生成，但同时也有利于副反应的进行，所以需要通过催化剂进行调节，提高反应的选择性，抑制副反应的发生。

煤制甲醇合成工艺

6.1.2 煤制甲醇的基本工艺流程

煤制甲醇包括煤气化、合成气变换、合成气净化、合成反应及产物精馏五大部分，如图 6-1 所示。煤与气化剂在一定的温度和压力下，发生部分氧化和气化反应，产生以 $(CO+H_2)$ 为主的粗煤气，经换热器换热，回收部分热量后，送入 CO 变换装置，然后通过低温甲醇洗装置脱硫、脱碳，将净化气中总硫脱至 0.1×10^{-6} 以下，以满足甲醇合成催化剂对原料气中硫含量的要求。与此同时，通过变换和脱碳将 H_2、CO、CO_2 调整到合适的比例，送入合成塔进行反应。由于合成甲醇工艺单程转化率较低，未反应的气体需要进入循环压缩机压缩后，再进入合成塔合成甲醇。由于甲醇在合成塔合成过程中伴有副反应发生，会有副产物生成，同时还有一些未反应的气体会溶解到生成的甲醇当中，因此从合成塔出来的甲醇称为粗甲醇。为了生产合格的甲醇产品，必须通过精馏装置将这些副产物杂质分离去除。

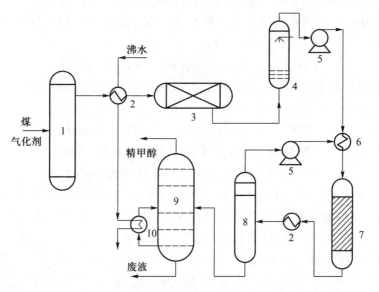

1—气化炉；2—换热器；3—CO变换装置；4—脱硫脱碳塔；5—压缩机；
6—加热器；7—甲醇合成塔；8—甲醇分离塔；9—甲醇精馏塔；10—再沸器
图 6-1 煤制甲醇基本工艺流程

甲醇精馏就是将粗甲醇精制为精甲醇的生产过程。来自甲醇合成部分的粗甲醇中含有 17% 左右的水分，还有乙醇、醛、酮、醚等有机杂质。甲醇精馏的目的就是要去除这些杂质，使产品达到国家规定或用户需求的标准。在工业生产过程中，甲醇精馏有两塔流程和三塔流程两种精馏工艺。

对于两塔流程，首先是粗甲醇中的杂质通过与甲醇相对密度的差异分成轻、重两种组分。比甲醇轻的组分主要是二甲醚等轻组分及不凝气体，这部分轻组分通过预塔除去，比甲醇重的组分在主塔中除去，这样的组合方式就称为两塔流程。双塔精馏工艺技术由于具有投资少、建设周期短、操作简单等优点，被我国众多中小企业所采用，尤其是在联醇装置中得到广泛应用。

与两塔精馏工艺流程不同，三塔精馏工艺流程有两座主精馏塔，一座在加压条件下操作，一座在常压条件下操作。两种工艺的预塔操作流程基本相同，只是塔顶和塔底的控制温度有所不同。三塔精馏工艺是为了减少甲醇在精馏中的损耗和提高热利用率而开发的一种先进、高效和能耗低的工艺流程，近年来在大中型企业中得到推广和应用。甲醇三塔精馏工艺流程如图 6-2 所示。粗甲醇在进入预塔之前需要加入一定量的 NaOH 溶液，将粗甲醇的 pH 调节到 8～9，使胺类及羰基化合物分解，以免设备受到有机酸类的腐蚀。然后，粗甲醇混合溶液经换热器加热到 70℃，从塔的上部进入预塔。塔顶馏出物经回流槽冷凝后部分作为回馏液返回预塔塔顶，不凝气（二甲醚等轻组分）送出界区使用。预塔的塔顶温度控制在 70～75℃，塔底再沸器用低压水蒸气加热，控制在 80～85℃。

甲醇精制工艺

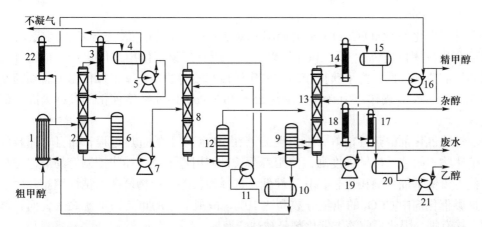

1—粗甲醇预热器；2—预精馏塔；3—预塔冷凝器；4—预塔回流槽；5—预塔回流泵；6—预塔再沸器；
7—加压给料泵；8—加压精馏塔；9—常压塔再沸器；10—常压塔回流槽；11—加压塔回流泵；
12—加压塔再沸器；13—常压精馏塔；14—常压塔冷凝器；15—常压塔回流槽；16—常压塔回流泵；
17—乙醇采出冷却器；18—杂醇油冷却器；19—废水泵；20—乙醇采出槽；
21—乙醇采出泵；22—精甲醇冷却器
图 6-2 甲醇三塔精馏工艺流程

预塔釜液（主要是甲醇和水）通过主精馏塔的给料泵自塔的下部送入加压塔。加压塔的操作压力为 0.7～0.8 MPa，塔顶温度控制在 122℃，塔底温度控制在 130℃。三塔精馏工艺比两塔精馏工艺先进之处在于，加压精馏塔的塔顶水蒸气全部作为常压精馏塔塔底再沸器的热源使用。同时，常压塔塔底再沸器具有加压塔塔顶冷凝器的作用，生成的冷凝液和一部分回流液用泵打回加压塔的塔顶，另一部分冷凝液进一步冷却到 30℃后送入成品槽。加压塔塔底釜液进入常压塔。常压塔的塔顶温度控制在 65℃，塔底温度控制在 105℃。常压塔塔顶水蒸气经冷凝器冷凝后，一部分作为回流液返回常压塔，一部分作为产品送入成品槽。常压塔釜液送出界区处理。

三塔精馏工艺将加压塔塔顶气相的冷凝潜热用作常压塔塔釜再沸器的热源，使生产过程当中的热能得到合理的利用。三塔流程较好的热能利用率得到了业界的公认，因此三塔精馏工艺已经成为现代甲醇生产厂的必然选择。

6.2 煤制甲醇工艺的关键因素

6.2.1 催化剂

甲醇合成催化剂是衡量合成甲醇工业技术水平高低的关键技术之一，随着甲醇工业的快速发展，对甲醇合成催化剂的研究开发也提出了更高的要求。国内外都在积极开发、应用新型甲醇合成催化剂，以提高产品的数量和质量，节约能源，降低成本，提高企业的市场竞争力和经济效益。

6.2.1.1 催化剂分类

1. 锌铬催化剂

锌铬催化剂 (ZnO/Cr_2O_3) 是由德国 BASF 公司于 1923 年首先开发研制成功的，属于高压气固反应催化剂，1966 年以前几乎所有厂家都使用该催化剂。锌铬催化剂的反应活性较低，为了获得较高的催化活性和较高的转化率，操作温度必须控制在 320～400℃，操作压力必须控制在 25～35 MPa，因此锌铬催化剂被称为高压催化剂。

锌铬催化剂耐热性能好，能忍受温差在 100℃以上的过热过程，而且对原料气中硫化物不敏感，机械强度高，使用寿命长，使用范围宽，操作控制容易。但是与现代主流铜基催化剂相比较，其活性低，选择性较差，产物复杂，精馏困难。由于在这类催化剂中 Cr_2O_3 的质量分数高达 10%，故成为铬的重要污染源之一，而且铬对人体有害，因此目前该类催化剂已被逐步淘汰。

2. 铜基催化剂

铜基催化剂由英国 ICI 公司和德国鲁奇公司先后研制成功，是一种低温低压甲醇合成催化剂，其主要组分为 $CuO/ZnO/Al_2O_3(Cu-Zn-Al)$。低（中）压法铜基催化剂的操作温度为 210～300℃，压力为 5～10 MPa，比锌铬催化剂合成工艺条件温和许多，对甲醇反应平衡有利。铜基催化剂的催化活性较好，单程转化率为 7%～8%，且选择性高，大于 99%。产物中只有微量的甲烷、二甲醚、甲酸甲酯等，通过精馏容易得到高纯度的精甲醇。但是铜基催化剂耐高温性差，对硫化物敏感。

目前工业上甲醇的合成主要使用铜基催化剂。铜基催化剂主要分为三大类。第一类为铜锌铬系催化剂，由铜、锌、铬的氧化物组成，添加少量其他元素，如铜－锌－铬－锰等。第二类为铜锌铝系催化剂。第三类是以铜、锌为活性组分，添加铬、铝以外的第三、四组分的催化剂，这类催化剂的活性与铜－锌－铝系催化剂相近。

3. 贵金属催化剂

由于铜基催化剂的选择性可达 99% 以上，所以新型催化剂的研制方向在于进一步提高催化剂的活性，改善催化剂的热稳定性以及延长催化剂的使用寿命。新型催化剂的研究大都基于过渡金属、贵重金属等，但与传统（或常规）催化剂相比较，其活性并不理想。例如，以贵重金属钯为主催化组分的催化剂，其活性提高幅度不大，有些催化剂的选择性反而降低。

4. 耐硫催化剂

铜基催化剂是甲醇合成工业中的重要催化剂，但是由于原料气中存在少量的 H_2S、CS_2、Cl_2 等有害气体，极易导致催化剂中毒，因此耐硫催化剂的开发研制引起各国科研人员的广泛兴趣。天津大学张继炎研制出了 $MoS_2/K_2CO_3/MgO$-SiO_2 含硫甲醇合成催化剂，反应温度为 533 K，压力为 8.1 MPa，空速 3000 h^{-1}，$H_2/CO = 1.42$。当原料中的含硫质量浓度为 1350 mg/L 时 CO 的转化率高达 36.1%，但是甲醇的选择性只有 53.2%。该催化剂虽然单程转化率较高，但选择性只有 50%，因此副产物较多，后处理复杂，距工业化应用还有较大差距。

5. 液相催化剂

1986 年以来，美国、荷兰和意大利的一些公司先后成功地研制出低温低压的液相合成甲醇催化剂，同时申请了专利。这些催化剂体系一般由过渡金属的阳离子盐和碱金属（碱土金属）的醇盐（如 NaOMe、KOBu）及溶剂（稀释剂、甲醇和甲酸甲酯）组成。液相催化剂在较低的反应温度（如 90~150℃）和较低的反应压力（如 3~5 MPa）的条件下就可显现出很好的反应活性和较高的甲醇选择性，因此液相甲醇合成法正日益受到重视。据估计，就合成气生产甲醇而言，液相合成路线比气相合成路线在经济上节约 20% 成本。

6.2.1.2 铜基催化剂的催化原理

目前，中低压合成工艺是合成气制甲醇的主流工艺，所使用的催化剂主要是铜基催化剂。下面对铜基催化剂的催化原理进行简要介绍。

铜基催化剂的主要组分为 CuO、ZnO 和 Al_2O_3，三组分在催化剂中的比例因生产厂家不同而不同。一般来说，CuO 的质量分数在 40%~80%，ZnO 的质量分数在 10%~30%，Al_2O_3 的质量分数在 5%~10%。

铜基催化剂在合成甲醇时，CuO、ZnO 和 Al_2O_3 三组分的作用各不相同。CO 和 H_2 在催化剂上的吸附性能与催化剂的活性有非常密切的关系。铜基催化剂表面对 CO 的吸附速率很高，而 H_2 的吸附则比 CO 慢得多。Zn 是很好的氢气活化剂，可使 H_2 被吸附和活化，但对 CO 几乎没有化学吸附能力。纯铜对甲醇合成是没有活性的，H_2 和 CO 合成甲醇的反应是在一系列活性中心上进行的，而这种活性中心存在于被还原的 Cu-CuO 界面上。

铜基催化剂耐热强度较低，使用时间过长或操作温度过高都会造成铜的晶体长大使催化剂失去活性。且铜基催化剂对毒物敏感，很容易发生硫、氯中毒，使用寿命较短。一般通过加入其他助剂来克服上述缺陷，以此形成具有工业价值的铜基催化剂。

锌是铜基催化剂的最好助剂，很少量的锌就能使铜基催化剂的活性显著提高。Cr 具有良好的助催化作用，若在 CuO、ZnO 和 Al_2O_3 催化剂中再加入少量的 Cr，其催化活性将得到进一步的提高。在催化剂组成中增添硼、铬、锰、钒、锆及稀土元素等，可以提高合成甲醇的催化活性及催化剂的耐热性能，对合成甲醇具有显著的促进作用。研究认为，Al_2O_3 在催化剂中作为结构助剂，起阻碍铜颗粒烧结的作用，$CuO/ZnO/Al_2O_3$ 催化剂的活性远高于双功能催化剂 CuO/ZnO 的活性。

催化剂的活性是决定甲醇合成新工艺开发成功与否的关键因素之一。甲醇生产过程中，常会发生催化剂中毒、高温烧结等现象从而影响催化剂的使用寿命。催化剂的烧结和热失活是指由高温引起的催化剂结构和性能的变化。高温除了引起催化剂的烧结外，还会引起催化剂化学组成和相组成的变化。虽然 $CuO/ZnO/Al_2O_3$ 铜基甲醇合成催化剂活性好、选择性高，但由于甲醇合成反应的放热量大，容易造成铜基催化剂热失活和催化剂烧结，导致催化剂的使用寿命缩短，因此如何提高铜基催化剂的热稳定性、延长其使用寿命成为研究人员关注的焦点。由于某些有害杂质的影响而使催化剂活性下降称为催化剂中毒，这些物质称为毒物。毒物一般来自进料中的杂质，在目前的工艺中，硫是最常见的毒物，也是引起催化剂活性衰退的主要因素。

6.2.2　反应器

合成气合成甲醇工业经过 80 多年的发展，开发出了多种类型的反应器，很难将其准确分类。按物料相态可分为气相反应器（如 ICI 和鲁奇低压合成反应器）、液相反应器和"气、液、固"三态反应器（如 GSSTFR 气－固－滴流流动反应器）；按反应床型可分为固定床反应器、浆态床反应器和流化床反应器；按反应气流向可分为轴向反应器、径向反应器和轴－径向反应器；按冷却介质种类可分为自热式（冷却剂为原料气）反应器和外冷式反应器，外冷式反应器又可分为管壳式反应器与冷管式反应器；按反应器组合方式可分为单式反应器和复式反应器。

虽然合成甲醇的反应器种类众多，但甲醇合成反应器的总体发展目标是朝着生产规模大型化、能耗低、CO 单程转化率高、热能利用率高、催化剂床层温差小、塔压降小、操作稳定可靠、结构简单和装卸催化剂方便等方向发展，使反应尽量沿着最佳动力学和最佳热力学曲线进行，从而降低甲醇的生产成本。下面按反应床型对合成气制甲醇的主流反应器进行介绍。

6.2.2.1　气－固催化反应器

气－固催化固定床反应器是甲醇合成的主流反应器。开发最早、国内外应用最广泛、技术最成熟的甲醇反应器当属 ICI 和鲁奇的低压反应器。在克服 ICI 和鲁奇缺陷的基础上，各国科研人员又开发了一系列甲醇合成反应器，并逐渐在国内外的一些中型甲醇装置上得到推广应用。

1. ICI 冷激式合成塔

冷激式合成塔是最早的低压甲醇合成塔，是用进塔原料冷气冷激带走合成塔内反应放出的大量反应热，同时预热反应原料气。ICI 冷激式合成塔为分段绝热反应器，合成气预热到 230～245℃后进入反应器，段间用菱形分布器将冷激气喷入床层中间降温。根据规模大小一般有 3～6 个床层，典型的为 4 床层反应器，如

图 6-3 所示，上面三个为分开的轴向流床，最下面的一个为
轴－径向流床。原料气在 5 MPa、230～270℃条件下合成甲醇。

冷激式合成塔结构简单，易于大型化，因此早期国内外大
型甲醇厂多采用此合成塔。冷激式合成塔属于分段绝热反应器，
因此催化剂床层温度随床层高度的变化而变化，致使不同床层
的催化剂活性不同，催化剂的整体活性不能有效发挥，导致反
应曲线远离平衡曲线，出塔的甲醇浓度低，合成气循环量大、
能耗高、热效率较低（不能副产水蒸气），因此冷激式合成塔现
已基本淘汰。

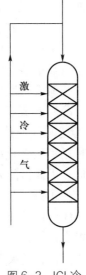

ICI甲醇合成
工艺

冷激式合成塔

鲁奇式甲醇合
成塔

2. 管壳式合成塔

德国鲁奇公司开发设计的管壳式甲醇合成反应器是一种轴
向流动的低压反应器。该反应器采用管壳式结构，操作条件
是：压力 5.2～7 MPa，温度 230～255℃。这种合成塔与列管式
换热器类似，催化剂装填于管内，管间（壳程）充满沸腾水。

图 6-3 ICI 冷
激式甲醇合成塔

反应过程中通过管间沸腾水将反应过程产生的热量移走，并副
产 3.0～4.0 MPa 的中压水蒸气。通过控制沸腾水的蒸汽压力，可以保持恒定的反应
温度。这种合成塔温度几乎是恒定的，从而有效地抑制了副反应，延长了催化剂的
使用寿命。由于反应是在等温条件下进行，副反应少，出口甲醇浓度较高（甲醇含
量约 7%），粗甲醇当中杂质含量较少，用双塔精馏技术精制即可达到国家标准。与
ICI 冷激式合成反应器相比，该反应器的热量利用合理，可副产大量低压蒸汽，可
用于驱动离心式压缩机，也可用于天然气蒸气转化，满足甲醇装置的蒸汽需求，装
置投产后不需外供蒸汽；催化剂床层温度容易控制，不同床层的温差较小，操作平
稳，总的循环气量比 ICI 几乎少了 1/2，相同产能下催化剂用量更少。

因为管壳式合成塔其壳体和管板、反应管之间采用焊接结构，为消除热应力，
对塔体的制造、材料要求均比较高，结构复杂，所以制造难度大，维护成本高，因
此这种塔型是造价最高的一种。因采用列管式，列管占用了反应器大量的空间，使
得催化剂的装填量仅占反应器的 30%，而且由于反应器结构复杂，使得催化剂装卸
困难。该反应器通过沸腾水气化直接从催化剂床层移热，由于受蒸汽压力的限制，
在催化剂后期难以提高使用温度。管壳式合成塔虽然可用于大型化，但限于列管长
度，扩大生产时，只能增加列管数量，扩大反应器的尺寸，在甲醇产量超过 2000 t/d
时，需要并联两个反应器。

日本三菱公司在鲁奇公司管壳式合成塔的基础上开发了套管超级合成塔。超级
合成塔是在列管内再增加一小管，小管内走进塔的合成原料冷气。这样的设计可以
进一步强化传热，即反应热通过列管传给壳程沸腾水，同时又通过列管中心的冷气
管传给进塔的冷气。这样能提高转化率和热效率，降低循环量和能耗，但同样也使
得合成塔的结构更复杂。

3. 冷（水）管式合成塔

冷（水）管式合成塔源于氨合成塔，其基本理念是在催化剂床层内设置足够换

热面积的冷气管，通过进塔的合成原料冷气走催化剂床层内的冷管来移走反应热。1984 年 ICI 公司首先提出逆流式冷管型合成塔。但是由于逆流式与合成反应的放热不相适应，即床层出口处温差最大，但这时反应放热最小，而在床层上部反应最快、放热最多，但温差却又最小。为了克服上述这种不足 ICI 公司于 1993 年又开发出了并流冷管型合成塔，国内的林达公司开发了"U"形冷管合成塔。

冷管合成塔（TCC）的床层温差较冷激式有了很大改善，反应曲线也较平稳，但属气－气换热，传热效果较气－液换热差，热点温差也比气－液换热型的高；这种塔型碳转化率较高，但仅能在出塔气中副产 0.4 MPa 的低压蒸汽，热能利用率较低，因此目前大型装置中很少采用。

为了进一步提高合成甲醇过程中的热能利用率，又开发出了水管合成反应器，即将床层内的传热管（冷管）由管内走冷气改为走沸腾水，这样的设计可较大程度的提高传热系数，更好地移走反应热，缩小传热面积，同时可副产 $2.5 \sim 4.0$ MPa 的中压蒸汽，是大型化较理想的塔型。

对于甲醇合成反应，气－固催化固定床催化反应器有如下缺点：① CO 单程转化率较低，一般只有 $10\% \sim 15\%$，因此大量未转化气体需要循环。由于循环比较大（一般大于 5），压缩工段的能耗较高（占总能耗的 24%）。② 在循环过程中，惰性组分有累积效应，要控制新鲜原料气中的氮气含量，因此原料气只能依靠天然气蒸气转化或纯氧氧化工艺制造，而不能使用节能型的空气部分氧化法。蒸气转化是整个工艺过程中能耗最大的工段，占总能耗的 46%，使用纯氧部分氧化，需要空分装置，额外增加设备投资和人工费用。③ 在真实的反应过程中合成气的 H_2/CO 比为（$5 \sim 10$）:1，而不是理论上的 2:1。

6.2.2.2 气－液－固三相反应器

甲醇合成是一个强放热的反应过程，从热力学的角度看，降低反应温度有利于反应朝生成甲醇的方向移动。采用原料气冷激和列管式反应器很难实现等温条件的操作，反应器出口气中甲醇的含量偏低，一般体积分数只能维持在 $4.5\% \sim 6.0\%$。因而使得反应气的循环量加大，例如当出口气中甲醇体积分数为 5.5% 时，循环气量几乎是新鲜原料气的 6 倍。

在 20 世纪 70 年代初，英国 ICI、丹麦 Nissui-Topsoe 和日本 JGC 等几家公司试图在使用高性能催化剂的基础上通过提高合成反应压力提高甲醇的产率，但似乎都没能取得显著的效果。因此科研人员转换思路，从开发高性能甲醇合成催化剂转移到开发高性能甲醇合成反应器。

受费托合成浆态床的启发，Sherw in 和 Blum 于 1975 年首先提出甲醇的液相合成方法。液相合成是在反应器中加入碳氢化合物的惰性油介质，把催化剂分散在液相介质中。在反应开始时合成气要溶解并分散在惰性油介质中才能到达催化剂表面，反应后的产物也要经历类似的过程才能移走。这是化学反应过程中典型的气－液－固三相反应。液相合成由于使用了热容高、导热系数大的石蜡类长链烃类化合物，可以使甲醇的合成反应在等温条件下进行。同时，由于分散在液相介质中的催化剂的比表面积非常大，加速了反应过程，反应温度和压力也下降许多。目前，气－液－固三相反应器有浆态床反应器和滴流床反应器两大类。

1. 浆态床反应器

甲醇合成浆态床反应器如图 6-4 所示。催化剂呈极细的粉末分布在惰性液态烃溶液中，合成原料气 (CO＋H_2) 经压缩，从反应器底部通过气体分布器以鼓泡方式进入浆态床中，气体在搅拌桨或是气流的搅动作用下形成分散、细小的气泡在反应器内向上运动，并与反应器内悬浮的催化剂颗粒接触完成合成反应。甲醇的合成反应热被液态烃所吸收，液态烃通过反应器内设置的换热器将反应热移走，因为液态烃的热容较大，可以保证反应在等温条件下进行。反应生成的气体和液态烃从塔顶排出，进入初级气液分离器，分离出的液体烃经换热返回反应器。气体与原料气进行换热交换，并在次级气液分离器进一步分离，甲醇产品经冷却、分离和脱气后送甲醇储罐，未经转化的气体少部分放空，大部分循环使用。

浆态床反应器中催化剂悬浮量过大时，会出现催化剂沉降和团聚现象。要避免这些现象的发生，就得加大搅拌器功率，但这同时使得搅拌桨和催化剂的磨蚀加大，反应中的返混程度增加。

2. 滴流床反应器

因为浆态床反应器中催化剂颗粒悬浮量很大，容易出现催化剂沉降和团聚现象，为了克服这种缺陷，1990 年 Paas 等人开发了滴流床反应器。滴流床反应器与传统的固定床反应器的结构类似，如图 6-5 所示。由颗粒较大的催化剂组成固定层，液体以液滴方式自上而下流动，原料气一般也是自上而下流动的，气体和液体在催化剂颗粒间分布。滴流床兼有浆态床和固定床的优点，与固定床相类似。它的催化剂装填量大且无磨蚀，床层中的物料流动接近于活塞流且无返混现象存在，同时它又具备浆态床高转化率、等温反应的优点，适合于低氢碳比的合成气。

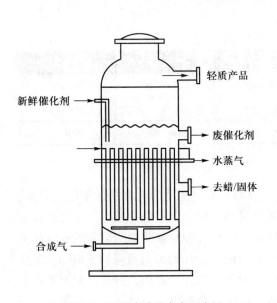

图 6-4 甲醇合成浆态床反应器

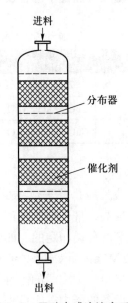

图 6-5 甲醇合成滴流床反应器

气－液－固三相床采用导热系数大、热容大的惰性液相热载体，导致反应热迅速分散和传向冷却介质，使得床层接近等温，不会出现床层温度不合理分布和局部过热现象，不会对催化剂和设备造成危害。因而气－液－固三相反应优于气－固两相反应。浆态床反应器采用超细颗粒催化剂，催化剂内表面利用率极高，因此可应用高浓度反应组分 $(CO+H_2)$，从而有利于提高反应速率，可获得较大的原料气转化率和主产物选择性。总而言之，甲醇合成反应器的性能是在发展中得到不断提升的，没有最好的反应器，也没有无缺陷的反应器。选择反应器应结合原料特点，催化剂是否能实现国产化，甲醇产品的质量等级等各方面的因素进行综合考虑。

6.2.3　反应条件

1. 反应温度

由于 H_2 与 CO 反应生成甲醇和 H_2 与 CO_2 生成甲醇的反应，均为可逆放热反应。对于可逆放热反应而言，升高温度，虽然可使反应速率常数增大，但平衡常数降低。当反应混合物的组成一定而改变反应温度时，转化率受这两种相互矛盾的因素影响，因此在反应过程中存在一个最佳的操作温度。对于不同的催化剂，其对应的最佳反应温度也不相同，如表 6-1 所示。为延长催化剂寿命，催化剂使用初期，活性较好，反应温度可适当降低一些；催化剂使用一段时间后，逐步将反应温度调整到最佳反应温度；催化剂使用后期，催化剂活性下降，反应温度要适当提高。对铜基催化剂而言，在初期，使用温度在 220～240℃，中期使用温度在 250℃ 左右，后期使用温度可提高到 260～270℃。因为甲醇合成反应为放热反应，反应热应及时移出，否则副反应增加，催化剂易烧结，活性降低。反应过程应严格控制温度，及时有效地移走反应热是甲醇合成反应器设计、操作的关键。

表 6-1　甲醇合成催化剂与反应条件的对应关系

方法	催化剂	温度 /℃	压力 /MPa	工业化时间
高压法	$ZnO-Cr_2O_3$	380～400	25～30	1924 年
低压法	$CuO-ZnO-Al_2O_3$	230～270	5	1966 年
中压法	$CuO-ZnO-Al_2O_3$	230～270	10～15	1970 年

2. 反应压力

甲醇合成反应是分子数减少的反应，增加压力对正反应有利。如果压力升高，组分的分压提高，催化剂的生产强度也随之提高。对于合成塔的操作，压力的控制是根据催化剂的种类而定的，如表 6-1 所示。$ZnO-Cr_2O_3$ 催化剂所需要的反应压力最高可达 30 MPa，而 $CuO-ZnO-Al_2O_3$ 所需要的反应压力最低可降到 5 MPa。低压操作意味着出口气中甲醇的浓度较低，故合成气的循环量增加。但是，如果要提高系统压力，设备的压力等级也得相应提高，这样将会造成设备投资加大和压缩机的功耗提高。与高压法工艺相比，中、低压法工艺在投资和综合技术经济指标方面都具有显著优势。以天然气为原料的甲醇厂为例，高压法能耗达 64.8 GJ/t 甲醇，而大型低压法装置为 29.5～31.5 GJ/t 甲醇。在生产过程中，不同时期催化剂的活性也不相同，因此反应压力也可适当的调整。当催化剂使用初期，活性好，操作压力可适当降低；催化剂使用后期，催化剂活性降低，可采用较高的操作压力，以保持一定的生产强度。一般来说，反应压力每提高 10%，合成塔生产能力增加 10%。

3. 空速

空速影响 CO 的转化率和产物的选择性，直接关系到催化剂的生产能力和单位时间的放热量。增加空速在一定程度上有利于反应热的移出，防止催化剂过热，能够增加甲醇产量，但是空速太高会造成转化率降低，循环气量增加，从而增加能量消耗；增加分离设备和换热器负荷，引起甲醇分离效果降低。适宜的空速与催化剂的活性、反应温度及进塔气体的组成有关。对于 $ZnO-Cr_2O_3$ 催化剂，其适宜的空速范围在 20000～40000 h^{-1}；对于 $CuO-ZnO-Al_2O_3$ 催化剂，其适宜的空速在 10000 h^{-1} 左右。

4. 原料气组成

由化学反应计量式（6-3）可知，对于 CO 加氢生成甲醇的化学反应，合成原料气化学计量比为 H_2/CO 为 2∶1 时，甲醇产量最高。但是在实际生产过程中，H_2/CO 要大于 2。使用 $Zn-Cr_2O_3$ 催化剂时，H_2/CO 在 4.5 左右；使用铜基催化剂时，H_2/CO 在 2.2～3.0。这是因为 CO 含量过高不利于温度控制，易引起羰基铁在催化剂上的积聚，使催化剂失活，因此在实际生产过程中一般使氢气过量。过量氢气可抑制高级醇、高级烃和还原性物质的生成，提高甲醇的浓度和纯度；同时，氢气导热性好，可以防止催化剂床层局部过热和控制反应温度。

合成甲醇的原料气中含有少量的 CO_2 有利甲醇的合成反应。首先，从反应式（6-4）看，CO_2 也参加生成甲醇的反应。CO_2 的存在，一定程度上抑制了二甲醚的生成，因为二甲醚是 2 分子甲醇脱水反应的产物，CO_2 与 H_2 合成甲醇的反应生成 1 分子 H_2O，H_2O 的存在对抑制甲醇脱水反应起到了积极的作用。同时 CO_2 的存在可以抑制水煤气变换反应，阻止 CO 转化成 CO_2。原料气中含有少量的 CO_2，有利于调节温度，防止超温，保护铜基催化剂的活性，防止催化剂结炭，延长催化剂使用寿命。但是 CO_2 的存在也有一些不利影响，如与 CO 加氢生成甲醇相比，CO_2 加氢每生成 1 kg 甲醇多耗 0.7 m^3 的 H_2，除生成甲醇外还产生副产物水，从而导致粗甲醇中的含水量增加，甲醇出口浓度降低。综上所述，甲醇合成原料气中 CO_2 含量一般控制在 3% 左右。

6.3 国内外典型煤制甲醇工艺技术

1923 年德国 BASF 公司第一个开发出以合成气（$CO+H_2$）为原料的高压合成甲醇工艺。由于该工艺合成压力等级高（实际操作压力一般为 30 MPa），因此对设备材质要求较高，加工费用昂贵，整体装置投资大，能耗高；所使用的锌铬催化剂活性较低，选择性较差，副反应多，产品甲醇质量较差，且铬在制备过程中对人体有害，单套规模只能达到年产几千吨。因此，高压法合成甲醇在历史上只存在了 40 多年，自 20 世纪 70 年代以后，几乎退出了历史舞台。

1966 年，英国 ICI 公司开发了在 5 MPa 下、采用铜－锌－铬催化剂的低压甲醇合成工艺，标志着甲醇合成进入了低压合成工艺的新纪元。由于生产能力与设备尺寸成正比例增加，低压合成工艺设备体积相当庞大，不利于甲醇生产的大型化。随着甲醇装置的大型化和国际能源日益紧张，低压法的缺陷越来越成为甲醇装置向大型化发展的障碍。中压合成工艺是在低压合成工艺的基础上进一步发展起来的，压力为 10 MPa 左右，采用铜－锌－铝催化剂。中压甲醇合成工艺既有效克服了低压甲醇合成工艺设备体积庞大的问题，又有效地降低了建厂费用和生产成本，因此是现代甲醇合成的首选工艺。

甲醇合成经历了从高压到低压，再到中压的发展趋势。目前甲醇合成工艺主要是采用铜基催化剂的低压法和中压法，而原先采用锌铬催化剂的高压法已基本淘汰。许多学者和专家都习惯将低压甲醇合成工艺和中压甲醇合成工艺统称为低压法（采用的都是铜基催化剂）。下面对目前国际上流行的两种重要的甲醇合成工艺：ICI 工艺和鲁奇工艺进行简单介绍。

6.3.1　ICI 低压甲醇合成工艺

1966 年英国卡内门化学工业公司，即现在的英国帝国化学工业集团（Imperial Chemical Industries，简称 ICI）成功研制出了高活性的铜系催化剂 $CuO-ZnO-Al_2O_3$，并以此开发了低压甲醇合成工艺，简称 ICI 法。我国神华包头煤制烯烃项目采用此工艺建厂，单系列规模达到 180 万吨/年。

ICI 工艺由于采用了高活性的铜基催化剂，有效降低了反应的温度和压力，抑制了强放热的甲烷化反应及其他副反应，因此粗甲醇中杂质含量低，减轻了精馏负荷，降低了整个工艺过程的能耗。反应器采用多段冷激式合成反应塔，结构简单，催化剂装卸方便，单台生产能力较大。通过特殊设计的菱形分布器补入冷激气调节床层温度，冷热气体混合均匀，有效地调节、控制了催化剂床层温度，延长了催化剂的使用寿命。由于有部分气体与未反应的气体返混，造成催化剂时空产率不高，装填量较大。因为反应温度较低，所以副产的蒸汽品位较低，热利用率不高。

ICI 低压甲醇合成工艺流程如图 6-6 所示。合成气与循环气用离心压缩机升压到 5.0 MPa 以上，大部分混合气经换热器预热后（230～245℃）送入合成塔顶部，小部分混合气作为合成塔的冷激气通过菱形分布器送入合成塔内控制催化剂床层的反应温度。合成塔内的反应温度根据催化剂的活性控制在 230～270℃，反应压力为 5～10 MPa，但是压力太低会增大反应器体积，所以一般选择 10 MPa 左右。合成产物和未反应的气体从合成塔下部出来，经换热器换热，冷却塔进一步冷却后进入分离器，分离出粗甲醇和未反应的气体。大部分未反应的气体与新鲜气混合返回合成塔，一小部分未反应的气体作为尾气驰放，以保证系统中的惰性组分维持在合理范围内。粗甲醇经闪蒸器闪蒸，放出溶解的气体，粗甲醇则进入下游精馏装置。

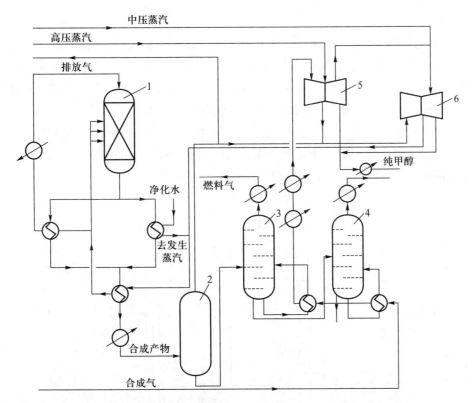

1—合成反应塔；2—分离器；3—轻馏塔；4—甲醇塔；5—压缩机；6—循环压缩机

图 6-6　ICI 低压甲醇合成工艺流程

6.3.2　鲁奇低压甲醇合成工艺

20 世纪 60 年代末，德国鲁奇公司开发了管壳低压甲醇合成工艺，并在 Union Kraftstoff Wesseliong 工厂建立了一套年生产 4000 t 的低压甲醇合成示范装置。该工艺催化剂是由德国南方公司提供的铜基催化剂，双方是排他性合作。ICI 和鲁奇低压甲醇合成工艺都是使用含铜锌的催化剂，但鲁奇催化剂不但含铜锌量与 ICI 催化剂不同，而且还含钒和锰，不含铬。鲁奇在获得了必要的数据及经验后，于 1972 年底，建立了 3 套总产量超过 30×10^4 t/a 的工业装置。

鲁奇低压甲醇合成工艺与 ICI 的最大区别是鲁奇工艺采用了管壳式合成反应器，管内装填铜基催化剂，壳程管间充满 2.5～4 MPa 的沸腾水。管内合成反应热通过管壁传给壳程中的沸腾水使其汽化，转变为同温度的高压蒸汽，这样可以高效地回收合成反应放出的大量反应热，能量利用合理。合成塔内的反应温度通过调节汽包蒸汽的压力进行控制，效果准确、灵敏，因此催化剂床层温度分布均匀，有效地防止了铜基催化剂过热，大大减少了副反应的发生，反应器出口甲醇含量高，粗甲醇中杂质少。鲁奇低压甲醇合成工艺无须专设开工加热炉，开工时直接将蒸汽送入甲醇合成塔，将催化剂加热升温，因此设备紧凑、开车方便。鲁奇低压甲醇合成工艺的不足之处是合成塔结构复杂，材质要求较高，设备制造费用较高，催化剂装卸不方便。

鲁奇低压甲醇合成工艺流程如图6-7所示。新鲜原料气经压缩机升压至略高于反应压力，与循环气混合与出塔气进行换热，加热至220～230℃，从甲醇合成塔顶部进入。合成塔内反应温度控制在250～255℃，反应压力根据生产需要控制在5～10 MPa。合成产物和未反应的气体从合成塔下部出来与入塔气进行换热冷却至85℃，再经锅炉水冷却至40℃后进入分离塔分离。从分离塔分离出来的甲醇送入甲醇储槽，大部分未反应的气体循环使用，以提高转化率，一小部分未反应的气体作为尾气排放，以保证系统中的惰性组分维持在合理范围内。

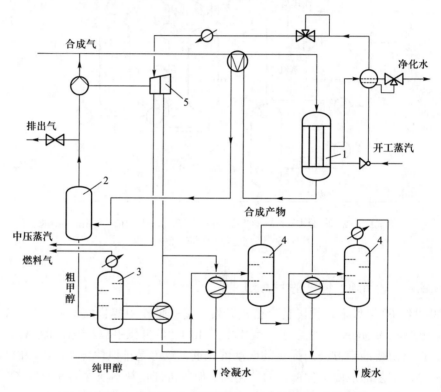

1—反应器；2—分离器；3—预精馏塔；4—甲醇精馏塔；5—压缩机

图6-7 鲁奇低压甲醇合成工艺流程

6.4 甲醇下游产品

进入21世纪以来，我国煤化工产业发展方兴未艾，在工程化、大型化方面取得了长足的进展，一些关键、核心技术得到突破，大量新型煤化工技术相继从实验室走向工业化。因为甲醇的使用范围广，后续产品多，大规模生产技术成熟，因此在国内建成了大量的甲醇生产装置。从甲醇出发，可以合成一系列的化学产品，如二甲醚、烯烃、甲醛、醋酸、甲基叔丁基醚等。甲醇是仅次于三烯和三苯的重要基础有机化工原料，是新型煤化工的重要中间体，如图 6-8 所示。本节简单介绍几种以甲醇为原料的市场体量较大的下游产品。

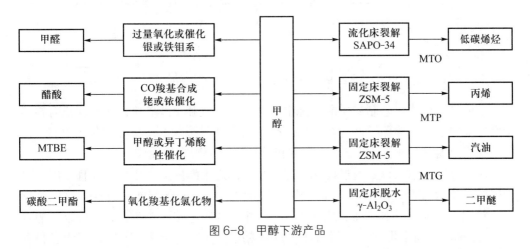

图 6-8　甲醇下游产品

6.4.1　二甲醚

二甲醚（DME），又称甲醚，其英文名称为 dimethyl ether，缩写为 DME。其分子式为 CH_3OCH_3。二甲醚因其特有的分子结构和理化性质，用途十分广泛。目前主要用途是作气雾剂的抛射剂、合成硫酸二甲酯等的化工原料。近些年来由于其无色、无毒以及良好的燃料性能，而备受关注。二甲醚是易燃燃料，燃烧无黑烟，几乎无污染，且具有较高的十六烷值和优良的压缩性，非常适合压燃式发动机，被认为是柴油发动机理想的替代燃料。据报道，使用二甲醚的发动机，尾气无须催化转化处理，其氮氧化物及黑烟微粒排放就能满足美国加利福尼亚州燃料汽车超低排放尾气的要求，并可降低发动机噪声。研究表明现有的汽车发动机只需略加改造就能使用二甲醚作为燃料。但是以二甲醚作燃料同样也存在着许多问题，由于其热值低且密度小、发动机所需空间较大，同时容易泄漏，而且其黏度低，使设备润滑问题成为技术"瓶颈"。

目前生产二甲醚的工艺路线很多，主要有甲醇气相催化脱水工艺和合成气直接合成二甲醚工艺。多数生产企业采用甲醇气相催化脱水工艺制二甲醚又称为二步法制二甲醚，其简单工艺流程如图 6-9 所示。甲醇经过加热、蒸发后以气相形式进入反应器进行反应。甲醇在催化剂的作用下发生脱水反应，生成二甲醚和水（$2CH_3OH \longrightarrow CH_3OCH_3 + H_2O$）。混合产物经过冷却、精馏后即可得二甲醚。国内外多采用含 $\gamma\text{-}Al_2O_3/SiO_2$ 制成的 ZSM-5 分子筛作为脱水催化剂。反应温度控制在 $280 \sim 340\,^\circ\mathrm{C}$，压力控制在 $0.5 \sim 0.8\ \mathrm{MPa}$。此工艺甲醇单程的转化率一般在 $70\% \sim 80\%$，二甲醚的选择性高于 90%，制得的二甲醚的纯度可达到 99.9%。反应过程中除了生成二甲醚外，还会有副反应发生，生成轻烃和芳烃等产物。甲醇脱水生成二甲醚反应器采用列管式固定床反应器，因为反应是强放热反应，为了避免反应区域温度急剧升高，加剧副反应发生，管内用载热油强制循环移走反应热。

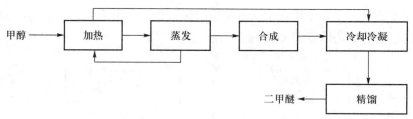

图6-9 甲醇气相催化脱水工艺流程

合成气一步法工艺制二甲醚实际上是把甲醇合成和甲醇脱水两步反应耦合在一个反应器中进行，避免了两步合成反应受平衡条件的影响，使单程转化率提高。从化学反应角度看，一步法工艺也包括甲醇生成与甲醇脱水等反应。

在甲醇生产中，希望通过催化剂选择性地促进甲醇反应的生成，而抑制副产物二甲醚的生成，而在合成气一步法中，则希望所选的催化剂能同时促进这两个反应，并使二甲醚的产率最高。从总体看，气相甲醇脱水法生产工艺，要经过甲醇合成、甲醇精馏、甲醇脱水制二甲醚和二甲醚精馏等工艺，流程较长，因而设备投资大，生产成本较高。与甲醇气相脱水制二甲醚工艺相比，合成气一步法制二甲醚工艺具有流程短、设备少、投资省、耗能低、成本低、单程转化率高等优点。但甲醇脱水法生产二甲醚具有生产工艺成熟、装置适应性广、后处理简单等特点，因此多数生产企业采用甲醇气相催化脱水法生产二甲醚。

6.4.2 醋酸

醋酸是一种重要的有机化工原料，在有机酸中产量最大。醋酸的最大用途是生产醋酸乙烯，其次是用于生产醋酸纤维素、醋酐、醋酸酯，并可用作对二甲苯生产对苯二甲酸的溶剂。此外，纺织、涂料、医药、农药、染料、食品、黏结剂、化妆品、皮革等行业的生产都离不开醋酸。

醋酸的生产历史悠久、原料路线多。从最初粮食发酵、木材干馏，逐渐发展到以石油、煤和天然气为原料。目前国内外所采用的生产工艺有乙醇氧化法、乙烯氧化法、丁烷和轻质油氧化以及甲醇羰基化法。与其他方法相比，甲醇羰基化法具有成本低、反应条件缓和、副产物少、产品收率高、纯度高等优点，是目前全球生产醋酸的主要方法，其产量占醋酸总产量的65%。

生产醋酸采用铑化合物（如三氯化铑）为主催化剂，碘化物（如碘化氢）为助催化剂，二者溶于适当的溶剂中，成为均相液体。催化剂中铑化物与碘化物的物质的量配比为1：10。甲醇羰基化法生产醋酸的主要反应如下：

$$CH_3OH + CO \rightleftharpoons CH_3COOH \tag{6-9}$$

$$CH_3OH + CH_3COOH \rightleftharpoons CH_3COOCH_3 + H_2O \tag{6-10}$$

$$HI + CH_3COOCH_3 \rightleftharpoons CH_3COOH + CH_3I \tag{6-11}$$

$$CH_3I + CO + H_2O \rightleftharpoons CH_3COOH + HI \tag{6-12}$$

生产过程中的副反应如下：

$$CO + H_2O \rightleftharpoons CO_2 + H_2 \qquad (6-13)$$
$$CH_3OH + H_2 \rightleftharpoons CH_4 + H_2O \qquad (6-14)$$
$$CH_3COOH + 2H_2 \rightleftharpoons C_2H_5OH + H_2O \qquad (6-15)$$
$$C_2H_5OH + CO \rightleftharpoons C_2H_5COOH \qquad (6-16)$$
$$2CH_3OH \rightleftharpoons CH_3OCH_3 + H_2O \qquad (6-17)$$

因为生产醋酸的主要反应是放热反应，所以低温对生成醋酸的反应有利；甲醇羰基化反应主要反应是分子数减少的反应，因此，增加压力可以提高甲醇的转化率。在孟山都低压羰基化合成法中，采用的反应温度是180℃，压力2.7 MPa，催化剂是铑的配合物在碘甲烷–碘化氢中形成的可溶性催化剂，在机械搅拌下完成气液相催化羰基合成反应。

甲醇低压羰基化法生产醋酸所用的催化剂活性高、选择性好，所以使得该工艺具有反应条件温和、产品质量好、生产成本低等优点。目前国外醋酸生产中，甲醇低压羰基化法已占很大比例，大有取代其他生产方法之势。但是甲醇低压羰基化法生产醋酸的反应过程需要使用昂贵的铑催化剂，反应液中含腐蚀性很强的碘，对反应器的材质要求很高，目前正在进行非铑非碘催化体系和耐腐蚀材料的研究与探索。

6.4.3 甲醛

甲醛在常温下，是无色具有强烈刺激性的窒息性气体，易溶于水，可燃烧，能与空气形成爆炸性混合物，含甲醛40%、甲醇8%的水溶液叫福尔马林，是常用的杀菌剂和防腐剂。工业甲醛是含甲醛37%～55%（质量分数）的水溶液，是以甲醇为原料生产的一种重要的基本化工原料产品，在全球基础有机化工原料中，它是一种很重要的大宗化工产品。作为有机化工原料，甲醛主要用于生产热固性树脂，以及丁二醇、MDI（甲苯二异氰酸酯）和聚甲醛等有机化工产品。广泛应用于化工、医药、纺织、木材加工等行业，其中最大的用途是制造黏合剂用于木材加工和家具生产。根据专家对未来的预测，甲醛下游产品的开发会进一步促进甲醛工业的发展。

制备甲醛的工艺主要有甲醇空气氧化法、烃类直接氧化法、二甲醚催化氧化法和以液化石油气为原料非催化氧化法。采用甲醇空气氧化法生产甲醛，主要有两种不同的工艺，其一是以电解银、浮石银为催化剂的银法工艺，使用这种方法时，甲醇在原料混合气中的操作浓度高于爆炸区上限（36%），即在甲醇过量的情况下操作，由于反应氧化不足，反应温度较高，有脱氢反应同时发生，所以又称之为氧化–脱氢工艺。其二是以 Fe_2O_3/MoO 作为催化剂的铁法工艺，此法是在空气–甲醇混合气中甲醇浓度低于爆炸区的下限（小于6.7%），即在含有过量空气的情况下操作。由于空气过剩，甲醇几乎全部被氧化，所以此法又称为纯粹的氧化工艺。国内普遍采用"银催化法"，银催化氧化总反应是一个放热反应，副反应较多，其副产物有 CO、CO_2、H_2、HCOOH、$HCOOCH_3$ 等，在产品甲醛中含有少量未反应的甲醇。

甲醇空气氧化法制备甲醛的主要反应为

$$2CH_3OH + O_2 \rightleftharpoons 2HCHO + 2H_2O \qquad (6-18)$$
$$CH_3OH \rightleftharpoons HCHO + H_2 \qquad (6-19)$$
$$2H_2 + O_2 \rightleftharpoons 2H_2O \qquad (6-20)$$

副反应为

$$CH_3OH + O_2 \rightleftharpoons CO + 2H_2O \qquad (6-21)$$
$$2CH_3OH + 3O_2 \rightleftharpoons 2CO_2 + 4H_2O \qquad (6-22)$$
$$2CH_3OH + O_2 \rightleftharpoons 2HCOOH \qquad (6-23)$$
$$HCOOH \rightleftharpoons CO + H_2O \qquad (6-24)$$

从反应的平衡转化率考虑，反应（6-18）的转化率一般情况下都很高，而反应（6-19）的转化率则随着温度的升高而增大，由于反应（6-20）的存在，可促使反应（6-19）向右进行，提高甲醛的转化率。从化学反应的速度看，提高温度有利于加快反应，提高甲醇的转化率，如表 6-2 所示。对反应（6-18）说，需要预热原料至 200℃ 以上反应才能顺利进行；反应（6-19）在温度小于 600℃ 时，几乎不发生，所以综合各种因素，在实际生产过程中反应温度宜控制在 600～700℃。在实际生产过程中氧醇比越大，反应的转化率越高，但当氧醇比增大到一定程度时，由于副反应的增多，目标产物的产率反而稍有下降，尾气中碳化物所消耗的甲醇量也增多。在一定的反应温度下，增加原料中水蒸气的比例，能使催化反应在较高的氧醇比下进行，并迅速带走反应热。但过多的水蒸气会阻碍甲醇在催化剂表面的吸附，影响甲醛的生成量。从实验得知，当反应温度为 630℃，原料气空速约为 $6.0 \times 10^4 \, h^{-1}$，氧醇比为 0.4 的条件下，甲醛的产率较高。

表 6-2　甲醛的平衡转化率与温度的关系

温度 /℃	425	525	625	725	825
转化率 /%	54.3	85.4	95.8	98.3	99.4

6.4.4　甲醇转汽油（MTG）

前面两章向各位读者介绍了煤直接液化和煤间接液化两种煤制油工艺，本小节向各位读者介绍另外一种较为成熟的煤制油工艺，即通过甲醇进行催化转化制备得到高辛烷值汽油的工艺，简称 MTG（methanol to gasoline）工艺。

甲醇转化成汽油的原理并不复杂，可以简单看成甲醇在一定温度、压力和空速下，通过特定的催化剂进行脱水、低聚、异构等步骤转化为 C_{11} 以下烃类油的过程：

$$nCH_3OH \longrightarrow n(CH_2)_n + nH_2O \qquad (6-25)$$

MTG 机理一般认为是甲醇先发生放热反应，生成二甲醚和水，然后二甲醚和水又转化为 $C_2 \sim C_5$ 的轻烯烃。轻烯烃在催化剂的作用下进一步重整得到脂肪烃、环烷烃和芳香烃，但一般所得烃的碳原子数不会超过 10，MTG 工艺反应机理如图 6-10 所示。

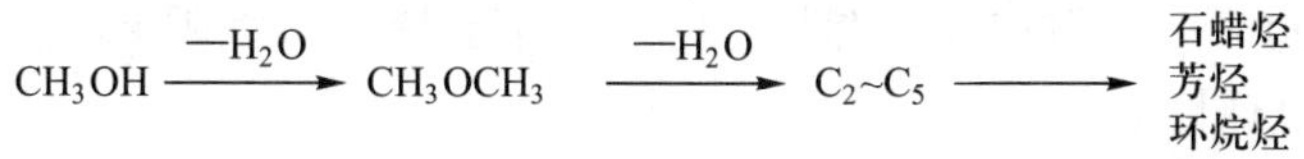

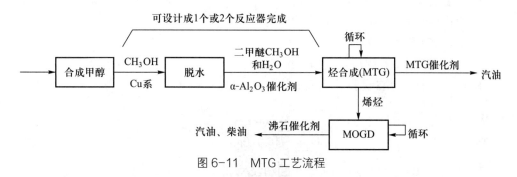

$$CH_3OH \xrightarrow{-H_2O} CH_3OCH_3 \xrightarrow{-H_2O} C_2 \sim C_5 \longrightarrow \begin{array}{l} \text{石蜡烃} \\ \text{芳烃} \\ \text{环烷烃} \end{array}$$

图 6-10　MTG 工艺反应机理

MTG 工艺是由 Mobil 公司于 1976 年开发成功，工艺流程如图 6-11 所示。其总流程是以煤或天然气作原料生产合成气，再用合成气制甲醇，最后将粗甲醇转化为高辛烷值汽油。Mobil 公司最初开发的 MTG 工艺为两步合成工艺，第一步为甲醇转化为二甲醚的反应，第二步为二甲醚和水转化为汽油的反应。第二步反应器的温度控制在 340～407℃，压力控制在 2 MPa 左右。

图 6-11　MTG 工艺流程

由于两步法工艺流程较长，一次性投资较高，后来科研人员又开发出了一步法合成工艺。一步法技术省略了甲醇转化制二甲醚的步骤，甲醇在 ZSM-5 分子筛催化剂的作用下一步转化为汽油和少量 LPG 产品，其显著优点是工艺流程短。由于减少了二甲醚反应器及其附属设备，装置投资明显降低。

无论是一步法还是两步法，MTG 工艺成功的关键都是使用了具有择形功能的 ZSM-5 沸石分子筛催化剂（晶体硅铝酸盐分子筛）。ZSM-5 这种合成沸石分子筛催化剂具有两种相互交叉的孔道：椭圆形十元环直孔道和圆形正弦状弯曲孔道。分子筛内的这些孔道，仅允许汽油馏程的烃分子进入其中，并且限制产物的 C 数最高为 C_{10} 或 C_{11}。更长的烃分子不能穿过通道，在反应过程中生成的长链烃通过进一步的反应被打断，ZSM-5 沸石分子筛催化剂这一特性保证了甲醇转化制汽油工艺的高选择性。

甲醇转化得到的汽油沸点范围合理，与优质汽油相同；油品清洁不含杂质原子，也不含有机氧化物；油品当中含有较多的均四甲苯，为 3%～6%，而在一般汽油中只有 0.2%～0.3%，辛烷值较高。但根据测算，经过煤气化、合成甲醇及 MTG 工艺将煤转化为油的总热效率低于其他的煤液化工艺。

除了用甲醇生产优质汽油外，甲醇也可以直接作为内燃机燃料。在汽车上的应用主要有掺烧和纯甲醇替代两种。掺烧是指将甲醇以不同的比例，如 M3（甲醇质量分数 3%）、M5、M15、M30 等掺入汽油中，作为发动机的燃料（一般称为甲醇汽油）。使用 M3、M5 甲醇汽油，发动机无须做任何改动，使用 M15、M30 甲醇汽油，则需加入助溶剂，汽车发动机应做相应调整。纯甲醇替代是指将高比例甲醇

（如 M85、M100）直接用作汽车燃料，由于受甲醇燃烧特性限制，需要对发动机进行改造以达到最佳性能。

▓ 思考题 ···

1. 简述煤制甲醇的化学原理。
2. 简述煤制甲醇的基本工艺流程。
3. 简述甲醇三塔精馏的工艺流程。
4. 简述合成气制甲醇的催化剂。
5. 简述煤制甲醇反应器种类及其特点。
6. 简述 ICI 低压甲醇合成工艺流程。
7. 简述 MTG 工艺的原理及基本工艺流程。
8. 简述煤制甲醇在现代煤化工中的重要地位。

通过扫描二维码进入国家级一流本科课程：虚拟仿真实验教学一流课程《煤炭高效清洁利用虚拟仿真综合实训》- 甲醇合成与精制工艺 3D 认知考核仿真软件

煤制甲醇合成工段操作

第7章
煤基甲醇制烯烃技术

乙烯、丙烯为代表的烯烃产品是重要的基础化工原料，其产量的高低被视为一个国家石化工业发达程度的标志。传统的乙烯、丙烯生产工艺是通过石脑油（石油轻馏分的泛称）裂解制取乙烯和催化裂化副产物丙烯。因此，一个国家烯烃的产量往往与其石油资源成正比。然而，我国是一个"富煤、贫油、少气"的国家，石油资源主要依赖进口。报告显示，2011 年我国原油对外贸易依存度为 55.2%，2020 年已经高达 73.4%，引发各方高度关注，凸显出我国石油安全面临的巨大风险。中国石油和化学工业协会研究表明，"十二五"和"十三五"期间中国乙烯产能的增速将分别达到 4.9% 和 5.6%，尽管如此，乙烯仍然无法满足下游市场的需求，2019 年我国乙烯当量自给率不足 50%。由此可见，中国的石油资源已经无法满足国内石化工业的迅猛发展。国民经济的持续健康发展要求我国企业必须依托本国资源优势发展化工基础原料，因此，以"煤"代"油"生产低碳烯烃，是实现中国以"煤代油"能源战略，保证国家能源安全的重要途径之一。采用煤制烯烃技术代替石油制烯烃技术，可以减少我国对石油资源的过度依赖，而且对推动贫油地区的工业发展及均衡合理利用我国资源都具有重要的意义。

煤制烯烃有三大工艺路线，如图 7-1 所示，原料可以为天然气，煤炭和其他含碳有机物。从煤炭出发有三种技术路线生产低碳烯烃：① 将煤气化，生产合成气，然后用合成气直接生产烯烃；② 首先将煤气化生产甲醇，然后以甲醇为原料生产烯烃；③ 将煤气化生产二甲醚，然后以二甲醚为原料生产烯烃。因为用合成气直接生产烯烃的技术还不完善，我国现已投产的煤制烯烃项目，均是以甲醇（或二甲醚）为中间体的煤制烯烃项目。因此本章将主要介绍以甲醇/二甲醚为中间体的煤制烯烃技术。

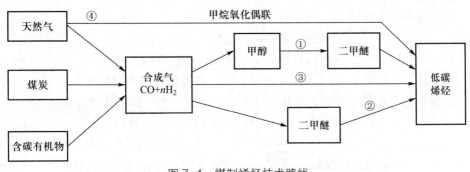

图 7-1　煤制烯烃技术路线

煤基甲醇制烯烃，是指以煤为原料合成甲醇后，再通过甲醇制取乙烯（Methanol to Olefins，MTO）、甲醇制取丙烯（Methanol to Propylene，MTP）等烯烃的技术。MTO 和 MTP 是两种相似但不完全相同的技术。MTO 与 MTP 的最大区别在于催化剂不同，从而使反应器和床层以及工艺流程和产物不同。MTP 技术的产品相对比较单一，主要以丙烯为主；MTO 技术是主要生产乙烯、丙烯和丁二烯产品，可根据市场状况选择调节乙烯 / 丙烯的比例。MTO 技术可使产品多样化，可延伸产品产业链，灵活地应对市场竞争。

根据《石油和化学工业"十三五"发展指南》要求，"十三五"期间中国要加快现有乙烯装置的升级改造。到 2020 年，全国乙烯产能达到 3200 万吨 / 年，年产量约 3000 万吨，其中煤（甲醇）制乙烯占比达到 20% 以上。指南同时要求，煤制烯烃在技术逐步完善、资源利用和环境保护水平提升的基础上，要适时扩大产能。

7.1　煤基甲醇制烯烃的化学原理及基本工艺流程

7.1.1　煤基甲醇制烯烃的化学原理

深入理解煤基甲醇制烯烃的反应机理，对开发高效催化剂、优化反应工艺、提高烯烃选择性具有重要意义。但是，由于不同学者所采用的催化剂和实验条件不同，对甲醇制烯烃（MTO）反应机理的认识也不尽相同，且存在一定的争议。随着 MTO 和 MTP 工业化进程的推进，甲醇制烯烃反应机理理论计算和实验研究也逐步深入，到目前为止，提出了至少 20 种不同的反应机理。

科研人员普遍认为甲醇制烯烃（MTO）反应历程分为三步：①甲醇脱水生成二甲醚，形成甲醇、二甲醚和水的平衡体系；②初始 C—C 键形成和低碳烯烃的生成；③高碳烯烃、正构 / 异构链烷烃、环烷烃、芳香烃等的生成。主要化学反应如下：

①脱水阶段：

$$2CH_3OH \longrightarrow CH_3OCH_3 + H_2O \qquad (7-1)$$

②裂解反应阶段：

主反应（生成烯烃）

$$nCH_3OH \longrightarrow C_nH_{2n} + nH_2O + Q \qquad (7-2)$$

$$nCH_3OCH_3 \longrightarrow 2C_nH_{2n} + nH_2O + Q \qquad (7-3)$$

$n=2$ 或 3（主要），4、5 和 6（次要）以上各种烯烃产物均为气态

③反应过程中的主要副反应包括（生成烷烃、芳烃、碳氧化物并结焦）：

$$(n+1)CH_3OH \longrightarrow C_nH_{2n} + H_2 + C + (n+1)H_2O + Q \qquad (7-4)$$

$$(2n+1)CH_3OH \longrightarrow 2C_nH_{2n} + 2H_2 + CO + 2nH_2O + Q \qquad (7-5)$$

$$(3n+1)CH_3OH \longrightarrow 3C_nH_{2n} + 3H_2 + CO_2 + (3n-1)H_2O + Q \qquad (7-6)$$

$n = 1, 2, 3, 4, 5, \cdots, n$

$$n\text{CH}_3\text{OCH}_3 \longrightarrow 2\text{C}_n\text{H}_{2n-6} + 6\text{H}_2 + n\,\text{H}_2\text{O} + Q \qquad (7\text{-}7)$$

$n = 6, 7, 8, \cdots, n$

这里第一步和第三步的反应机理较为明确。通常第一步为甲醇分子与分子筛表面 Bronsted 酸中心通过亲核反应脱水生成稳定的表面甲氧基,另一甲醇分子亲核攻击固体酸催化剂表面的甲氧基生成二甲醚。第三步主要按碳正离子机理进行,包括链增长、裂解以及氢转移反应。目前,对于反应的第二步,烯烃的生成,即 C—C 键是如何生成的还存在较大的争议,较为认可的机理有卡宾机理、碳正离子机理和碳池机理等。

(1)卡宾机理:甲醇分子经过 α- 消去反应脱水生成卡宾,卡宾通过多聚反应生成烯烃,或者卡宾通过 SP3 插入甲醇或二甲醚继续反应。迄今为止,关于过渡态卡宾的试验证据都是间接的。卡宾机理的能垒太高,会导致反应速度很慢,而实际的反应速率远高于卡宾机理得出的反应速率,从而表明卡宾机理有其不合理性。

(2)碳正离子机理:甲醇首先在分子筛酸中心脱水形成甲基碳正离子,甲基碳正离子插入二甲醚的 C—H 键形成具有 5 价的碳正离子的过渡态,三甲氧基阳离子 $[\text{CH}_3\text{CH}_2\text{OCH}_3]^+$,三甲氧基阳离子不稳定,减去 CH_3OH 而形成 C—C 键并生成乙烯。烯烃生成后,甲基正离子可以和烯烃进一步反应。例如,乙烯与甲基碳正离子反应生成 1- 丙基碳正离子,再通过质子转移至表面而得到丙烯。

(3)碳池机理:碳池是指分子筛孔内性质类似焦炭的吸附物 $(\text{CH}_x)_n$,其中 $x < 2$。该机理认为甲醇在催化剂中首先生成一些较大相对分子质量的烃类物质并吸附在催化剂孔道内。这些大分子烃类物质作为活性中心与甲醇反应引入甲基基团并不断进行脱烷基化反应生成乙烯和丙烯等低碳烃类物种。甲醇转化反应初始活性很低,反应一开始只有少量烃类生成,存在一个反应活性逐渐增加的动力学诱导期。当反应进行到一定程度时,烃类物质的产量突然增大,并保持相对稳定。由于碳池机理避免了复杂的中间产物,被较多地应用于反应动力学和失活动力学的研究。目前,碳池反应机理是被广泛接受的反应机理。

随着实验、表征技术的发展和理论计算的深入研究,对甲醇制烯烃反应机理的认识将更为深刻。研究 MTO 反应机理,不仅在甲醇制烯烃技术领域具有重要的理论和实际意义,在酸性沸石催化烃类反应领域也有着深远的影响。

7.1.2 煤基甲醇制烯烃的基本工艺流程

煤基甲醇制烯烃技术分为 MTO 和 MTP 两类,MTO 反应主要采用流化床反应器,甲醇在反应器中反应,生成的产物经分离和提纯后得到乙烯、丙烯和轻质燃料等。鲁奇公司开发的 MTP 技术则采用中间冷却的绝热固定床反应器。虽然两者采用的反应器不相同,但其基本工艺流程相似,主要包括煤气化、甲醇合成及甲醇制烯烃三项核心技术,煤制烯烃(CTO)工艺流程如图 7-2 所示。首先将煤气化制成合成气,通过水煤气变换装置调整其 H_2/CO 值,然后将转换后的合成气净化并制成

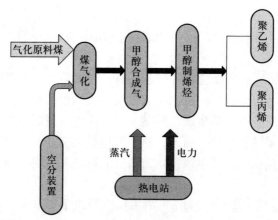

图 7-2 煤制烯烃（CTO）工艺流程

粗甲醇，进一步精馏产出合格甲醇，最后通过 MTO/MTP 技术生产烯烃。因为，乙烯、丙烯难以运输存储，所以最终产品基本上是以聚烯烃的形式进入商品市场。煤气化、甲醇合成在前面的章节已经介绍过，因此本章主要介绍甲醇制烯烃的工艺流程。

7.2 煤基甲醇制烯烃工艺的关键因素

7.2.1 催化剂

甲醇制低碳烯烃催化剂自 20 世纪 70 年代就开始研究。选择催化剂成为 MTO 工艺的一个关键环节，在探索甲醇转化制取低碳烯烃催化剂的过程中，科研人员尝试过各种分子筛，最后筛选出了 ZSM-5 和 SAPO-34 两种高性能分子筛，如图 7-3 所示。与 ZSM-5 分子筛相比较，SAPO-34 具有三维通道，且因其孔径较小，所以孔隙率较高，可以利用的比表面也多。研究证明甲醇制烯烃脱水反应是在弱酸中心上进行，而 SAPO-34 弱酸中心酸脱附温度更低，故其低温活性较好。此外 SAPO-34 具有良好的热稳定性和水热稳定性以及较好的抗积炭性能等。

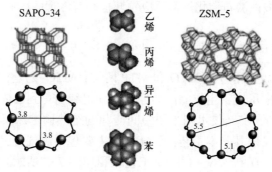

图 7-3 ZSM-5 和 SAPO-34 两种高性能分子筛（[100] 方向视图）

研究表明，决定催化剂选择性的重要因素之一是催化剂上的积炭量，为了调节 C_2 和 C_3 的比值，除了改变工艺条件，也要适当调节催化剂的积炭量。小孔 SAPO 类的沸石由于孔径结构的限制，容易在催化剂表面上积炭，适合催化含氧有机化合物转化为低碳烯烃的反应。而中孔沸石，如十元环孔道的 HZSM-5 沸石，由于独特的孔结构不利于缩合芳烃的生成和积累，生焦率和催化剂的失活率低于小孔沸石。不过目前也有实验报道，改进后的 ZSM 类型分子筛也适合催化含氧有机化合物转化为低碳烯烃的反应。

甲醇转化制烯烃所用的催化剂以分子筛为主要活性组分，以氧化铝、氧化硅、硅藻土、高岭土等为载体，在黏结剂等加工助剂的协同作用下，经加工成型、烘干、焙烧等工艺制成分子筛催化剂，分子筛的性质、合成工艺、载体的性质、加工助剂的性质和配方、成型工艺等因素对分子筛催化剂的性能都会产生影响。

由于 MTO 工艺使用的 SAPO 分子筛催化剂在循环流化床反应器中要不停地循环，因此对分子筛催化剂的粒径、形状、强度（尤其是耐磨强度）要求较高。该催化剂的成型一般采用喷雾干燥工艺，其中浆液的配制、干燥机的入口温度、出口温度、干燥速率、喷雾状态等都会影响催化剂的形状、粒径分布、耐磨强度、结构性能、催化性能及使用性能。另外由于通常合成的分子筛粒径较小，一般为几微米到几十纳米之间，过滤、水洗等操作比较困难。科研人员通过加入絮凝剂，使这些操作变得更加容易。但是絮凝剂的存在会影响后续分子筛催化剂的制备过程，使制备的催化剂耐磨强度降低。进一步研究发现，将过滤的湿分子筛物料先经过 150～180℃ 的热处理，然后再进行制浆和喷雾干燥，可以有效地解决残余絮凝剂对制备的分子筛催化剂耐磨指数的影响。

暴露于空气中的 SAPO 分子筛催化剂的催化活性会逐渐降低且超过一定时间后，这种催化活性的下降将不可逆。但催化剂的制备和储运过程都需要一定的时间，因此生产出的催化剂需要进行有效的保护。研究发现，把制备好的催化剂浸泡在无水低碳醇（如甲醇）中可有效地防止催化剂活性的降低，使催化剂的活性保持稳定。对分子筛催化剂进行预处理，使其在孔中先生成一定的结焦或烃类物质，然后再催化甲醇转化，是提高乙烯和丙烯选择性的一个有效方法。

不管是 ZSM-5 还是 SAPO 系列分子筛催化剂，在使用一定时间后催化剂都会由于结焦而失活，需要进行烧焦再生，使焦性物质生成 CO 或 CO_2 而除去。

7.2.2 反应器

煤基甲醇制烯烃催化剂的寿命非常短，需要频繁地再生，而且甲醇制烯烃反应属于强放热反应。通过对固定床和流化床反应器进行对比分析，可以发现流化床反应器的传质、传热效果好，升温、降温时温度分布稳定，催化剂可以连续再生，反应器单位产能大，单位投资低。所以 MTO 工艺不适合选择固定床反应器，适宜选择连续反应-再生的流化床反应器。而且，从动力学角度看，科研人员也认为在甲醇制烯烃反应（MTO）过程中，快速循环流化床和湍流流化床是较为适合的生产乙烯的反应器，快速循环流化床反应器和湍流流化床反应器是能够实现 MTO 工艺 C_2 与 C_3 比值大于 1 的反应器系统。

有的专利推荐利用气固并流下行式超短接触时间流化床反应器，催化剂与原料下行，认为这样能够及时终止反应进行，能够有效地抑制二次反应的发生，低碳烯烃等目的产品的选择性更好，但这种下行式反应器目前在炼油行业尚未见工业化应用。

已经实现工业化的 UOP/Hydro 的 MTO 工艺和中国科学院大连化学物理研究所的 DMTO 工艺都是以 SAPO-34 分子筛为活性组分，采用流化床反应器。UOP 开发的 MTO 工艺采用带有流化再生器的流化床反应器，反应温度由回收热量的蒸汽发生系统控制。失活的催化剂被送到再生器中烧焦再生，然后返回流化床反应器继续催化反应。反应出口物料经热量回收后得到冷却，在分离器中将冷凝水排出。中国科学院大连化学物理研究所 DMTO 工艺采用上行式密相循环流化床反应器。原料经预热后经气体分布器，与催化剂在流化状态下反应生成乙烯、丙烯等烃类产物。从反应器出来的物料经反应器出口处的一、二级旋风分离器使反应产物与催化剂分离。反应过程中进行连续循环再生，积炭失活后的催化剂经脱气分离出烃类后，由提升空气提升至催化剂再生器中进行再生，烧炭再生完全的催化剂进入再生器脱气段，脱除再生烟气后的催化剂经上斜管和催化剂进料系统不断送入反应器内。

鲁奇的 MTP 工艺以 ZSM-5 为活性组分，采用固定床反应器。鲁奇开发的 MTP 工艺采用两个连续的固定床反应器，甲醇先在第一个反应器中脱水转化成二甲醚（DME），循环回流的轻质 $C_2 \sim C_6$ 物流与热 DME 物流合并后进入 MTP 反应器中。3 台并联的 MTP 反应器正常情况下 2 台反应器操作，1 台反应器再生。为了抑制焦炭在反应器中生成，同时向 MTP 反应器注入蒸汽。焦炭的生成量非常少，低于碳产物收率质量分数的 0.01%，但每操作 600～700 h，催化剂需进行烧焦再生。烧焦过程是通过氮气和氧气混合物燃烧附着在催化剂表面的焦炭完成。

7.2.3　反应条件

1. 反应温度

反应温度对反应中低碳烯烃的选择性、甲醇的转化率和积炭生成速率有着显著的影响。因为甲醇制烯烃的所有主、副反应均为强放热反应，所以在反应过程中需要及时移走反应过程中生成的大量反应热，严格控制反应温度。从机理角度出发，在较低的温度下（$T \leqslant 250\,℃$），主要发生甲醇脱水至二甲醚的反应，然而，反应温度不能过低，否则主要生成二甲醚。较高的反应温度有利于形成有助催化作用的碳池，并且提高产物中 n(乙烯)$/n$(丙烯) 值。但在反应温度高于 $450\,℃$ 时，催化剂的积炭速率加速，同时产物中的烷烃含量开始显著增加，生成有机物分子的碳数越高，产物水就越多，相应反应放出的热量也就越大。因此，必须严格控制反应温度，以限制裂解反应向纵深发展。综上所述，最佳的 MTO 反应温度在 $400\,℃$ 左右。

2. 反应压力

所有主、副反应均为分子数增加的反应，所以 MTO 工艺采取低压操作，目的是使化学平衡向右移动，进而提高原料甲醇的单程转化率和低碳烯烃的质量收率。对于甲醇制烯烃这种串联反应，降低压力有助于降低反应的耦联度，而升高压力则有利于芳烃和积炭的生成，因此通常选择常压作为反应的最佳条件。

3. 稀释剂

在反应原料中加入稀释剂，可以起到降低甲醇分压的作用，从而有助于低碳烯烃的生成。在反应中通常采用惰性气体和水蒸气作为稀释剂。通过实验发现，甲醇中混入适量的水共同进料，可以得到最佳的反应效果。所有主、副反应均有水蒸气生成，在本工艺过程中加（引）入水（汽）不但可以抑制裂解副反应，提高低碳烯烃的选择性，减少催化剂的结炭，而且可以将反应热带出系统以保持催化剂床层温度的稳定。

7.3 国内外典型的煤基甲醇制烯烃工艺技术

近年来，由于我国烯烃缺口较大，而我国的石油资源又无法满足国内石化工业的迅猛发展，因此在国家利好政策的支持下，煤基甲醇制烯烃项目在我国遍地开花。国外 MTO 技术专利商主要是 UOP/Hydro 公司，而国内专利技术则基本上由拥有完全自主知识产权的中国科学院大连化学物理研究所提供。MTP 专利商主要是德国的鲁奇公司。本节对上述专利工艺技术进行简单介绍。

7.3.1 MTO合成工艺

7.3.1.1 UOP/Hydro 甲醇制烯烃工艺

挪威海德鲁（Hydro）公司创建于 1905 年 2 月，以生产氮肥起家，油气开发是其现在的支柱产业。美国环球油品公司（UOP）创建于 1914 年，是当今全球炼油和石油化工最主要的工艺技术专利商之一，而又以生产和供应分子筛及炼油、石油化工用催化剂见长。

20 世纪 80 年代美国联碳公司的科学家发现 SAPO 分子筛催化剂对于甲醇转化为乙烯和丙烯具有很高的选择性。1992 年，UOP 公司和海德鲁公司开始联合开发 MTO 工艺，对催化剂的制备、性能试验和再生以及反应条件对产品分布的影响、能量利用、工程化等问题进行了深入研究。此后，应用此 MTO 工艺在挪威建立了小型工业演示装置。1995 年两公司合作在挪威建成一套甲醇加工能力为 0.75 t/d 的工业示范装置，连续运行 90 d，甲醇转化率接近 100%，乙烯和丙烯的碳基质量收率达 80%，乙烯和丙烯的质量比可在 0.75～1.5 范围内调节。

UOP/Hydro 公司甲醇制烯烃工艺的全过程分为连续反应 - 再生系统和反应气分离系统两部分，如图 7-4 所示。该工艺过程与炼油工业的催化裂化技术非常相似，

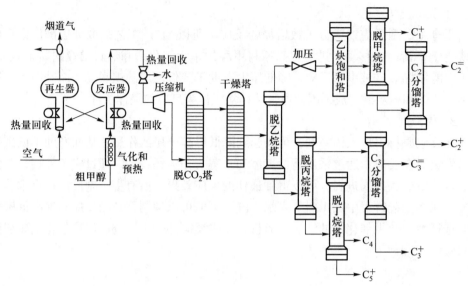

图 7-4　UOP /Hydro 公司 MTO 工艺流程

所以被认为是炼油厂流化床催化裂化（FCC）技术的延伸。而在反应机理方面又与甲醇制汽油（如美国 Mobil 公司开发的 MTG 技术）有相同之处，即，反应分为两步：甲醇先脱水生成二甲醚（DME），然后二甲醚再脱水转化成低碳烯烃。其产物之所以不同，缘于所用催化剂不同。失活的催化剂需在流化床再生器中燃炭再生，然后返回流化床反应器继续反应。反应器和再生器都设有移热装置。

该工艺的反应温度控制在 400～500℃，反应压力控制在 0.3 MPa 左右。所用催化剂为 SAPO-34 分子筛（型号 MTO-100）。该催化剂的反应机理决定了其反应周期非常短，需要频繁地再生，因此 MTO 工艺不宜选择固定床反应器，而只能选择连续反应－再生的流化床反应器。

UOP/Hydro 的 MTO 技术特点是可以通过改变反应器的操作条件，较大范围地调整 C_2 和 C_3 的比例。以碳基计算，在最大量生产乙烯时，其收率为：乙烯 46%、丙烯 30%、丁烯 9%、其他 15%，C_2/C_3 为 1.53；最大量生产丙烯时，其收率为：乙烯 34%、丙烯 45%、丁烯 12%、其他 9%，C_2/C_3 为 0.75。最新的研究结果表明，甲醇转化成（乙烯＋丙烯）的碳基选择性可以达到 85%～90%。

新加坡欧洲化学技术公司采用 UOP/Hydro 公司 MTO 工艺，在尼日利亚 Ibeju Lekki 地区建设 250×10^4 t/a 甲醇和 40×10^4 t/a 乙烯、40×10^4 t/a 丙烯装置，2007 年投产。2011 年，惠生（南京）清洁能源股份有限公司获得 UOP 公司授权，建设年产 29.5 万吨的甲醇制烯烃工业化装置。2013 年 9 月 26 日，装置首次成功开车，并产出合格产品。2013 年，UOP 公司相继授权山东阳煤恒通化工股份有限公司、久泰能源内蒙古有限公司和江苏斯尔邦石化有限公司等建设甲醇制烯烃项目。山东阳煤恒通化工股份有限公司与江苏斯尔邦石化有限公司分别于 2015 年 6 月和 2016 年 12 月建成投产。

7.3.1.2　中国科学院大连化学物理研究所 DMTO 技术

中国科学院大连化学物理研究所早在 20 世纪 80 年代就开始了 MTO 工艺的开

发研究工作，开发了 MTO 固定床反应器和 ZSM-5 及其改性催化剂，90 年代开发了流化床和小孔径 SAPO-34 分子筛催化剂。1993 年中国科学院大连化学物理研究所采用改性 ZSM-5 系列催化剂完成固定床（甲醇 1 t/d）中试。1995 年在上海青浦化工厂采用 SAPO-34 系列催化剂完成 SDTO 流化床中试，并通过鉴定；甲醇进料量为 60～100 kg/d，甲醇转化率 100%，烯烃选择性可达 84%～85%。至此由甲醇或二甲醚生产烯烃的 MTO、SDTO 技术中试工作已经完成。

21 世纪初中国科学院大连化学物理研究所进一步开发成功微球催化剂 D0123，该催化剂反应性能更优异，既可使用二甲醚作原料，也可使用甲醇作原料。该催化剂适于高线速度或大空速条件下操作，反应原料不需要稀释、热稳定性好、耐磨损、易再生、价格便宜，烯烃 (C_2～C_4) 选择性高达 89.68%，每吨烯烃约耗甲醇 2.6 t。研究表明，该催化剂具有酸性催化特征，酸中心强度高，有利于烯烃的形成；而且其孔口小，可有效限制大分子的扩散，提高小分子低碳烯烃的选择性。通过研究反应机理表明，使用该催化剂反应时，二甲醚为中间产物，减少了制备过程中水的生成，降低了水对催化剂稳定性和寿命的影响，降低了生产成本。但是，SAPO 分子筛结构中的“笼”的存在和酸催化的固有性质使得该催化剂因结焦而失活较快，因此流化床是与该催化剂反应特征相适应的反应器，并在中试放大和工业性试验中得到了验证。该工艺还具有转化率高（400℃时转化率接近 100%）、反应压力低（0.1～0.3 MPa）、放热量大（400～500℃，22.4～22.1 kJ/mol 甲醇）、反应速度快等特点。

2005 年由中国科学院大连化学物理研究所、陕西新兴煤化工科技发展有限公司和中国石化集团洛阳石油化工工程公司合作在陕西建设了生产规模以原料甲醇计为 15000 吨/年的 DMTO 工业化试验装置。该装置 2005 年 12 月一次性投料试车成功，2006 年 8 月 23 日通过了国家级鉴定。经国家科技成果鉴定，认为中国科学院大连化学物理研究所开发的煤制低碳烯烃的工艺路线（DMTO）具有独创性，是具有完全自主知识产权的创新技术，装置运行稳定、安全可靠，技术指标先进，是目前全球唯一的万吨级甲醇制取低碳烯烃的工业化试验装置，装置规模和技术指标均达到了全球领先水平。与传统的 MTO 工艺相比较，该工艺具有转化率高，建设投资和操作费用低的优点。当采用 D0123 催化剂时产品以乙烯为主，当使用 D0300 催化剂时产品以丙烯为主。

2006 年 12 月经国家发展和改革委员会核准，世界首套煤制烯烃工厂、国家现代煤化工示范工程，终于在内蒙古包头市的神华集团落地。该项目于 2007 年 3 月开工，2010 年 5 月建成。2010 年 8 月，DMTO 装置项目在包头投料试车一次成功，当天即达到设计负荷的 90%；2010 年 8 月 12 日，烯烃分离乙烯和丙烯合格，乙烯纯度 99.95%，丙烯纯度 99.99%；8 月 15 日，生产出合格的聚丙烯产品；8 月 21 日生产出合格的聚乙烯产品。开工顺利，DMTO 装置运行平稳，甲醇单程转化率 100.00%，（乙烯＋丙烯）选择性大于 80%，反应结果超过了预期指标。

值得指出的是中国科学院大连化学物理研究所开发的 DMTO 工艺产品为乙烯和丙烯，并且烯烃选择性比 UOP 公司的 MTO 技术好，特别是乙烯的选择性在 50%

以上，而 UOP 公司的 MTO 技术乙烯的选择性在 34%～46%。更为诱人的是中国科学院大连化学物理研究所 DMTO 工艺催化剂采用自主研究开发的国产 DO123 催化剂也比 UOP 公司的 MTO-100 成本低很多，并副产 LPG 和汽油，原料单耗相对比较少。

DMTO 反应工艺流程如图 7-5 所示。DMTO 基本工艺流程是液态粗甲醇经加热变成气相，进入流化床反应器进行转化反应。在催化剂的作用下，生成目标产物，反应热则通过产生蒸汽移出塔外。反应器设置催化剂溢出侧线，溢出的催化剂通过气力输送进入再生反应器，经空气再生完成的催化剂重新返回转化反应器。如此循环往复，从而保持了催化剂床层的稳定。转化反应器的流出物再经过热回收装置冷却，大部分的冷凝水从产品中分离出来。产物加压，送入碱脱除系统，然后再干燥脱水。脱水后的产物流入回收段，该段由脱乙烷塔、乙炔饱和器、脱甲烷塔、乙烯分离器、脱丙烷塔、丙烯分离器和脱丁烷塔等七部分组成。根据沸点不同将产物逐一分离出来，同时反应过程中通过使用不同的催化剂控制产物中乙烯和丙烯的比率，以达到高产乙烯或丙烯的目的。

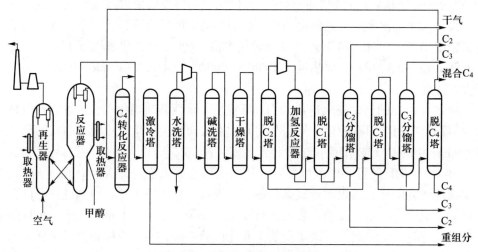

图 7-5　DMTO 反应工艺流程

DMTO 工艺采用循环流化反应器可以实现催化剂的连续反应－再生过程；有利于反应热的及时导出，很好地解决了反应床层温度分布均匀性的问题；控制反应条件和再生条件，通过合理的取热，可实现反应的热量平衡。

甲醇制烯烃专用催化剂专门针对 DMTO 工艺所开发，不仅具有优异的催化性能，高的热稳定性和水热稳定性，适用于甲醇和二甲醚及其化合物等多种原料，也具有合适的物理性能。特别是其物理性能和粒度分布与工业催化裂化催化剂相似，流态化性能也相近，是 DMTO 工艺可以借鉴已有的流态化研究成果和成熟流化反应（如 FCC）经验的基础。需要指出的是，DMTO 毕竟是不同于现有任何工艺的新技术，在借鉴 FCC 技术的成功经验方面是以催化剂物理性质相似为基础，而不是不加分析地照搬套用。

另外，鉴于 DMTO 工艺生产的低碳烯烃只是中间产品，需要进一步加工才能成为最终产品，应尽可能控制低碳烯烃产品中的杂质含量，以降低下游加工前的净化成本。因此，DMTO 工艺对循环催化剂的脱气效率有较高的要求，需要对汽提装置进行特殊设计。

7.3.2 MTP 合成工艺

丙烯是仅次于乙烯的重要有机化工原料。目前，丙烯需求以每年增长 5.6% 的速率递增，超过乙烯增长率。因此，由甲醇制丙烯的 MTP 工艺也是非常重要的新型煤化工技术之一。目前，世界上由甲醇制丙烯的方法主要有以下两种：一种技术是将甲醇直接转化为乙烯、丙烯和丁烯混合物，然后从中分离丙烯，也就是我们常说的 MTO 工艺。还有一种生产丙烯的技术是德国鲁奇公司开发的甲醇制丙烯 (MTP) 技术。此外，我国清华大学也开发了独具特色的 FMTP 工艺技术，该工艺以 SAPO-34 分子筛为催化剂，采用流化床反应器与下行床分区反应器相结合的工艺。

7.3.2.1 德国鲁奇公司 MTP 合成工艺

目前世界上从事 MTP 技术开发的公司主要是鲁奇公司。20 世纪 90 年代，德国鲁奇公司成功地开发了 MTP 技术，采用固定床反应器和由南方化学（Süd-Chemie）公司提供的沸石分子筛催化剂。鲁奇公司的 MTP 专利技术先后经过 0.3 kg/h 实验室单管反应器、1.2 kg/h 连续小试装置及 15 kg/h 连续中试装置等三个发展阶段，完成了 8000 h 催化剂寿命试验，打通了整套工艺流程，取得中试装置至生产装置的全部放大参数。

德国鲁奇公司开发的固定床绝热反应器 MTP 工艺，即甲醇制取丙烯的工艺是基于改性 ZSM-5 催化剂开发的，其工艺流程如图 7-6 所示。从甲醇生产线来的粗甲醇进入预反应器，先合成二甲醚和水，该反应的转化率几乎达到热力学平衡程度。甲醇 / 水 / 二甲醚物流继续进入三段反应器的第一段反应器，甲醇 / 二甲醚的转化率达到 99%，丙烯是主要的产物。出第一段反应器的物流依次进入第二、三段辅助反应器。段与段之间注入冷的甲醇 / 水 / 二甲醚物流，目的在于控制床层温度、优化反应条件、获得最大的丙烯收率。德国鲁奇公司 MTP 技术产物的典型组成如表 7-1 所示。

表 7-1　德国鲁奇公司 MTP 技术产物的典型组成

组分	丙烯	乙烯	丙烷	$C_4 \sim C_5$	焦炭	C_6
含量 /%	71	1.6	1.6	8.5	<0.01	16.1

反应终产物经冷却后，将气相、液相有机物和水分离。气相产物脱除水、CO_2 和二甲醚后将其进一步精馏制聚合级丙烯。副产物烯烃（乙烯、丁烯）返回系统再循环，作为歧化制备丙烯的附加原料。为避免惰性组分在回路中富集，轻组分燃料气排出系统。LPG、高辛烷值汽油是该反应的主要副产物。部分合成水也循

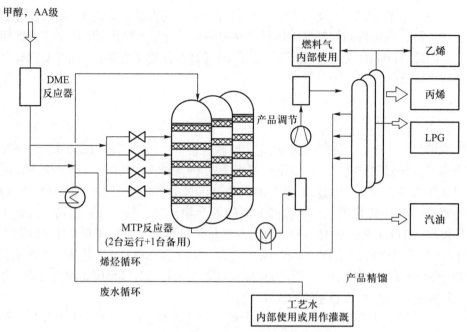

图 7-6 德国鲁奇公司开发的 MTP 工艺流程

环返回系统用来产生不可或缺的反应用蒸汽，其余合成水经过适当的处理可用于农业灌溉。

MTP 反应过程中，操作压力控制在 0.13～0.16 MPa，蒸汽添加量为 0.5～1.0 kg/kg（甲醇），反应器进口温度控制在 400～450℃。经过 500～700 h 的连续操作后，催化剂需要再生，再生时间 63 h 左右。再生的方式是通入一定比例的空气和氮气的混合气燃烧催化剂表面的积炭。催化剂再生温度与反应过程中的温度差别不大，因此，催化剂在再生过程中受到的损失较小。再生结束后要用氮气吹扫，以免氧气进入反应系统内。反应和再生由两套设备轮流切换操作。

21 世纪初，鲁奇公司与我国大唐国际集团签订了技术转让协议。大唐国际集团投资 195 亿元，在内蒙古多伦县以内蒙古丰富的褐煤为原料，建设一个年产 46 万吨煤制烯烃项目，其技术来源于荷兰壳牌、德国鲁奇、美国陶氏等当时先进的工艺技术，由褐煤预干燥、煤气化、变换、净化及硫回收、甲醇、MTP（甲醇制丙烯）、PP（聚丙烯）等 7 套主生产装置组成，同时配套建设空分及动力装置，生产硫黄、汽油、LPG（液化石油气）等副产品。项目具有上下游一体化的特点，体现了规模经济效应，其中德国鲁奇 MTP 工艺技术属国际首例大型工业化应用工程。2005 年 7 月 8 日正式奠基，经过 4 年多时间的艰苦建设，到 2009 年 10 月，大唐内蒙古多伦煤化工有限责任公司年产 46 万吨煤制烯烃项目建设取得阶段性成果，进入全面调试和试车阶段。2011 年 1 月 15 日，MTP 装置反应系统（反应器 A）一次投料成功，甲醇转化率达 99.8%，实现了最优转化率，丙烯含量达到 31.9%。

至此，标志着世界首例大型工业化应用的 MTP（甲醇制丙烯）装置调试开车工作取得实质性的成功。

2006 年 7 月，神华宁煤集团和德国鲁奇公司签约，决定采用鲁奇公司的 MTP 技术在宁夏宁东能源重化工基地建设全球最大的以煤为原料生产聚丙烯的煤化工项目。项目主要工艺技术采用德国西门子干煤粉气化工艺和鲁奇低温甲醇洗工艺、甲醇合成工艺、MTP 工艺、ABB 气相法聚丙烯工艺。项目占地面积 1.92 km²，设计生产能力为 52 万吨 / 年聚丙烯，副产 18.48 万吨 / 年汽油、4.12 万吨 / 年液态燃料、1.38 万吨 / 年硫黄，项目总投资约 195 亿元。2011 年 4 月 29 日，丙烯、聚丙烯及包装装置试车成功，产出最终产品；2011 年 5 月 18 日，首列产品外运，标志着煤经甲醇制丙烯装置试车取得成功，工程由试车转向试生产阶段。

7.3.2.2　清华大学开发的流化床甲醇制丙烯（FMTP）技术

流化床甲醇制丙烯（FMTP）技术是由清华大学、中国化学工程集团公司和安徽淮化集团联合攻关，清华大学是该技术的提出方并全面负责 FMTP 技术攻关，化工系魏飞教授为技术负责人。清华大学化工系绿色反应工程与工艺北京市重点实验室在小试研究工作的基础上，将催化剂及小试成果放大到万吨级规模，通过工业试验装置的运行，工艺参数优化、催化剂寿命和工艺设备的可靠性考核，最终使该万吨级的工业试验装置技术和环境保护各项指标达到国内外先进水平，为下一步百万吨级工业化装置建设奠定了基础。

FMTP 以 SAPO-34 分子筛为催化剂，采用流化床反应器与下行床分区反应器相结合的工艺。原料与催化剂在反应器中逆流接触，反应产物及催化剂在出反应器后进入气固快速分离器，有效抑制了二次反应的发生，减少了副产物的产生量，同时增加了低碳烯烃的产量，甲醇转化率为 99.9%，丙烯选择性为 67.3%。

FMTP 工艺不同于鲁奇公司开发的固定床 MTP 技术。年处理甲醇 3 万吨 / 年的工业试验装置主要包括反应再生系统和分离系统两大部分，FMTP 工业试验装置流程如图 7-7 所示。反应再生系统的主要设备为再生器、汽提器、甲醇转化反应（MCR，methanol conversion reaction）反应器和乙烯丁烯制丙烯（EBTP，ethene&butylene to propylene）反应器。分离系统由急冷压缩单元、吸收稳定单元和丙烯分离单元三部分组成。

甲醇流化催化裂解制烯烃技术（FMTP）包括两个主要反应，甲醇转化反应（MCR）与乙烯丁烯制丙烯（EBTP）反应。MCR 中甲醇在 SAPO-18/34 交相混晶催化剂上脱水形成二甲醚：

$$2CH_3OH \longrightarrow (CH_3)_2O + H_2O \qquad (7-8)$$

二甲醚在催化剂活性中心上形成表面甲基，并基于碳池机理形成 C—C 键，相连的表面甲基从催化剂表面上脱落生成低碳烯烃混合物：

$$(CH_3)_2O \longrightarrow CH_2 = CH_2 + H_2O（以生成乙烯为例）\qquad (7-9)$$

$$3(CH_3)_2O \longrightarrow 2CH_2 = CH - CH_3 + 3H_2O（以生成丙烯为例）\qquad (7-10)$$

采用 SAPO-18/34 混晶分子筛作为催化剂的优势在于，其微孔道结构可有效地限制 C₄ 及以上的组分产生，从而使得产物中的乙烯和丙烯收率可达到 75% 以上。SAPO-18/34 混晶分子筛上的积炭量会影响到催化剂活性及生成产物的选择性，工艺中选择采用流化床反应器以及连续反应 – 再生流程。MCR 反应是放热过程，采

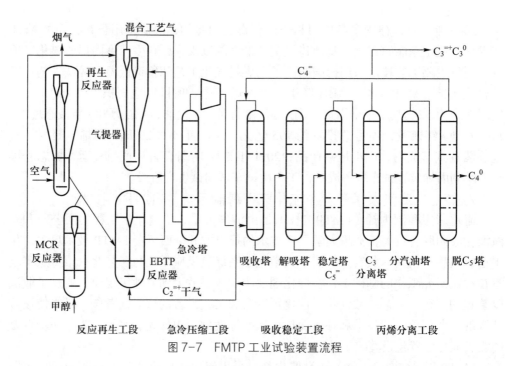

图 7-7 FMTP 工业试验装置流程

用流化床反应器有利于移热。EBTP 反应所依据的机理是低碳烯烃在 SAPO-18/34 催化剂上的平衡转化。低碳烯烃在 SAPO-18/34 上发生二聚、裂解等反应，能够在流化床操作条件下达到热力学平衡，其中异丁烯、C_5 以上烯烃受孔道限制而产量较低，主要产物仍是低碳烯烃，其中丙烯为最高。

$$3CH_2\!=\!CH_2 \longrightarrow 2CH_2\!=\!CH\!-\!CH_3（乙烯转化为丙烯）\qquad（7\text{-}11）$$

$$3CH_2\!=\!CH\!-\!C_2H_5 \longrightarrow 2CH_2\!=\!CH\!-\!CH_3+2CH_2\!=\!CH_2（丁烯转化为丙烯）$$
$$（7\text{-}12）$$

MCR 与 EBTP 反应中主要的副反应为丙烯生成丙烷的氢转移反应。MCR 与 EBTP 反应器均采用两层设计减少丙烯的返混，以降低丙烷的生成。FMTP 工艺总体采用连续反应-再生流程，其中反应部分采用 EBTP 与 MCR 反应器串联，合理分配催化剂的积炭量。

急冷压缩工段的主要任务是将工艺气冷却加压送往吸收稳定工段。急冷压缩工段主要是通过工艺气与干气换热回收热量，再经急冷塔用急冷水将工艺气冷却，经水冷后送压缩机加压后送吸收稳定工段。

吸收稳定部分利用吸收剂对不同组分的吸收率不同，实现轻烃的分离。由于轻烃各组分在吸收剂中分配系数不同，在吸收塔中 C_3 以上组分被吸收下来，和吸收剂一起从塔底流出，C_2 等干气则从塔顶排出。吸收富油在解吸塔中利用温度不同将其中的少量干气解吸出来，彻底将 C_2 与重组分分离开来。解吸油进入稳定塔，利用温度、压力变化后挥发度的不同将吸收剂和轻烃分离开，吸收剂返回系统回用，轻烃进入气体分离工段进一步处理。

丙烯分离的主要任务是将吸收稳定送来的 $C_3\sim C_5$ 及汽油混合物分离。来自吸

收稳定的 $C_3 \sim C_5$ 及少量汽油的混合物首先进入 C_3 分离塔（T401），塔顶分离出丙烯与丙烷，丙烯与丙烷进入丙烯塔（T402），在丙烯塔塔顶分离出合格的丙烯产品。塔底产品为丙烷。C_3 分离塔塔底产品为 $C_4 \sim C_5$ 及少量汽油送入分汽油塔（T403），在分汽油塔塔顶产品为 $C_4 \sim C_5$，塔底为汽油，$C_4 \sim C_5$ 产品送入脱 C_5 塔（T404），脱 C_5 塔的主要任务是分离出丁烷，脱 C_5 塔的塔顶、塔底产品分别为丁烯、戊烯，脱 C_5 塔的侧线产品为丁烷，经冷却后送罐区。

FMTP 与 MTP 技术相比，具有移热容易、可连续再生、生成 C_5 及以上组分少、生产流程短、可独立解决丙烯生产不足的优点。此工艺最大的特点是反应生成的乙烯、丁烯及戊烯组分均送回 EBTP 反应器，在催化剂的作用下继续反应生成丙烯，也可根据需要生产乙烯和丙烯。

7.3.3　MTO与MTP技术的区别

MTO 与 MTP 的最大区别在于催化剂不同，从而引起反应器和床层不同以及工艺流程和产物不同。MTO 有两种产物，催化剂是 SAPO-34 分子筛，而 MTP 只有一种主产物，催化剂是 ZSM-5 分子筛，两者各有优点。MTP 工艺的优点是主要产品只是丙烯，便于聚烯烃规模化生产，少量副产品汽油和 LPG 是地方的畅销产品，同等规模总烯烃产量的投资比 MTO 要小。

另外，MTP 采用固定床反应器，结构简单，投资相对 MTO 较低。但固定床反应器反应温度控制比流化床难。MTP 反应器较大，反应结焦少，催化剂无磨损，可就地再生。而 MTO 采用流化床反应器，结构复杂，投资较大，反应有结焦，催化剂存在磨损，并需要设置催化剂再生反应器，但反应温度控制较 MTP 容易。MTO 产品为乙烯和丙烯，并副产 LPG、丁烯、C_5 及以上产品。

另外，鲁奇 MTP 工艺技术特点是较高的丙烯收率，专有的 ZSM-5 沸石催化剂，低磨损的固定床反应器，典型的产物体积组成：乙烯 1.6%、丙烯 71.0%、丙烷 1.6%，由于副产物相对较少，所以分离提纯流程也较 MTO 更为简单。而 MTO 工艺高产乙烯情况是乙烯 46%、丙烯 30%、其他副产物 24%；高产丙烯情况是乙烯 34%、丙烯 45%、其他副产物 21%；因此，MTO 分离提纯流程也较更为复杂。MTO 与 MTP 工艺一些主要指标比较如表 7-2 所示。

表 7-2　MTO 与 MTP 工艺一些主要指标比较

项目	MTO 工艺	MTP 工艺
反应器	流化床	固定床
催化剂	SAPO-34 磷酸硅铝分子筛	ZSM-5 沸石催化剂或 HZSM-5 沸石催化剂
反应压力	$0.1 \sim 0.3$ MPa	$0.13 \sim 0.16$ MPa
反应温度	$400 \sim 450℃$	$420 \sim 490℃$
目标产品	乙烯：丙烯（$0.75 \sim 1.5$）：1	丙烯

续表

项目	MTO 工艺	MTP 工艺
应用情况代表	神华包头煤化工有限责任公司煤制烯烃工厂，年产 60 万吨煤制烯烃项目	大唐内蒙古多伦煤化工有限责任公司年产 46 万吨煤制烯烃项目
原料单耗	小于 3.02 t 甲醇 /t（乙烯 + 丙烯）	3.21 t 甲醇 /t（丙烯）
主要副产品	丁烯，C_5 以上烯烃，低碳饱和烃	液化石油气、汽油
主要专利商	UOP/Hydro 公司，中国科学院大连化学物理研究所	德国鲁奇公司

甲醇制备烯烃的反应器通常有固定床和流化床两类结构形式。甲醇转化烯烃的反应为强放热反应，因此流化床反应器有自身的优势，例如，容易将多余热量移出反应器，从而实现对床层温度的均衡控制。但流化床缺点也十分突出，如规模放大较困难、催化剂的稳定性（耐磨性、寿命）要求高等。另外，流化床反应器中催化剂的失活速率高，催化剂需要持续再生。尤其是较高的再生温度严重影响了催化剂的使用寿命。对于固定床反应器（特指绝热操作），其温度的控制要比流化床反应器困难些，通常，为了限制绝热床层温度的升高，要将原料和蒸汽分配在多个反应管中。固定床反应器的优势在于：容易放大反应器的生产规模、显著降低投资，由于停留时间较统一，可以明显提高产物的选择性。另外，鲁奇公司选用的选择性非常高的固定床催化剂（沸石）已在市场上常规出售，这种催化剂的结炭率非常低，丙烷和其他副产物生成量也极少，这些特点可使下游的丙烯净化系统简单化。鲁奇公司的 MTP 是一种建立在鲁奇固定床管壳式反应器及与之相配的、性能优越的催化剂基础之上的专利技术。

思考题

1. 简述煤制烯烃的三大工艺技术路线。
2. 简述煤基甲醇制烯烃的化学原理。
3. 简述煤基甲醇制烯烃的关键技术因素有哪些。
4. 简述煤基甲醇制烯烃催化剂的种类及其特点。
5. 简述反应条件对煤基甲醇制烯烃的影响。
6. 简述中国科学院大连化学物理研究所 DMTO 技术的工艺流程。
7. 简述清华大学 FMTP 技术的工艺流程。
8. 简述 MTO 与 MTP 技术的区别。

第 8 章
煤制天然气

由于我国特殊的能源结构"富煤、贫油、少气",使我国成为全球为数不多的几个以煤炭为主要能源的国家。虽然,国家大力推进清洁能源,但是 2020 年我国煤炭消费量占一次能源消费的比重仍然高达 56.6%。国家一直鼓励通过煤炭的清洁利用发展能源和化工产业,煤制天然气正是立足于国内能源结构的特点,通过煤炭的高效利用和清洁合理转化生产天然气。

2019 年,中国天然气消费量达到 3.064×10^{11} m^3,同比增长 8.6%,在一次能源消费结构中占比达 8.1%,远低于世界平均水平 24.2%。未来,随着中国清洁能源发展战略进一步推进,我国天然气需求将呈现高速增长的趋势,平均增速将达 13%。专家预计,到 2030 年,天然气表观消费量将达到 5.5×10^{11} m^3,天然气消费一次能源占比也将达到 10% 以上,届时天然气进口量预计达到 3×10^{11} m^3 左右,对外贸易依存度将高达 55%。

国外煤气甲烷化技术研究始于 20 世纪 40 年代,而真正发展是在 20 世纪 70 年代,由于能源危机,加快了研究步伐,开发了一系列以煤和石脑油为原料制天然气的工艺技术,并开始工业化应用。如美国 Great Plains 天然气厂于 1984 年投产,日耗煤量 18500 t,日产天然气可达 4.8×10^6 m^3。

目前我国投产、在建及计划筹建的煤制天然气项目近 40 个,大部分技术均已实现国产化。在技术装备上,甲烷化装置仅引进高压蒸汽过热器、循环气压缩机等个别设备,其余大部分为国产化设备。

天然气作为清洁能源越来越受到青睐,在很多国家被列为首选燃料。随着我国工业化、城镇化进程的加快以及节能减排政策的实施,对天然气等清洁能源的需求将会越来越大。我国天然气的供应量不能满足工业和民用的需求,供不应求的局面将会长期存在。解决未来的天然气供需矛盾,除加强我国陆地、近海天然气勘探开发和从国外购买管道天然气及液化天然气外,发展煤制天然气是缓解我国天然气供需矛盾的一条有效途径。

煤制天然气作为液化石油气和天然气的替代和补充,既实现了清洁能源生产的新途径,优化了煤炭深加工产业结构,丰富了煤化工产品链,又具有能源利用率高的特点,符合国内外煤炭加工利用的发展方向,对于缓解国内石油、天然气短缺,保障我国能源安全具有重要意义。

8.1　煤制天然气的化学原理及基本工艺流程

煤制天然气有煤直接甲烷化生产天然气（一步法煤制天然气）和煤间接甲烷化生产天然气（二步法煤制天然气）两种基本工艺流程。国外虽然有煤直接甲烷化生产天然气工艺的报道，但至今还没有成熟的工业化应用，煤间接甲烷化技术在国内外已有大量成功的工业化应用实例，是煤制天然气的主流工艺技术方案。

8.1.1　煤制天然气的化学原理

8.1.1.1　煤直接甲烷化制天然气的化学原理

由煤的化学组成与结构可知，低阶煤基本结构单元核心都是具有较小的环数，且以苯环、萘环和菲环为主，芳香碳环周围包含有烷基自由基、烷基侧链、羟基、羧基等结构。其中，羧基、烷基侧链等活泼基团受热容易断键并形成气态物，但芳香碳环非常稳定，活泼基团与芳香碳环的加氢甲烷化反应活化能存在明显差异，导致煤直接加氢甲烷化过程分为不同反应阶段。直接加氢甲烷化过程中，煤中的活性组分迅速反应使得反应过程进入慢速反应阶段。慢速反应阶段主要是煤 / 焦中的芳香族化合物及多环结构发生慢速加氢反应，此过程需要很高的能量，因此升高反应温度、增大氢气分压可以获得更高的甲烷生成速率及碳转化率，此过程需要消耗更多的氢气，随着反应的进行甲烷含量逐渐降低，反应速率更是急剧降低，最终接近于石墨加氢甲烷化反应的过程。主要化学反应为

$$C + 2H_2 \rightleftharpoons CH_4 \qquad \Delta H = -84.3 \text{ kJ/mol} \tag{8-1}$$

截至目前，人们对于煤加氢甲烷化反应机理的研究主要局限于高反应性官能团和芳香碳环加氢的过程，且验证性试验较少，大多停留在猜测阶段，没有突破。另外对于氧作为煤加氢甲烷化反应的活性中心的研究较少，现有的观点只是根据煤中氧元素在反应过程中的含量变化以及含氧官能团数量的变化而推测出氧为甲烷化反应提供活性位，但是这种观点不能解释原煤加氢甲烷化反应活性低于半焦（由同种原煤制得）的实验现象。

8.1.1.2　煤间接甲烷化制天然气的化学原理

从化学反应的角度来说，煤间接甲烷化制天然气就是煤炭大分子通过煤气化反应生产合成气（$CO + H_2$），然后经过煤气净化程序脱除酸性气体，及水煤气变换反应调整 H_2/CO 比，最后在催化剂的作用下将合成气进行甲烷化反应，生产天然气的过程。煤气化、煤气净化及水煤气变换反应在前面章节都已经介绍过，这里不再介绍，本节主要介绍甲烷化反应的基本化学原理。

合成气在甲烷化催化剂作用下反应生成甲烷，主要反应式为

$$CO + 3H_2 \rightleftharpoons CH_4 + H_2O \qquad \Delta H^{\ominus} = -206.2 \text{ kJ/mol} \tag{8-2}$$

$$CO_2 + 4H_2 \rightleftharpoons CH_4 + 2H_2O \qquad \Delta H^{\ominus} = -165.0 \text{ kJ/mol} \tag{8-3}$$

由反应式可以看出，甲烷化反应是一个强放热的反应过程，在商业化的煤制天然气工艺流程中，常用已反应的气体稀释反应原料气控制反应温度。

1. CO 甲烷化反应机理

对 CO 甲烷化的反应机理目前尚未达成共识，根本分歧在于 CO 是直接解离还是氢助解离，以及速控步骤是 CO 解离还是表面碳加氢。就目前研究较多的镍基催化剂而言，动力学研究结果表明，镍基催化剂上 CO 的分解，即 C—O 键的断裂是甲烷化的速控步骤，当 CO 浓度很低时，CO 和 H 共同竞争催化剂表面上的活性位点。但另外一些研究者则认为，CO 甲烷化的速控步骤为次甲基的表面加氢。还有一些研究者则认为，CO 甲烷化反应过程中并不存在一个明确的速控步骤，因为 CO 分解和 C 物种加氢对整个反应的速率都有很大影响。

2. CO_2 甲烷化反应机理

CO_2 甲烷化反应是否经过中间体 CO 尚未达成共识，但都一致认为 CO_2 先通过与催化剂及其他反应物作用，生成吸附于催化剂表面的含碳物种，再进一步转化为甲烷。对于研究较多的镍基催化剂，研究人员认为 CO_2 甲烷化反应是经过中间物种 CO 进行加氢反应的。在镍基催化剂上，CO_2 首先分解生成 CO，然后 CO 分解生成具有活性的碳，最后这种具有活性的碳再与 Ni 分解氢分子得到的活性 H 原子结合生成甲烷。但是由于研究人员使用的催化剂及反应条件不同，在都达成 CO 作为中间体的共识上，对于 CO 的来源也有不同的观点。一些研究人员认为，在贵金属 Ru，Rh 基催化剂上，中间体 CO 是由逆向水煤气变换反应得到的，然后 CO 再与氢进一步作用生成甲烷。另外一些科研人员则认为 CO_2 甲烷化反应的中间体 CO 不是由逆向水煤气变换反应生成的，而是由 CO_2 解离吸附形成的。

研究人员对 CO 和 CO_2 的甲烷化反应机理进行了大量探索性的研究工作，但是由于反应的复杂性，科研人员对 CO 和 CO_2 甲烷化的反应机理目前尚未达成共识。对于 CO 甲烷化的研究，目前研究人员更倾向于甲酰基为 CO 解离后的中间体。CO_2 甲烷化反应，近期的研究结果更倾向于中间体为含氧酸根，而非 CO。相信随着研究的深入，科研人员对 CO 和 CO_2 甲烷化的反应机理会有更深入的认识。

8.1.2 煤制天然气的基本工艺流程

8.1.2.1 煤直接甲烷化制天然气的工艺流程

自高温高压下煤的加氢甲烷化反应被发现以来，煤的加氢甲烷化过程被广泛考察，以生产代用天然气为目的的煤加氢甲烷化技术迅速发展。近一个世纪以来，诸多学者在不同反应条件下及多种系统中，对多种含碳原料的加氢甲烷化反应进行了广泛研究。20 世纪 70—90 年代是加氢甲烷化研究的黄金期，Hygas、Hydrane、BG-OG 等几种典型煤加氢甲烷化工艺研究相继进行至中试阶段。但是由于当时天然气价格较低，加氢甲烷化技术成果更多地作为储备技术，至今未能实现产业化。近年来，随着天然气需求增加和价格上涨，煤制天然气技术成为煤化工领域的研究热点。相比间接煤制天然气技术，煤直接加氢制天然气技术具有流程短、能耗低、工艺简单和投资少等特点，重新引起了人们的广泛兴趣。

煤直接甲烷化生产天然气的工艺（一步法煤制天然气）是煤在一定的温度和压力下用煤直接生产富甲烷气的工艺，煤直接甲烷化生产天然气工艺没有明显的煤气化和甲烷化两个过程，是在一个反应器中用煤直接制取甲烷的工艺。煤直接甲烷化生产天然气基本工艺流程如图8-1所示。

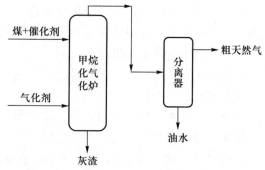

图8-1 煤直接甲烷化生产天然气基本工艺流程

8.1.2.2 煤间接甲烷化制天然气的工艺流程

煤间接甲烷化制合成天然气（SNG）技术（二步法煤制天然气）是利用褐煤等劣质煤炭，通过煤气化、一氧化碳变换、酸性气体脱除（净化）、高温甲烷化、干燥等工艺生产代用天然气。其工艺流程为：原煤经过备煤单元处理后，经煤锁送入气化炉；在气化炉内煤和气化剂（蒸汽和空气的氧气）逆流接触，煤经过干燥、干馏和气化、氧化后，生成粗合成气（主要组成为氢气、一氧化碳、二氧化碳、甲烷、硫化氢、油和高级烃）；粗合成气经急冷和洗涤后送入变换单元，经过部分变换和工艺废热回收后进入酸性气体脱除单元；经酸性气体脱除单元脱除硫化氢和二氧化碳及其他杂质后送入甲烷化单元；在甲烷化单元内，原料气经预热后送入硫保护反应器，精脱硫后依次进入后续甲烷化反应器进行甲烷化反应，得到合格的天然气产品，再经压缩干燥后送入天然气管网。煤制天然气生产工艺流程如图8-2所示。

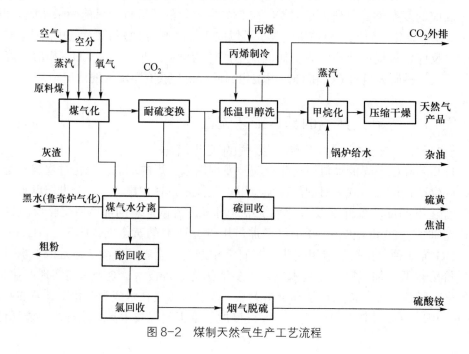

图8-2 煤制天然气生产工艺流程

8.2 煤制天然气工艺的关键因素

8.2.1 煤气化工艺

煤气化技术的选择要兼顾原料煤的性质和条件、目的产品的要求、技术经济指标等多种因素，在技术的先进性和经济性之间寻求平衡。气化炉型式、气化温度和压力以及原料煤性质不同，所生产的粗煤气的组成也不相同。例如，使用鲁奇固定床气化炉生产的粗煤气中，甲烷含量可达 8%～12%（体积分数）；水煤浆气流床气化炉（以德士古气化炉为例），气化压力 6.5 MPa，气化温度 1300℃，粗煤气中甲烷含量仅为 0.15%（体积分数）；粉煤气流床气化（以西门子 GSP 炉为例），气化压力 2.5～4.0 MPa，气化温度 1300～1700℃，使用各种气化原料生成的粗煤气中，甲烷含量均小于 0.1%（体积分数）。如表 8-1 所示，鲁奇固定床气化炉的粗煤气中含甲烷 10.57%，水煤浆加压气化炉的粗煤气中含甲烷 0.15%，GSP 炉的粗煤气中甲烷含量小于 0.1%，而甲烷正是煤制天然气的有效组分。GSP 炉的粗煤气中 CO 含量是鲁奇炉 CO 含量的 2.74 倍，其变换单元和甲烷化单元的催化剂量和设备负荷比鲁奇炉气化技术大，导致投资增加。可见，采用鲁奇固定床气化炉生产天然气是比较好的选择。

表 8-1 不同气化炉型式对气化产物的影响

序号	气化炉型式	H_2含量/%	CO含量/%	CO_2含量/%	CH_4含量/%	N_2含量/%	O_2含量/%	NH_3含量/%	H_2S含量/%	COS含量/%
1	鲁奇固定床气化炉	34.02	23.35	30.95	10.57	0.26	0.30	0.24	0.31	无
2	水煤浆气流床气化炉	15.17	19.49	6.64	0.15	0.05 (Ar)	58.40 (H_2O)	0.03	0.04	0.03 (HCl)
3	GSP 气流床气化炉	27.00	64.00	3.00	<0.1	1.5～5.5	无	<0.5	0.46	0.04

8.2.2 反应热的移除

在化肥工业上，甲烷化反应是用来处理除去合成气中微量 CO 和 CO_2，反应温度在 350℃左右，反应器的温升约 30℃左右。这样的反应速率较慢，空速相对较小。但是对于煤制甲烷来说，合成气中的 CO 和 H_2 要全部变成 CH_4，放热量很大，反应速率很快。甲烷化反应为强放热反应，每转化 1% 的 CO，体系绝热升温约 72℃，因此煤制天然气工艺必须要解决反应热的移出问题，并同时保证 CO 的转化率。

在商业化的煤制甲烷生产过程中，通常采用稀释法控制反应体系的温升。用甲烷化反应后的循环气稀释合成原料气，以控制甲烷化反应器的出口温度，然后用废热锅炉回收反应产生的热量得到高压蒸汽。这样，进入反应器的气体流量明显增加，从而降低反应气体中 CO 和 CO_2 的浓度。因为有大量的气体循环，需要有大功率的循环压缩机，能耗浪费比较大。与此同时，也可通过冷激法控制反应体系的温升，即在反应器催化床层之间不断加入低温的新鲜气，达到降低入口气体温度和原料气 ($CO+CO_2$) 浓度的目的。工艺气体一部分用于反应，一部分用于冷激。为了控制甲烷化体系的温升效应，也可以设计等温反应器进行等温甲烷化的反应。例如使用管壳式反应器，甲烷合成反应在管内进行，反应热通过管间的高压水汽化移走，进出甲烷化炉的气体温差控制在 30℃左右。

由于反应强度较大，单纯的一个绝热反应器很难实现控制温升，因此要用多段的反应器串联才行，即可以将甲烷化反应分成几段进行，分段用废热锅炉回收反应热。利用甲烷化放出的热量，产出高压过热蒸汽，整个甲烷化系统热量回收效率很高。

8.2.3 催化剂

无论对于煤直接甲烷化制天然气还是煤间接甲烷化制天然气，开发具有我国自主知识产权的高效甲烷化催化剂，都有助于推动我国煤制天然气的工业化进程。

科研人员对煤直接加氢甲烷化催化剂进行了广泛的研究。一般认为碱金属，尤其是钾盐和钠盐（如 K_2CO_3、Na_2CO_3）对煤加氢甲烷化反应的催化效果最佳。采用浸渍法可以将这些催化剂很好地分散在煤粒的表面，以达到良好的催化效果。过渡金属铁、钴、镍等对煤直接甲烷化反应也表现出明显的催化活性，且活性顺序为钴＞镍＞铁。从催化效果上看，碱金属具有良好的催化活性，但添加量较大，达到 8%～15%（质量分数）。因为现有的催化剂回收技术存在较多问题，所以催化剂损失较为严重，这在很大程度上影响了碱金属催化煤加氢甲烷化技术的经济性。钴、镍催化剂也具有较好的催化效果，但是价格较高，高温易烧结且不耐硫。铁系催化剂用量小，价格便宜，但是在中低温下没有明显效果，温度高于 800℃时才表现出催化活性。因此，应当加大对催化煤加氢甲烷化的研究，研制出具有较好催化效果的新型、廉价催化剂以提高原煤转化率和甲烷产率并降低生产成本。

对于煤间接甲烷化制天然气来说，从热力学角度看，CO 及 CO_2 的甲烷化反应都是可行的，问题的关键在于如何提高甲烷选择性和产率，防止催化剂积炭失活。因此，开发高效的甲烷化催化剂是甲烷化技术研究的重点之一。

煤间接甲烷化催化剂，常见的活性成分为 Ni、Ru、Fe、Co、Rh、Pd、Cr 等过渡金属。贵金属 Ru 催化剂具有催化反应温度低、活性高、甲烷选择性好等优点；缺点是价格昂贵，同时 Ru 易与 CO 形成 $Ru(CO)_x$ 化合物，$Ru(CO)_x$ 在温度较高时易升华，造成活性组分 Ru 流失，使 Ru 基催化剂的催化活性下降。Fe 催化剂，虽然价格便宜、易制备，但活性低，需在高温高压下操作，且选择性差、易积炭、易生成液态烃、易失活，因此逐渐被其他催化剂替代。Co 基催化剂对苛刻环境的耐受性相对较强，但对 CO 甲烷化反应的选择性较差。Ni 基催化剂催化活性较高、选择性好、反应条件易控制、生产成本较低，但对硫、砷十分敏感，原料气中即使存在极少量的硫化物和砷化物，也会使催化剂发生累积性中毒而逐渐失活。

催化剂性能不仅与活性组分有关，还与载体密切相关。目前，甲烷化反应催化剂的载体通常为 Al_2O_3，SiO_2，TiO_2，ZrO_2，还有一些不常见的载体，如海泡石、高岭土和铝酸钙水泥等。在不同的载体上，各种金属催化剂作用下的活性次序如下：

① 海泡石载体：Ru＞Pd＞Ni＞Co＞Fe；

② SiO_2 载体：Ru＞Ni＞Pd＞Fe＞Co；

③ γ-Al_2O_3 载体：Ru＞Pd＞Ni＞Fe＞Co；

④ ZrO_2 载体：Ru＞Pd＞Ni＞Co＞Fe；

⑤ TiO_2 载体：Ru＞Ni＞Co＞Pd＞Fe。

可见，在 5 种载体上 Ru 均显示出高活性，而 Fe 的活性相对较低，Ni 的活性一般都高于除 Ru 之外的其他金属，但 Ni 在 γ-Al_2O_3 和 ZrO_2 上的活性低于 Pd。目前研究最多的是 Ni 基催化剂和贵金属 Ru 基催化剂。Ni 基甲烷化催化剂目前在煤制甲烷过程中得到大规模应用，如目前丹麦托普索公司开发的 TREMPTM 工艺所用的 MCR 系列催化剂是以 Ni 为活性组分，以 Al_2O_3 为载体。该系列催化剂可以在较宽的温度范围（70～250℃）内保持高而稳定的活性，寿命长达 $4×10^4$ h，其优良特性还有利于反应热的回收利用。

8.3　国内外典型煤制天然气工艺技术

8.3.1　煤直接甲烷化制天然气工艺

煤直接合成天然气技术是将煤气化和甲烷化合并为一个单元直接由煤生产富甲烷气体，分为加氢气化工艺和催化气化工艺。

8.3.1.1　Hygas 煤加氢甲烷化工艺

Hygas 煤直接加氢甲烷化工艺是由美国芝加哥煤气工艺研究所开发，美国煤气协会和美国内务部煤炭研究局对此工艺进行了 80 t/d 的中试试验。Hygas 工艺巧妙地将煤的水蒸气气化工艺（吸热反应）与煤的直接加氢甲烷化工艺（放热反应）耦合在同一个高压流化床气化炉中进行，Hygas 工艺流程如图 8-3 所示。煤粉与气化剂在反应器中逆流接触，反应过程中生成的产品气在上升过程中将下行的煤粉加热，此举不仅提高了系统的热效率，还降低了系统的氧消耗。产品气经洗涤塔洗涤后送入后续脱硫工艺生产合格的天然气产品。从洗涤塔下部分离出水和产品油，其中部分产品油返回加氢气化炉反应器继续反应，反应过程中生成的灰渣从流化床反应器底部排出。Hygas 工艺存在的主要问题是由于煤粒的黏结性引起反应器中的煤粒聚

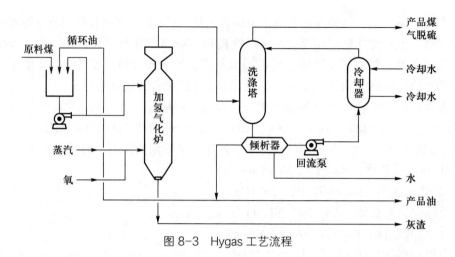

图 8-3　Hygas 工艺流程

集而导致的去流态化问题及细粉带出问题；而且，此高压流化床反应器的结构和操作也比较复杂，产品气中含有大量 CO，二次催化甲烷化负荷大，氢气消耗严重。

8.3.1.2　Hydrane 煤加氢甲烷化工艺

Hydrane 煤加氢甲烷化工艺由美国矿务局设计开发，并在原煤处理量为 4.54 kg/h 的装置上进行了半工业性试验。该工艺的特点是采用两段加氢气化炉进行反应，其中气化炉上部为自由沉降的稀相反应段，其主要作用是把刚进入反应器的煤转化成多孔的半焦，并发生部分加氢甲烷化反应；气化炉的下部为流化床反应器，其主要作用是使来自第一段的半焦与氢气进行进一步的甲烷化反应，以提高产品气中甲烷浓度，Hydrane 工艺流程如图 8-4 所示。虽然 Hydrane 工艺具有反应推动力大、产品气中甲烷含量高的特点，但是，该工艺需要稀相段与流化床段配合操作，使得具体操作过程较为复杂，且反应时间较长，碳转化率较低。

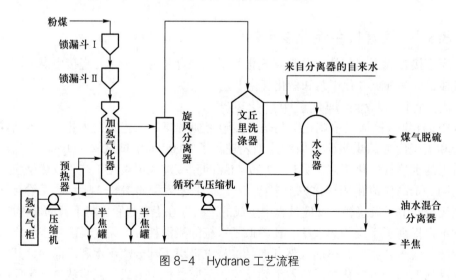

图 8-4　Hydrane 工艺流程

8.3.1.3　美国巨点能源"蓝气技术"

美国巨点能源公司宣称拥有全球最先进的一步法煤制天然气技术，又称"蓝气技术"。"蓝气技术"也是一种利用催化剂在加压流化床气化炉中一步合成煤基天然气的技术。它通过使用新的催化剂打断煤中的 C—C 键，并将煤变成清洁燃烧的甲烷。这种一步法制造甲烷的技术又被称为催化煤甲烷化技术。通过在煤气化装置中加入催化剂，在加压流化气化炉中一步合成煤基天然气，可以降低气化装置的操作温度，在温和的催化条件下，直接催化反应并生产出甲烷。

该技术是将煤粉和催化剂充分混合后送入反应器，与水蒸气在一个反应器中同时发生气化和甲烷化反应，气化反应所需的热量刚好由甲烷化反应所放出的热量提供。反应生成的 CH_4 和 CO_2 混合气从顶部离开反应器进入一个旋风分离器，分离出混合气中夹带的固体颗粒，然后进入一个气体净化器，脱除其中的硫，最后分离出 CO_2 得到煤制合成天然气（SNG）。煤灰由反应器下部流出，在一个专门设备中和催化剂进行分离，分离的催化剂返回煤仓继续循环使用，巨点能源一步法煤制天然气工艺流程如图 8-5 所示。

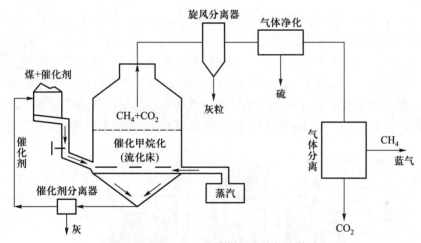

图 8-5　巨点能源一步法煤制天然气工艺流程

"蓝气技术"具有煤种适应性广泛、工艺简单、设备造价低、节能、节水、环保等优点，除了褐煤、次烟煤等煤基能源外，沥青砂、石油焦和渣油等低成本碳基资源也可作为原料，生产出的天然气符合管道运输规格。与煤间接甲烷化制天然气相比，此工艺省去除渣过程，减少了维护需求，增加了热效率，又因省去了空分装置而降低了投资（空分单元的投资占整个气化装置总投资的 20%），但是此工艺催化剂分离困难，且容易失活。"蓝气技术"在美国 Des-Plaines 气体技术研究所已经进行了 1200 h 的运行试验，但至今还没有相关的可行性报告。

8.3.2　煤间接甲烷化制天然气工艺

煤间接甲烷化制天然气的核心工艺就是 CO 的甲烷化反应。CO 的甲烷化技术成熟可靠，在化肥行业广泛用于脱除 CO，在城市煤气行业用于提高煤气热值。目前全球比较先进、成熟的甲烷化技术有托普索甲烷化循环技术、戴维公司甲烷化技术和鲁奇公司的甲烷化技术。国内中国科学院大连化学物理研究所，西北化工研究院也开发了具有自己特色的甲烷化技术。在克旗、阜新、新天、庆华4个项目中，前3个项目选用了戴维甲烷化工艺技术，庆华选用了托普索甲烷化工艺技术。从甲烷化的角度讲，这三种工艺都是成熟的，但由于气化工艺不同造成甲烷化入口气成分差别很大，固定床碎煤加压气化入口的甲烷含量最大，对于同样规模的项目来说，需要合成的甲烷量最少，合成放出的热量少，项目的能耗最低。

8.3.2.1 托普索甲烷化工艺技术

托普索公司开发的甲烷化技术可以追溯至20世纪70年代后期，为了保证该技术能够进行大规模工业应用，托普索进行了大量的中试验证，积累了丰富的操作经验。托普索循环节能甲烷化工艺与鲁奇公司甲烷化技术和戴维公司甲烷化技术相比最大的不同是：第一个反应器和第二个反应器为串联，反应气只在第一个反应器进出口循环，补充甲烷化反应器根据原料气组成和合成天然气甲烷含量要求，设置一个或多个。

托普索甲烷化工艺技术典型流程为三个反应器串联，如图8-6所示。第一个反应器出口温度在675℃左右，第二个在450～500℃，第三个在350℃左右。第一个反应器出口气体部分循环，经冷却、压缩回到反应器入口。托普索甲烷化工艺技术第一个反应器在675℃高温下操作，是所有甲烷化技术中最高的，因此反应气循环比最低，循环压缩机的尺寸最小，循环压缩机成本和能量消耗最低。该工艺技术全程CO的转化率为100%，H_2的转化率为99%，CO_2的转化率为98%。

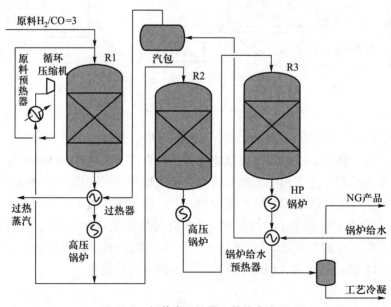

图8-6　托普索甲烷化工艺技术流程

在托普索甲烷化循环工艺中，甲烷化反应的放热量很大，且反应在绝热条件下进行，导致体系温升很大，因此甲烷化催化剂的关键是要在高温下保持稳定，同时在低温下也具备活性，甲烷化反应在低温和高CO分压下，很容易形成羰基镍，因此控制镍的烧结，防止镍晶体的生成非常关键。托普索开发的 MCR-2X 催化剂无论在低温（250℃）还是高温（700℃）都能稳定运行。MCR-2X 催化剂是基于陶瓷支撑，具备稳定微孔系统，可有效防止镍晶体的烧结。催化剂使用压力（表压）高达 8.0 MPa，采用高压流程可有效减小设备尺寸。

除了核心技术外，由于生产甲烷过程要放出大量的热，如何利用和回收热量也是这项技术的关键。由于反应温度高，可产出高压过热蒸汽（8.6～12.0 MPa，535℃），用于驱动大型压缩机，有效提高了能量利用效率。

托普索公司的甲烷化技术现在已被中国和韩国 6 套大型 SNG 装置选用，包括新疆庆华煤制天然气、内蒙古汇能煤制天然气、新疆中电投煤制天然气、韩国浦项煤制天然气。其中，韩国浦项煤制天然气是中国以外唯一的高温甲烷化催化剂合成天然气装置，产能 $7 \times 10^8 \text{ m}^3/\text{a}$。中国庆华集团投资的，全球最大的单系列合成天然气装置在中国新疆投产，产能达 $1.5 \times 10^9 \text{ m}^3/\text{a}$。

8.3.2.2 戴维甲烷化工艺技术

为了弥补天然气来源的不足，英国燃气公司（BG 公司）在 20 世纪 60 年代末和 70 年代初开发了 CRG 技术生产高热值天然气，并在整个英国建造了许多合成天然气（SNG）装置。该技术最初是将容易获取的液体馏分作为原料生成低热值城市煤气，该煤气中富含甲烷气体。20 世纪 70 年代末和 80 年代初，BG 公司将其研发的注意力转到煤气化上，并开发出了成渣气化炉（BGL 炉）。作为其开发的一部分，BG 公司将出煤气化炉的富 H_2 和 CO 的气体使用 CRG 催化进行甲烷化反应生产 SNG。20 世纪 90 年代末，戴维工艺技术公司获得了将 CRG 技术对外转让许可的专有权，并进一步开发了 CRG 技术和催化剂，CRG 催化剂是在戴维工艺技术公司的许可下，由戴维的母公司 Johnson Matthey 生产。

戴维的甲烷化工艺流程如图 8-7 所示，合成气被送入硫保护容器以去除残留的催化剂毒物，然后分成两部分。部分进料与循环气混合，并通过第一甲烷化反应器，经变换和甲烷化反应生成富甲烷的产品。来自第一甲烷化反应器的产品通过产生高压蒸汽而被冷却，然后与剩余的进料气相混合，气体混合物进入第二甲烷化反应器。产品经高压蒸汽冷却后被分流，一部作为循环气体进入第一甲烷化反应器，其余部分进入补充甲烷化反应器进一步调整甲烷出口含量。调节甲烷出口含量的副甲烷化反应器数量取决于最终产品的规格。一般来说，两个调节甲烷含量的副反应器就足以生产甲烷含量达标的管输质量气体。

戴维甲烷化工艺（CRG）流程中，前两个反应器为高温反应器，采用串并联型式，采用部分反应气循环进料的方式，根据原料气组成和合成天然气甲烷含量要求，后面设一个或多个补充甲烷化反应器。戴维甲烷化压力可达 3.0～6.0 MPa，CRG 催化剂在 230～700℃温度范围内具有高而稳定的活性。由于高温反应器在高温下操作，循环比比低温操作降低很多，循环压缩机尺寸变小，节省了循环压缩机成本并降低了能量消耗。由于反应温度高，可副产中压或高压过热蒸汽直接用于驱动蒸汽轮机发电，提高了能量利用效率。

美国大平原煤制天然气厂从 1985 年开始一直使用戴维公司的甲烷化催化剂，

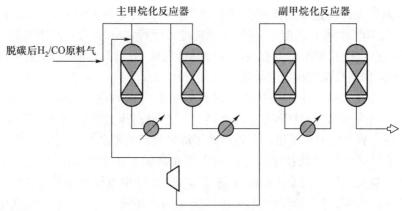

图 8-7　戴维甲烷化工艺流程

到现在已使用了 30 多年。甲烷化各反应段要求催化剂具有不尽相同的特性。主甲烷化催化剂要求具有：耐硫性、高活性（小反应器）、热稳定性和高强度的特性；副甲烷化催化剂要求具有高活性和高强度的特性。主甲烷化反应器中的 CRG 催化剂典型寿命为 3 年（视原料合成气中的硫含量而定），而副甲烷化反应器中的 CRG 催化剂典型寿命为 6 年（视装置大修的周期而定）。该装置 2008 年进行了催化剂更换，换上了戴维 /JM 最新的一代 CRG 催化剂。

戴维甲烷化工艺技术除具有托普索 TREMPTM 工艺可产出高压过热蒸汽和高品质天然气特点外，还具有如下特点：戴维 /JM 公司催化剂经过工业化验证，拥有美国大平原等很多业绩，同时具有变换功能，合成气不需调节氢碳比，转化率高，使用范围很宽，在 230～650℃内具有较高活性。

在 20 世纪 60 年代，在英国有超过 40 套基于石脑油原料的城市燃气和 SNG 装置建成。最近，SNG 生产能力达 $4 \times 10^9 \, m^3/a$。2008 年，戴维工艺技术公司与美国 CashCreek 公司签署了 $8 \times 10^8 \, m^3/a$ 煤制 SNG 项目，提供技术许可、基础工程设计和催化剂的合同。目前戴维工艺技术公司已与国内多个煤制天然气项目签订了技术转让合同。

8.3.2.3　鲁奇甲烷化工艺技术

鲁奇甲烷化技术首先由鲁奇公司、南非 SASOL 公司在 20 世纪 70 年代开始在两个半工业化实验厂进行试验，证明了煤气进行甲烷化可制取合格的天然气，其中 CO 转化率可达 100%，CO_2 转化率可达 98%，产品甲烷含量可达 95%，产品甲烷的低热值达 $8500 \, kcal/m^3$，完全满足生产天然气的需求。

从工艺流程来看，鲁奇的甲烷化工艺与英国戴维工艺流程几乎一样。鲁奇甲烷化工艺采用三个固定床反应器，前两个反应器为高温反应器，采用串并联型式，CO 转化为 CH_4 的反应主要在这两个反应器内进行。第三个反应器为低温反应器，用来将前两个反应器未反应的 CO 转化为 CH_4，使合成天然气的甲烷含量达到需要的水平，称为补充甲烷化反应器，如图 8-8 所示。鲁奇公司现在可以根据客户的需求提供副产过热高压水蒸气和中压饱和水蒸气两种甲烷化工艺技术。

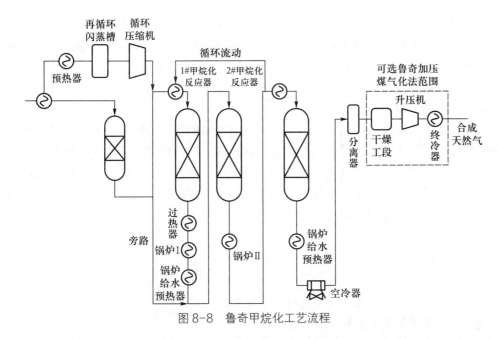

图 8-8 鲁奇甲烷化工艺流程

鲁奇公司自己不生产甲烷化催化剂，其甲烷化催化剂由巴斯夫和鲁奇共同提供，且要求第一炉催化剂必须安装巴斯夫催化剂。美国大平原煤气化制合成天然气厂使用的是鲁奇公司的工艺技术，但催化剂使用的英国戴维公司 CRG 甲烷化催化剂，这也是为什么英国戴维公司的甲烷化工艺流程与鲁奇公司的甲烷化流程相似的主要原因。

8.4 煤制天然气的优势

煤制天然气作为液化石油气和天然气的替代和补充，既实现了清洁能源生产的新途径，优化了煤炭深加工产业结构，丰富了煤化工产品链，又具有能源利用率高的特点，符合国内外煤炭加工利用的发展方向，对于缓解国内石油、天然气短缺，保障我国能源安全具有重要意义。

目前国内将煤炭转化为能源产品的方式有发电、煤制油、煤制甲醇和二甲醚、煤制天然气等。由于甲烷化装置副产大量的高压蒸汽，这些蒸汽用于驱动空分透平，减少了锅炉和燃料煤的使用量。在甲烷化装置部分，几乎 84% 的废热以高压蒸汽的形式得到回收，而仅有 16% 的废热要用其他方式冷却，整个系统热量回收效率非常高。煤制油的能量效率为 46.9%~48.6%，煤制甲醇的能量效率为 28.4%~50.4%，煤发电的能量效率为 40%~45%，而煤制天然气的能量效率高达 53 %。因此，煤制甲烷的能量效率最高，是有效的煤炭利用方式，也是煤制能源产品的优化方式。

从产品的单位热值耗水量来看，煤制甲醇的耗水量约为 0.78 t/GJ，煤制二甲醚的耗水量为 0.77 t/GJ，煤制油的耗水量为 0.38 t/GJ，而煤制天然的耗水量仅为

0.18～0.23 t/GJ。煤制天然的耗水量是最低的，是较为节水的能源产品，这对于富煤缺水的西部地区发展煤化工产业意义重大。煤制甲烷可以大规模管道输送，具备节能、环保和安全的优点，输送费用低。而甲醇、二甲醚（加压液化）、油品都是易燃、易爆的液体产品，运输难度大、费用高，运输安全性差。因此，从产品输送方面来看，煤制甲烷更具优势。

近年来，国际能源市场动荡不安，但随着经济的增长我国对天然气的需求量也在不断加大。因为进口液化天然气需要远程运输，所以中国的天然气价格都不会太便宜。如果，国内的煤炭企业审时度势，适时延长自己的产业链，将煤炭就地转化为高附加值的天然气产品，不仅可以为企业赢得可观的经济利润，同时也可为我国的能源安全做出一定的贡献。

思考题

1. 简述煤直接甲烷化制天然气的化学原理。
2. 简述煤间接甲烷化制天然气的化学原理。
3. 简述煤直接甲烷化制天然气的工艺流程。
4. 简述煤间接甲烷化制天然气的工艺流程。
5. 简述煤间接甲烷化制天然气的关键技术因素。
6. 简述煤直接、间接甲烷化的催化剂组成及活性物种。
7. 简述巨点能源一步法煤制天然气的工艺流程。
8. 简述托普索甲烷化工艺流程。

第 9 章
煤制乙二醇

乙二醇（ethylene glycol，简作 EG），又名甘醇、亚乙基二醇，分子式 $(CH_2OH)_2$，是一种非常重要的基础化工原料。乙二醇的产业链如图 9-1 所示，其主要用途是生产聚酯树脂、防冻剂和表面活性剂等。随着聚酯产业和汽车工业的迅猛发展，带动了乙二醇需求的大幅攀升。目前全球有多种工艺生产乙二醇，按照原料来源可以分为两大类：乙烯为原料制乙二醇和以煤基合成气为原料制乙二醇。前者根据乙烯来源的不同又可以分为石脑油裂解制乙烯、乙烷裂解制乙烯（油田伴生气、页岩气）和煤制甲醇制乙烯；而后者煤基合成气法又可分为直接合成法和经过草酸酯生产乙二醇的间接法。

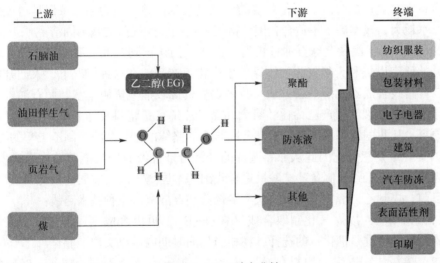

图 9-1　乙二醇产业链

近年来，我国乙二醇消费量整体呈上升趋势，行业出口量极小，以中国为首的亚洲地区对乙二醇的需求增长尤其迅猛。目前我国乙二醇主要消费领域为聚酯材料，2018 年占比 90.8%，其次为防冻液。根据数据显示，2010 年，我国乙二醇表观消费量为 918.4 万吨，进口占比 72.83%，2017 年乙二醇表观消费量上升到 1487.9 万吨，进口占比 58.81%；2018 年表观消费量持续上升到 1697.5 万吨，进口占比 57.73%。由此可见，我国乙二醇表观消费量呈现逐年增长的态势，但对外贸易依存度却逐年缓慢降低。预测到 2022 年，我国乙二醇的需求量将达到 1800 万吨，国内乙二醇的供给量将达到 1100 万吨。由于我国对乙二醇的绝对需求量很大，对外依贸易依存度较高，因此新技术的开发应用具有很好的市场前景。

但是，我们也应该清醒地认识到，我国聚酯产能经过前几年的过度发展，面临产能相对过剩的局面，装置的开工率逐年下降，一些小聚酯企业逐步退出竞争。另外，近几年，由于受到人民币升值，出口退税的调整以及全球金融危机等的影响，我国纺织品的出口量减少，对乙二醇等原料的需求量也相应减少。此外，我国纺织行业还同时面临劳动力成本、生产原料成本、能源成本上升，环境资源约束等的影响，未来一段时间内发展速度将会放缓，由此将会导致对乙二醇需求量的减少。但是，随着我国汽车工业的发展和汽车保有量的迅速增加，乙二醇在防冻液上的应用量将会有所增长。总之，今后几年，我国乙二醇的需求仍将会有所增长，但增长的幅度将有所放缓。

9.1　煤制乙二醇化学原理及基本工艺流程

目前，在全球范围内主要是通过石化路线生产乙二醇。石化路线生产乙二醇基本上是以乙烯为原料，在贵金属银催化剂作用下，乙烯氧化制环氧乙烷，通过环氧乙烷直接水合生产乙二醇。石化路线的优点是技术成熟，应用面广，但是过度依赖石油，水耗大，成本高，不适合我国"富煤、贫油、少气"的基本国情。

20世纪70年代受全球石油危机的冲击，人们认识到石油资源的有限性，各国纷纷开始研究以煤和天然气为初级原料生产化工产品，在这种情况下，人们开始探索"C_1"路线合成乙二醇的新方法。我国煤炭资源较油气资源丰富，而石油资源不足，原油较重，裂解生产乙烯耗油量大，而且乙烯又是塑料及许多重要石化产品的基本原料。从我国的基本国情出发，开辟非石油路线的"C_1"路线制乙二醇的方法，在我国具有重要意义。因此从原料选择的经济合理性及我国的能源结构组成考虑，采用煤"C_1"化工路线制备乙二醇最适合我国基本国情，因此发展前景光明。

目前，煤制乙二醇主要有直接法、烯烃法和草酸酯法三种技术路线：

（1）直接法：以煤气化制取合成气（$CO + H_2$），再由合成气一步直接合成乙二醇。此技术的关键是催化剂的选择，在相当长的时期内难以实现工业化。

（2）烯烃法：以煤为原料，通过气化、变换、净化后得到合成气，经甲醇合成，甲醇制烯烃（MTO）得到乙烯，再经乙烯环氧化、环氧乙烷水合及产品精制最终得到乙二醇。该过程将煤制烯烃与传统石油路线乙二醇相结合，技术较为成熟，但工艺路线较长，生产成本较高，竞争力较弱。

（3）草酸酯法：以煤为原料，通过气化、变换、净化及分离提纯后分别得到CO和H_2。其中CO通过催化偶联合成及精制生产草酸酯，再经与H_2进行加氢反应并通过精制后获得聚酯级乙二醇的过程。该工艺流程短，成本低，是目前国内受到关注度最高的煤制乙二醇技术，通常所说的"煤制乙二醇"就是特指该工艺。

三种技术路线对比如表9-1所示。本章主要介绍经草酸酯制取乙二醇的原理和基本工艺流程。

表 9-1 煤制乙二醇三条技术路线比较

技术路线	特点	工业化状况
煤制烯烃路线	合成气经甲醇生产乙烯，再通过乙烯生产乙二醇；技术比较成熟	在传统石油法基础上结合了煤制烯烃环节，成本较高
一步合成路线	合成气催化一步生产乙二醇；催化剂技术难关尚未突破	短期内难以实现工业化
草酸酯路线	合成气通过分离提纯得 CO 和 H_2，其中 CO 通过催化偶联合成草酸酯，草酸酯再加氢制得乙二醇；中国科学院福建物质结构研究所、丹化集团、日本宇部兴产等实现了技术突破	已实现工业化生产，正在大范围推广

9.1.1 煤制乙二醇的化学原理

从化学反应的角度来说，煤制乙二醇需经过三步反应：①煤气化反应；②CO催化氧化偶联合成草酸酯反应；③草酸酯催化加氢生成乙二醇反应。煤气化反应在前面章节已经做过详细介绍，此处就不再介绍，本小节主要介绍 CO 催化氧化偶联合成草酸酯反应和草酸酯催化加氢生成乙二醇反应。

1. 草酸二甲酯合成反应

CO 气相偶联合成草酸二甲酯（DMO）由两步化学反应组成。首先为 CO 在催化剂的作用下，与亚硝酸甲酯反应生成草酸二甲酯和一氧化氮，称为偶联反应。反应方程式如下：

$$2CO + 2CH_3ONO \rightleftharpoons (COOCH_3)_2 + 2NO \tag{9-1}$$

其次为偶联反应生成的 NO 与甲醇和 O_2 反应生成亚硝酸甲酯，称为再生反应，反应方程式如下：

$$4NO + 4CH_3OH + O_2 \rightleftharpoons 4CH_3ONO + 2H_2O \tag{9-2}$$

生成的亚硝酸甲酯返回偶联过程循环使用。总反应式为

$$4CO + O_2 + 4CH_3OH \rightleftharpoons 2(COOCH_3)_2 + 2H_2O \tag{9-3}$$

2. 草酸二甲酯加氢制取乙二醇反应

草酸二甲酯加氢是一个串联反应，首先草酸二甲酯（DMO）加氢生成中间产物乙醇酸甲酯（MG），乙醇酸甲酯再加氢生成乙二醇和甲醇，生成的甲醇循环利用，返回第一步生成亚硝酸甲酯，总反应方程式如下：

$$(COOCH_3)_2 + 4H_2 \rightleftharpoons (CH_2OH)_2 + 2CH_3OH \tag{9-4}$$

从以上化学反应方程式可以看出，合成乙二醇的原料为 CO、H_2 和 O_2，NO 和 CH_3OH 作为中间体循环使用。在实际生产过程中采用工业一氧化碳、工业氢气、工业氧气和工业醇类作为原料制备乙二醇，因为生产过程中会不可避免地损失一部分 NO 和 CH_3OH，所以在实际的生产过程中需要补充一部分工业 NO 和 CH_3OH。将工业过程中涉及的过程和化学反应总结如下：

①氨氧化制备 NO 和合成气的制备：

$$4NH_3 + 5O_2 \rightleftharpoons 4NO + 6H_2O \qquad\qquad (9-5)$$
$$C + H_2O \rightleftharpoons CO + H_2 \qquad\qquad (9-6)$$

② 羰基合成反应和 NO 循环利用的氧化酯化反应：

$$2CO + 2RONO \rightleftharpoons (COOR)_2 + 2NO \qquad\qquad (9-7)$$
$$4NO + O_2 \rightleftharpoons 2N_2O_3 \qquad\qquad (9-8)$$
$$N_2O_3 + 2ROH \rightleftharpoons 2RONO + H_2O \qquad\qquad (9-9)$$

③ CO 催化偶联合成草酸酯的总反应：

$$4CO + 4ROH + O_2 \rightleftharpoons 2(COOR)_2 + 2H_2O \qquad\qquad (9-10)$$

④ 草酸酯加氢制乙二醇：

$$(COOR)_2 + 4H_2 \rightleftharpoons (CH_2OH)_2 + 2ROH \qquad\qquad (9-11)$$

⑤ 煤制乙二醇的总反应式：

$$4C + 4H_2 + 2H_2O + O_2 \rightleftharpoons 2(CH_2OH)_2 \qquad\qquad (9-12)$$

9.1.2 煤制乙二醇的基本工艺流程

煤制乙二醇的基本工艺流程如图 9-2 所示。一定量液氨经换热汽化后与压缩空气混合进入氨氧化炉，在催化剂的作用下 800℃左右反应得到氮氧化物。氮氧化物与氧气、甲醇反应得到亚硝酸甲酯。反应尾气经冷却及甲醇吸收后，送入加氢单元加热炉作燃料。

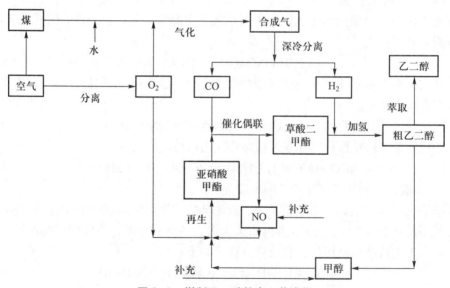

图 9-2 煤制乙二醇基本工艺流程

从煤制合成气装置来的一氧化碳与空分装置来的氧气，经计量配比后一起通过管道送入由热水保温的脱氢反应器，原料一氧化碳中少量氢气与氧气反应生成水，送冷却器冷凝后经气液分离器排出。脱氢后的 CO 气体进入分子筛干燥塔，除去气体中微量的水分后送入羰化单元。

干燥合格的 CO 气体由管道送入反应预热器，预热到 140℃后进入羰化反应器，与酯化单元管道送来的亚硝酸甲酯在 0.5 MPa 的压力下反应生成草酸二甲酯和一氧化氮。羰化反应物经气液分离后，反应气相产物 NO 由管道送入酯化单元循环使用；反应液相产物进入草酸二甲酯/碳酸二甲酯分馏塔系统，碳酸二甲酯等副反应产物酯类从系统采出；净化提纯后的草酸二甲酯进入草酸二甲酯加氢单元。

将羰化工序来的草酸二甲酯用泵送入加热炉，并通入从煤制合成气装置来的新鲜氢气及循环氢气混合气，一起经加热炉加热至 210℃后去加氢反应器进行加氢反应，生成乙二醇及甲醇。反应产物经气液分离后，反应液相产物经泵送入脱醇塔回收甲醇，返回到酯化单元循环利用；回收甲醇后的物料再经泵进入脱酯塔，先后分离出混合醇酯、混合二元醇等副反应产物；最后经精馏塔精馏得到产品乙二醇。反应气相产物大部分循环利用；少量不凝气送入系统加热炉作燃料使用。

9.2　煤制乙二醇工艺的关键因素

9.2.1　催化剂

由上一章节的论述可知，煤制乙二醇主要包括草酸酯的合成和草酸酯的加氢两个反应。CO 催化氧化偶联反应制草酸酯是煤制乙二醇技术路线中实现 C 原子转化的核心步骤，其关键技术就是制备高效的草酸酯合成催化剂。草酸酯催化加氢催化剂是制备乙二醇的另一关键核心技术，需要克服催化剂的稳定性差、乙二醇选择性低以及产品存在较多杂质等问题。

9.2.1.1　草酸酯合成催化剂

草酸酯法是目前唯一工业化的合成气制取乙二醇的工艺。其主要原料为 NO、CO、H_2、O_2 和低碳醇类等。反应原理是 NO 与 O_2、低脂肪醇反应生成亚硝酸酯（再生）；在金属 Pd 催化剂作用下 CO 与亚硝酸酯氧化偶联得到草酸二酯；草酸二酯再在铜催化剂存在下加氢制取乙二醇。

20 世纪 60 年代，美国联合石油公司首次提出了采用 $PdCl_2$-$CuCl_2$ 催化剂的液相合成草酸酯法，反应温度 125℃、反应压力 7 MPa。这种由醇类与 CO 直接耦合的方法收率低，含氯催化剂对设备腐蚀严重。

20 世纪 80 年代以来，国内外陆续报道了草酸酯合成的新技术。最大的突破是通过引入亚硝酸酯，使草酸二酯的合成反应由液相变为气相，反应条件变得温和。研究人员对一氧化碳气相氧化偶联合成草酸二甲酯过程中引入亚硝酸酯的效果进行了研究。结果表明，采用 2%Pd/SiO_2 催化剂，反应压力为常压、反应温度 170℃左右、接触时间 1～4 s 的条件下，引入含有 1～3 个碳原子的亚硝酸酯进行气相反应，得到的草酸二酯时空收率较高，达到 200～400 g/(L·h)。

20 世纪 80 年代初期，国内开始了 CO 催化合成草酸酯的研究。国内的天津大学、华东理工大学、南开大学和中国科学院福建物质结构研究所对该方法进行了深入研究，并开发出相应催化剂和制备工艺，拥有完全的自主知识产权和专利技术，其中中国科学院福建物质结构研究所研究开发了两代草酸酯合成催化剂。第一代传统颗粒型氧化铝负载的钯系催化剂（工业使用催化剂），钯负载量为 0.6%（质量分数）左右，草酸酯选择性高达 98.5%，催化剂时空收率大于 700 g/(L·h^{-1})，寿命超过 2 年；第二代新型钯系催化剂，在保证催化剂性能的同时，钯负载量仅为 0.15%（质量分数），催化剂床层阻力大幅降低。

目前，一氧化碳气相氧化偶联合成草酸二酯的研究以 Al_2O_3 负载钯系双金属催化剂进行气相催化反应为主，液相反应由于腐蚀性强及产物分离困难现已基本淘汰。

9.2.1.2 草酸酯加氢催化剂

草酸酯催化加氢合成乙二醇的工艺可分为以钌等贵金属羰基配合物催化剂为主的液相均相加氢法和以负载型铜基催化剂为主的非均相气相加氢两种。国外在液相均相加氢方面的研究报导较多，虽然均相加氢催化剂的催化性能显著，但它一般采用价格高、制备难、寿命短的贵金属有机化合物为原料，且均相液相加氢需在高压下进行，同时反应产物和催化剂不易分离回收，上述缺点较大程度地限制了其工业化应用。研究者更倾向于采用铜负载型催化剂进行气相催化加氢。

国内对草酸二酯加氢合成乙二醇反应研究较多的单位主要有天津大学、中国科学院福建物质结构研究所和华东理工大学等。研究重点是以草酸二乙酯或草酸二甲酯为反应原料，采用 Cu/SiO_2 催化体系，进行气相非均相加氢合成乙二醇。

草酸酯加氢生成乙二醇反应主要由几个串联反应组成，产物中除了乙二醇外，还会存在中间产物乙醇酸酯和深度加氢产物乙醇等。以草酸二甲酯（DMO）加氢为例，其反应网络主要包括如下 3 个反应：

$$CH_3OOCCOOCH_3 + 2H_2 \rightleftharpoons CH_3OOCCH_2OH + CH_3OH \qquad (9-13)$$

$$CH_3OOCCH_2OH + 2H_2 \rightleftharpoons HOCH_2CH_2OH + CH_3OH \qquad (9-14)$$

$$HOCH_2CH_2OH + H_2 \rightleftharpoons C_2H_5OH + H_2O \qquad (9-15)$$

相对于均相加氢催化剂，非均相加氢催化剂则具有制备方法简单、反应条件温和以及催化剂易分离等优点。这也是近年来草酸二甲酯加氢制乙二醇反应催化剂的研究重点逐渐从均相催化剂转移到非均相催化剂的一个重要原因。在非均相催化剂中，由于 Cu 基催化剂活性高，廉价易得，且制备简单，受到研究者越来越多的重视。但 Cu 基催化剂存在抗中毒性能较弱、易发生烧结和生成高聚物等缺点。针对上述问题，国内外许多科研机构和学者对催化剂制备方法、载体选择和助剂改性等进行研究，以达到提高催化剂稳定性和选择性的目的。

1978 年，美国 ARCO 公司报道了一种由草酸酯经气相催化加氢制备乙二醇的工艺，反应中使用铜铬催化剂，反应条件为：氢酯物质的量比 4～30，压力 1～3 MPa，反应温度 200～230℃。由于铬催化剂有毒，对环境有污染，后来致力于开发环保型无铬系的铜催化剂，如日本宇部公司开发的铜钼钡及硅胶负载铜催化剂。目前，草酸酯加氢主要采用铜硅催化剂，为了增加铜的分散度，科研工作者大多以硅溶胶为硅源采用硅溶胶铜氨络合物蒸氨沉淀沉积法制备此类催化剂，反应时原料和产物都以气体形态通过固态的铜基催化剂，避免了反应后分离催化剂的步骤，从而简化了催化剂制备工艺。

中国科学院福建物质结构研究所经过三十多年坚持不懈的努力成功开发出了高活性、高选择性、高稳定性的 Cu/SiO_2 草酸酯加氢催化剂。草酸酯加氢工业催化剂，经过 4700 h 的寿命评价，草酸酯转化率接近 100%，乙二醇选择性大于 95%，时空收率大于 300 g/(L·h)，起始温度 185℃，平均升温频率在 1.5℃/月，最高反应温度可达 245℃，预计寿命超过 1 年半。上述催化剂已经成功实现工程放大制备及生产，拥有百吨级催化剂生产线 1 条。

9.2.2 工业CO深度脱氢净化关键技术

自 20 世纪 70 年代全球石油危机以来，国内外许多科技工作者开始重视 C_1 化工项目研究。中国科学院福建物质结构研究所从 1978 年开展调研，经过四年的潜心钻研，对多种 C_1 化学路线认真分析比较后，选择了合成乙二醇路线；又对多种合成乙二醇的 C_1 化学路线进行比较后，选择了草酸酯法。中国科学院福建物质结构研究所于 1982 年底开始进行 CO 气相催化偶联合成草酸酯和草酸酯加氢课题的研究。

长期以来，国内外研究单位都以纯 CO 为原料进行 CO 气相催化偶联合成草酸酯实验研究，而工业上由合成气变压吸附制得的 CO 原料气体都含有少量 H_2，其已成为 CO 偶联合成草酸酯技术工业化的最大障碍之一。为了使研究结果更能符合工厂的实际需要，从 1985 年起中国科学院福建物质结构研究所全部采用工业原料进行研究和开发。但直接用工业原料需要解决的问题很多，而且当时对能否取得中试成功看法不一。大多数专家和企业担心用工业原料难以成功，因此用工业原料开展煤制乙二醇的研究和开发道路十分艰难、坎坷和曲折。虽然充满艰辛，但是科学家一直没有放弃，经过 20 多年长期艰苦努力，中国科学院福建物质结构研究所终于成功研究开发出独有的 CO 深度脱氢净化催化剂和工艺技术。

中国科学院福建物质结构研究所研制出的高浓度 CO 气体脱氢净化催化剂，可使 $\varphi_{CO}=35\% \sim 98\%$、$\varphi_{H_2}=0.3\% \sim 10\%$ 的工业气体，经脱氢净化后，达到 $\varphi_{H_2} \leqslant 1 \times 10^{-4}$，$\varphi_{O_2} \leqslant 1 \times 10^{-3}$，选择性 $\geqslant 98\%$。这项技术填补了国内外在该领域的空白，使含氢的高浓度 CO 气体可以直接作为合成草酸酯的反应原料，成为煤制乙二醇技术实现工业化的重要突破口。

9.2.3 产品分离技术

9.2.3.1 DMC-MeOH 分离技术

亚硝酸甲酯经过气相偶联，主产物为草酸二甲酯，副产物为碳酸二甲酯：

主反应：$\qquad 2CH_3ONO + 2CO \Longrightarrow (COOCH_3)_2 + 2NO \qquad$ （9-16）

副反应：$\qquad 2CH_3ONO + 2CO \Longrightarrow CO(OCH_3)_2 + 2NO \qquad$ （9-17）

在实际生产过程中，CO 在发生羰基化反应时产生副产物碳酸二甲酯（DMC），而碳酸二甲酯则会与甲醇产生二元共沸物。碳酸二甲酯的沸点为 901℃，甲醇沸点为 64.71℃，碳酸二甲酯与甲醇的共沸点为 641℃。二元共沸物的存在，使得 DMC 与甲醇无法通过常规技术分离。在甲醇循环使用过程中，使得 DMC 在系统中的含量持续积累，极大地影响了煤制乙二醇工艺酯化反应的进行。一般在工艺酯化塔的液相中包含有 50% 甲醇、20%DMC、15% 水、甲酸甲酯和甲缩醛共计 5%、2% 硝酸。如果合成系统液相组分 DMC 的含量逐步累积，则会导致酯化塔中甲醇的比例过低，从而可能引起酯化系统反应不完全，过氧进入羰化反应器发生闪爆事故；另外酯化塔液相甲醇组分太低，甲醇气化吸收热量太少，酯化塔内氧气参与反应产生大量的热量带不走，发生酯化塔飞温。因此，煤制乙二醇生产要实现"安、稳、长、满、优"的运行目标，没有 DMC 的分离工艺在当前生产环境下是难以实现的。

产物经过精馏塔分离后，塔底得到碳酸二甲酯和甲醇的混合溶液。副产物碳酸二甲酯和甲醇需要进行分离，一方面甲醇可以回收用于吸收洗涤过程，另一方面分离得到的碳酸二甲酯可以作为产品出售带来附加经济效益。由于在常压下甲醇和碳酸二甲酯形成二元共沸物，通过常压精馏从塔顶得到的是 MeOH-DMC 的二元共沸物，该共沸物中含有大量 DMC，它们的分离不是常规方法所能实现的。如果通过置换甲醇的方法降低系统中 DMC 的含量，会导致生产成本过高，目前研究用于分离碳酸二甲酯和甲醇的特殊方法主要有共沸精馏、萃取精馏和变压精馏三种。

共沸精馏分离碳酸二甲酯与甲醇的原理是通过加入非极性溶剂使其与甲醇形成沸点更低的共沸物，这样可以分离出碳酸二甲酯，然后再利用甲醇与溶剂极性不同的特性分离甲醇和溶剂，该流程的关键是选择合适的共沸剂。用于 MeOH-DMC 物系分离的溶剂大多采用烃类，以正己烷、环己烷、正庚烷、异辛烷应用最多，这类溶剂仅与甲醇形成共沸，因而可以得到较高的碳酸二甲酯收率。

萃取精馏的原理是通过向体系中加入高沸点溶剂改变原组分之间的相对挥发度以实现组分分离。这种既加入能量分离剂又加入质量分离剂的特殊精馏常被用于分离相对挥发度相近或形成共沸物的系统。萃取精馏过程是 DMC 与 MeOH 的共沸物和萃取剂共同进入到萃取精馏塔，塔顶得到高纯度的 MeOH，而塔底得到 DMC 与萃取剂的混合物。塔底混合物进入到溶剂回收塔，通过简单精馏分离 DMC 与萃取剂，分离后的萃取剂则循环利用。

变压精馏分离法利用 MeOH-DMC 体系对拉乌尔定律产生正偏差的特点，提高压力可以打破常压下 MeOH-DMC 形成的二元共沸点，改变共沸物组成。在高压条件下，塔顶可以得到以 MeOH 为主的共沸物，塔底得到高纯度的 DMC。塔底 DMC 产物中所含的少量 MeOH，可以通过常压精馏进一步提纯得到纯的 DMC。加压分离法避免了萃取剂的回收，具有工艺流程短、设备投资少、操作方便等特点。

在实际生产过程中，根据整厂工艺流程，从能耗、流程复杂程度、产品纯度等方面要求选择合适的 DMC-MeOH 分离技术。

9.2.3.2　乙二醇分离与精制

在化工工艺中，聚合是一个高难度工艺，对于操作条件的要求比较严格，特别是对原料的纯度要求非常苛刻。聚合过程是游离基不断增长的过程，对于能够产生游离基的杂质，特别是含氧、含硫和含氮的有机化合物，必须严格控制其含量，控

制在 1×10^{-6} 级甚至在 1×10^{-9} 级。稍有不慎，杂质含量高了，产生新的游离基会阻断聚合链，从而产生一些低分子化合物，使聚合物相对分子质量达不到要求，从而影响聚合物多方面的性能。

乙二醇下游企业习惯使用石油路径产品，而对煤制乙二醇产品质量颇有微词。主要是由于石油路径这个工艺在国内外运行多年，过程中产生的杂质比较少，分离杂质的工艺比较成熟，产品能够满足聚酯聚合要求；而煤制乙二醇分离工艺没有过关，致使产品杂质影响聚合物的性能，所以聚酯企业才会有这一担忧。乙二醇工艺包括乙二醇的合成和分离两大部分，当初的科研比较重视合成，忽视分离。在建立示范项目的时候，由于科研的深度不够，没有去做严格的聚合试验，致使分离工艺不够完善。虽然产品符合现在的工业乙二醇标准，但没有达到聚合乙二醇的要求。

CO 气相氧化偶联法制备乙二醇的工艺在节约石油资源的同时，也引入了石油合成工艺没有的杂质，其中低级羧酸及其他醇酯类杂质明显增多，特别是 1,2-丁二醇的引入，由于 1,2-丁二醇与乙二醇的沸点比较接近，易形成共沸，分离的难度和能耗都有增加。

如何分离乙二醇产物中的杂质，特别是 1,2-丁二醇，最终得到合格的乙二醇产品，与此同时又要保证分离流程的简单有效性和能耗合理性，这成为乙二醇精制分离研究的重点。根据加氢程度，煤制乙二醇路线中的草酸酯加氢工艺可分为不完全加氢和过度加氢两种情况。当不完全加氢时，反应生成中间产物乙醇酸甲酯，而不生成 1,2-丙二醇（1,2-PG）以及 1,2-丁二醇（1,2-BD）等副产物。因此，分离方案相对简单，一般需要三塔直接串联，或侧线采出乙醇酸。当体系完全加氢生成 1,2-PG 以及 1,2-BD 等副产物，其中乙二醇与 1,2-PG 的沸点相近，采用常规精馏方法难以分离。而乙二醇与 1,2-BD 形成最低共沸物，导致体系分离困难。

目前煤制乙二醇存在的乙二醇分离与精制问题，表面上看是化工工艺问题，实际上是化学问题，是分析化学、有机化学和物理化学的问题。科研人员需要研究乙二醇粗产品中有哪些杂质分子，杂质分子的物理化学性质，杂质分子对分离过程的影响及它们对下游聚合过程的影响有多大。要解决这些问题，单凭自身力量困难较大，需要产业界联合科研人员共同努力。

9.3 国内外典型的生产乙二醇工艺技术

乙二醇的生产工艺根据原料不同，分为石油路线和煤基路线两种。目前工业化的石油路线，大都是通过乙烯合成环氧乙烷，再水合生产乙二醇。有竞争力的路线主要有：中东石油伴生气的乙烷制乙烯、北美页岩气的乙烷制乙烯、东北亚地区石脑油裂解制乙烯。煤基路线则以廉价的褐煤为原料，经气化生产合成气，以 C_1 化学为基础开辟出的一条全新的乙二醇生产工艺。

9.3.1 传统石油路线生产乙二醇工艺技术

传统的石油路线生产乙二醇以乙烯为原料，分两步：第一步是乙烯氧化制环氧乙烷，第二步是环氧乙烷水合生成乙二醇，目前该路线的主要技术被美国科学设计公司（SD）、英荷壳牌公司（Shell）和美国联碳公司（UCC，后被美国 Dow 公司收购）所垄断。其专利技术主要区别体现在催化剂、反应和吸收工艺以及一些技术细节中。而工业生产乙烯的原料主要包括石脑油、乙烷、丙烷、LPG、柴油等，目前美国和中东的乙烯生产主要以天然气中的乙烷、丙烷等轻质原料为主，中国的乙烯工业主要以液态石脑油等重质原料为主，从乙烯来源的经济性考虑，轻质原料的乙烯收率更高。

石脑油乙烯制环氧乙烷再制乙二醇路线工业化应用最广，该法工艺流程长、水耗高，乙烯氧化制环氧乙烷的选择性较低，环氧乙烷水合副产物较多，分离精制工艺复杂，能耗大，该工艺路线完全依赖于石油，竞争性随原油价格涨跌而波动。

乙烷、乙烯制环氧乙烷再制乙二醇路线成本竞争力较强，该工艺先采用乙烷裂解生产乙烯，再通过环氧乙烷水合生产乙二醇，这是北美及中东地区生产乙二醇的主要方法。依赖廉价的原料乙烷，该路线具有较强的成本竞争力，主要面向中国等亚洲市场出口。

综合来看，以石脑油生产乙二醇路线技术最为成熟，应用最广，但缺点也十分明显，非常依赖石油资源，并不符合我国"缺油、少气、多煤"的资源现状。传统石油为原料生产乙二醇的工艺路线如图 9-3 所示。依据环氧乙烷生产乙二醇的工艺路线不同，又可分为如下三类：

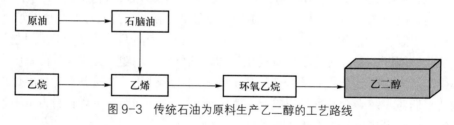

图 9-3　传统石油为原料生产乙二醇的工艺路线

1. 环氧乙烷直接水合法

环氧乙烷直接水合法的目标产物乙二醇的选择性在 88%～99%。尽管乙二醇的选择性很高，但是由于反应物中配入了大量的水，产物中乙二醇的质量分数也只有 10% 左右，这给产物的分离带来了困难。为了分离产品，需要经过多个蒸发器脱水，分离的流程不仅长，而且水的蒸发能耗高，导致此工艺乙二醇的生产成本较高。

2. 环氧乙烷催化水合法

针对环氧乙烷直接水合生产乙二醇分离流程长、能耗高等缺点，科研人员进行了大量研究，他们发现在催化剂的作用下，上述问题可以在一定程度上得到解决，并称之为环氧乙烷催化水合法生产乙二醇工艺。催化水合法即在反应中引入催化剂，目的在于降低水合反应过程中水的用量，同时保证乙二醇的高选择性。

当前研究用于环氧乙烷催化水合工艺的催化剂主要有均相催化剂和非均相催化剂两大类，其中以 Shell 公司的非均相催化水合法和 UCC 公司的均相催化水合法比较有代表性。尽管许多公司在环氧乙烷催化水合生产乙二醇技术方面做了大量的工作，大大降低了水合配比，提高了环氧乙烷的转化率和乙二醇的选择性，但在催化剂制备、再生和寿命方面还存在一定的问题，如催化剂稳定性不够，制备过程复杂，难以回收利用，有的还会在产品中残留一定量的金属，需要增加相应的设备进行分离，因而采用该方法进行大规模工业化生产还有待时日。表 9-2 所示为国外几大公司有关环氧乙烷催化水合法制乙二醇的技术指标。

表 9-2　国外环氧乙烷催化水合法制乙二醇技术与效果

开发公司	反应类型	催化剂体系	水与环氧乙烷物质的量之比	温度/℃	压力/MPa	转化率/%	选择性/%
壳牌	非均相	季铵盐重碳酸盐交换树脂	（1～6）:1	90～150	0.2～2	≥96	≥97
壳牌	非均相	聚有机硅烷铵盐	（1～15）:1	80～120	0.2～2	72	95
壳牌	非均相	负载于离子交换树脂上的多羧酸衍生物	（1～6）:1	90～150	0.2～2	≥97	≥94
联碳	非均相	混合金属结构的化合物	（5～7）:1	150	2	≥96	97
联碳	非均相	负载于离子交换树脂上的金属阴离子	（3～10）:1	60～90	1.6	≥96	≥97
陶氏化学	非均相	阴离子交换树脂和添加剂	（1～5）:1	30～150	0.1～10	≥72	≥98

3. 碳酸乙烯酯法

碳酸乙烯酯（EC）法合成乙二醇（EG）工艺基本原理是先由二氧化碳和环氧乙烷（EO）进行催化反应生成碳酸乙烯酯，然后碳酸乙烯酯再水解或醇解制得乙二醇。碳酸乙烯酯法也称为间接催化水合法。根据第二步反应的不同，即水解或醇解，又可以分为碳酸乙烯酯水解法或乙二醇与碳酸二甲酯联产法。

碳酸乙烯酯水解法制备乙二醇，其工艺路线基本原理是，二氧化碳和环氧乙烷先在催化剂的作用下生成碳酸乙烯酯，然后碳酸乙烯酯水解得到目标产物乙二醇。其主要的技术核心由美国 Halcon-SD、联碳、日本触媒等公司掌握。但由于碳酸乙烯酯水解制乙二醇需要大型的高压反应槽，且生产成本仍然较高，所以至今还没有实现工业化生产。

乙二醇和碳酸二甲酯联产法的工艺路线如下：首先是环氧乙烷和二氧化碳进行环加成得到碳酸乙烯酯，然后是碳酸乙烯酯与甲醇进行醇解反应得到乙二醇，同时副产碳酸二甲酯。两步反应都属于原子利用率 100% 的反应，其工艺特点在于碳酸二甲酯的选择性达到 99% 以上，乙二醇的选择性达到 97% 以上，但所使用催化剂为均相催化剂，难以回收，工业开发成本较高。综上所述乙烯路线工艺特点如表 9-3 所示。

表 9-3　乙烯路线工艺特点

项目 \ 工艺路线	环氧乙烷直接水解法	环氧乙烷催化水解法	碳酸乙烯酯水解法	乙二醇和碳酸二甲酯联产法
优点	① EG 选择性高 ② 转化率高	① EO 转化率高 ② EO 回收率高 ③ 能耗低	① EO 转化率高 ② 选择性高 ③ 生产中间产 EC ④ 综合利用 CO_2 资源	① 合利用 CO_2 资源 ② 高转化率 ③ 联产高附加值化工产品 ④ 原子利用率 100%
缺点	① 生产工艺流程长 ② 设备多 ③ 能耗高	① 催化剂稳定性差 ② 催化剂制备复杂 ③ 回收利用难 ④ 分离难	生产成本较高	催化剂难以回收
乙二醇粗产品含量 /%	>10	>40	>90	>90
EG 回收率 /%	>88	>99	>99	>99
反应压力 / MPa	1.1	2	2.25	6.18
反应温度 /℃	130～175	90～150	140～160	90

9.3.2　煤基路线生产乙二醇工艺技术

煤制乙二醇路线是以煤炭为原料，通过气化生成合成气后再制得乙二醇，主要的工艺技术路线有三种，如图 9-4 所示：

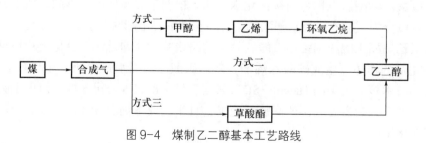

图 9-4　煤制乙二醇基本工艺路线

1. 一步法合成工艺

一步法合成工艺是以煤气化制取合成气 (CO + H$_2$)，再由合成气一步直接合成乙二醇，不需要中间体的转化，如图 9-5 所示。一步法合成工艺流程简捷，操作最为简单，经济上也最合理。此技术的关键是催化剂的选择，目前美国联碳和日本住友等公司在对此技术进行研发，但在相当长时间内难以实现工业化。

美国杜邦公司于 1947 年首次提出一步法合成乙二醇工艺，当时采用羰基钴为催化剂，反应在超高压（340 MPa）下进行，尽管反应条件苛刻，但是乙二醇的产率却很低。美国 UCC 公司采用三烷基膦和胺改性的铑作催化剂，并使用添加剂，结果显示其活性和选择性明显优于钴催化剂，但所需压力仍太高（56 MPa），催化剂选择性低的问题也没有根本解决。日本三井化学和佳友化学公司以 Ru-1- 烷基 -2- 取代苯并咪唑为催化剂，在四甘醇二甲醚溶剂中获得了较高的催化活性，乙二醇选择性达到 70%。

目前，合成气直接合成乙二醇仍处于研究阶段，主要原因是反应压力过高（＞50 MPa），CO 转化率较低，乙二醇选择性不理想，催化剂稳定性不够以及反应体系较复杂等问题，使得工业化难度较大。

2. 草酸酯工艺路线

草酸酯工艺路线是以煤为原料得到合成气以后，经分离提纯得到 CO 和 H$_2$，其中 CO 通过催化偶联合成草酸酯，再与 H$_2$ 进行加氢反应制得乙二醇，同时该法还可以得到其他具有经济价值的草酸、草酰胺、碳酸二甲酯等副产物。由草酸酯工艺路线生产乙二醇，主要由两部分构成：①草酸二甲酯合成和提纯；②乙二醇合成和精制。CO 催化偶联合成草酸酯再加氢生成乙二醇工艺具有原料来源丰富、成本低、无污染、反应条件温和、产品纯度高、生产连续化等优点，是洁净生产、环境友好的先进绿色化学工艺。此方法是利用醇类与 NO 及氧气反应生成亚硝酸酯，然后在钯（Pd）系催化剂上氧化偶联制得草酸二酯，再经在铜系催化剂上加氢制得乙二醇。该工艺技术是国内关注度最高的煤制乙二醇技术，通常所讲的煤制乙二醇技术即为此技术。合成气直接合成乙二醇工艺流程与经草酸酯合成乙二醇工艺流程对比如图 9-5 所示。

中国科学院福建物质结构研究所煤制乙二醇技术已经成功实现工业化，2007 年 8 月，通辽金煤 20 万吨 / 年煤制乙二醇工业装置开工建设，至 2009 年 11 月建设完成，并于 2009 年 12 月打通了全流程，试产出合格的乙二醇产品。

日本宇部兴产株式会社成功开发了 CO 高压液相催化法合成草酸二丁酯技术，并于 1978 年建成了 5000 t/a 高压液相合成草酸二丁酯的中试装置。其后，日本宇部兴产和美国 UCC 等公司相继成功开发了 CO 常压气相合成草酸二酯新工艺，完成了常压气相催化合成草酸二酯的模试和百吨级中试，但至今尚未大规模商业化。日本宇部技术虽然没有建成工业化装置，但采用宇部技术生产草酸二甲酯（生产乙二醇的第一步）的工业化装置已经在日本运行了约 10 年，积累了丰富的经验。宇部兴产在 20 世纪 80 年代还建成了草酸二甲酯加氢生产乙二醇的小规模实验装置。虽然由于后来石油危机减弱导致此技术没有得到实际应用，但日本宇部在此装置上完成

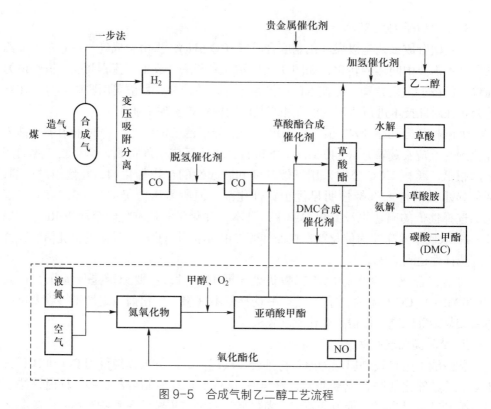

图 9-5　合成气制乙二醇工艺流程

了对催化剂的筛选，获得了高选择性、高活性和长寿命的催化剂。2009 年，东华工程科技联合日本高化学在国内建成了草酸二甲酯加氢生产乙二醇的千吨级工业化试验装置，采用日本宇部筛选的催化剂，高效地生产出国标优等品乙二醇，验证了宇部筛选的催化剂的性能，证明了此项技术的可靠性和先进性。

　　3. 煤制烯烃路线

　　通过煤制烯烃路线生产乙二醇的工艺流程如图 9-6 所示。该工艺是以煤为原料，通过气化、变换、净化后得到合成气经甲醇合成，甲醇制烯烃（MTO）得到乙烯，再经乙烯环氧化、环氧乙烷水合及产品精制最终得到乙二醇。该过程将煤制烯烃与传统石油路线生产乙二醇相结合，技术较为成熟，但是该工艺流程较长，中间环节较多，导致成本相对较高，与其他生产乙二醇的工艺相比竞争能力较弱。目前，据公开资料显示，只有宁波富德能源公司采用此工艺流程生产乙二醇。宁波富德能源有限公司外购 180 万吨 / 年甲醇制烯烃项目中，30 万吨乙烯即用于生产 50 万吨乙二醇，项目已于 2013 年成功投产。

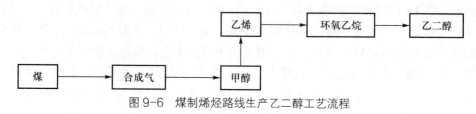

图 9-6　煤制烯烃路线生产乙二醇工艺流程

目前，环氧乙烷直接水合法是乙二醇的传统制备路线，但是该工艺所需水合比（水与环氧乙烷物质的量之比）高达（20～22）：1，产物中乙二醇浓度较低，造成生产工艺长、能耗高，增加了乙二醇的生产成本。环氧乙烷路线生产乙二醇需要消耗大量乙烯，而我国的乙烯则主要来源于轻石脑油的裂解。2020年，我国原油表观消费量达到7.4亿吨，其中进口量5.4亿吨，对外依存度高达73.6%，能源安全和形势不容乐观。由于此生产工艺的经济效益受石油价格的影响较大，在石油价格剧烈波动的现实情况下，寻找一条经济的乙二醇合成路线已经成为研究热点。

合成气经草酸酯化加氢后制乙二醇工艺符合我国"贫油、少气、多煤"的能源特点，与传统的石化路线相比，煤制乙二醇路线对工艺要求不高，反应条件相对温和，能耗相对较低，完全符合"既环境友好又综合利用，既低物耗又低能耗，既高效益又多联产"的现代 C_1 化工发展模式。因此，合成气经草酸酯化加氢后制乙二醇工艺代表着当代世界 C_1 化工的重要发展方向。

9.4 煤制乙二醇经济效益分析

9.4.1 石油制乙二醇路线成本

所有石油路线都会经过中间乙烯阶段，再由乙烯制得环氧乙烷，直接加压水合生产乙二醇，平均每生产1 t乙二醇需要0.65 t乙烯，乙二醇的成本差异主要是乙烯来源不同造成的。综合来看，石油路线生产乙二醇具有投资低、公用工程消耗少等优点，以年产40万吨的乙二醇装置为例，总投资约20亿元。该路线中乙二醇生产成本最高的是我国的石脑油路线，其次是北美页岩气路线，中东油田伴生气目前成本最低。

1. 石脑油制乙二醇成本：约为5600元/吨

我国乙二醇生产路线主要以石脑油裂解制乙烯为主，石脑油是炼油的主要产品之一，因此石脑油的价格与原油价格密切相关，石脑油制乙烯的成本主要取决于油价。根据权威机构测算，当WTI油价在55美元/桶左右时，我国东部地区以进口石脑油裂解生产乙烯的成本约为5500元/吨，综合考虑公用工程消耗和折旧等，乙二醇的生产成本约为5600元/吨。当WTI油价在40美元/桶时，乙烯的生产成本约为4800元/吨，对应我国东部地区乙二醇的生产成本约为5200元/吨。

2. 天然气制乙二醇成本：中东油田伴生气约4500元/吨、北美页岩气约4800元/吨

我国进口乙二醇主要来源于中东和北美，这两个地区70%的乙烯产量都以天然气作为原料。中东凭借廉价的油田伴生气中的乙烷、丙烷为原料生产乙烯，在国际市场上拥有极大的成本优势。但是近年来中东廉价乙烷等轻质原料日益短缺，中东各国新增乙烷配额又相当有限，因此乙烷的价格已经涨至约99美元/吨，乙烯的生产成本约为2400元/吨。即便如此，中东地区的乙二醇生产成本也是全球最低的，

包含折旧仅为 3600 元 / 吨左右。但是考虑到中东地区乙二醇终端产品运输到我国华东地区需要承担不菲的运费和关税，合计约 900 元 / 吨，综合考虑中东乙二醇的成本约为 4500 元 / 吨。

北美地区页岩气储量丰富，近年来受益于页岩气革命，天然气产量得到大幅提升，目前北美天然气的价格在 3.3 美元 /MMBtu 左右，对应乙烯的生产成本为 3300元 / 吨，测算得下游乙二醇的生产成本约为 4200 元 / 吨，算上运到华东地区的运费、关税（合计约 600 元 / 吨）等，北美乙二醇的综合成本约为 4800 元 / 吨，仅次于中东地区。

9.4.2　煤制乙二醇路线成本

由于我国特殊的"贫油、少气、富煤"资源特点，一方面使得我国通过石脑油制乙烯法再制乙二醇产能增幅有限，另一方面极大地促进了我国开发煤制乙二醇技术与项目的积极性。目前以煤为原料制合成气再生产乙二醇主要有两条工艺路线，一是以合成气制甲醇再制乙烯，通过乙烯法路线生产乙二醇；二是通过合成气分离提纯，将 CO 催化偶联合成草酸酯，再通过草酸酯加氢制得乙二醇，目前这两条工艺路线均已实现工业化生产。

1. 煤经甲醇制乙二醇成本：7400 元 / 吨

从投资门槛上看，国家发展改革委员会已明令禁止建设 50 万吨 / 年以下煤经甲醇制烯烃项目，而 50 万吨 / 年以上项目投资额巨大，典型的 180 万吨煤经甲醇制烯烃总投资额在 200 亿元左右。如果以外购甲醇为原料，投资门槛可以降低很多，若以外购甲醇 2300 元 / 吨测算，每 3 t 甲醇生产 1 t 乙烯，再通过乙烯法生产乙二醇，此工艺路线乙二醇的生产成本约为 7400 元 / 吨，远高于其他乙二醇生产路线，无任何成本优势。

2. 草酸酯路线制乙二醇成本：5200 元 / 吨左右

相比煤经甲醇制乙二醇，草酸酯路线的生产成本要低很多。一般年产 30 万吨的乙二醇项目投资额在 50 亿元左右，该路线每生产一吨乙二醇大概需要 6.7 t 煤（5~8 t，视煤质而定），煤炭可使用廉价的褐煤或长焰煤。我国乙二醇项目大部分集中在煤炭资源富集的西部地区，其中内蒙古、新疆、陕西合计占总产能的 53%，而我国乙二醇的主要消费市场却集中在华东、华南等地。综合考虑我国东、中、西部褐煤到厂价格和终端产品运送到华东地区的运费等因素，我们测算得西部地区乙二醇的生产成本最低，平均水平约为 5100 元 / 吨（包含到华东地区运费），其次中部地区的生产成本约为 5200 元 / 吨，较高的东部地区乙二醇成本约为 5400 元 / 吨。

煤制乙二醇成本位于中等，相比国内石脑油和甲醇制乙二醇具有成本优势。测算得国内西部煤制乙二醇的生产成本约为 5100 元 / 吨，要高于中东乙烷和北美页岩气路线，但煤制乙二醇在我国仍有广阔的发展空间，其原因在于我国国产乙二醇中以石脑油和甲醇为原料的路线长期占比超过 80%，煤制乙二醇相比石脑油和甲醇制乙二醇仍具有明显的成本优势。此外，5100 元 / 吨只是平均水平，配套煤炭资源、规模扩大、开车提升情况下煤制乙二醇成本仍有较大下降空间，如新疆天业集团以电石炉尾气为原料生产乙二醇，不需要昂贵的煤气化和空分装置，其乙二醇的生产成本较平均水平还能再降低 20% 左右。

9.4.3 煤制乙二醇发展前景

经过对行业的深入调研，根据已经形成的《煤制乙二醇市场研究报告》2017版，就目前来看，煤制乙二醇行业还面临着诸多的风险和挑战。以产能供应部分为例，这次调研统计了国内所有的乙二醇在产、在建和规划项目。

按照在建项目统计，到 2021 年我国乙二醇产能将达到 1759 万吨。包括公开资料显示处于规划状态的乙二醇产能 2236 万吨，按照全部投产计算，规模将达到近 4000 万吨。然而，我国乙二醇 2018 年表观消费量为 1697.5 万吨，进口占比 57.73%，预测到 2022 年，我国乙二醇的需求量将达到 1800 万吨，国内乙二醇的供给量将达到 1100 万吨，对外贸易依存度约 38.9%。因此，国内企业要冷静对待煤制乙二醇的行业发展，煤制乙二醇需要一定时间去克服工艺技术瓶颈、解决产品质量问题，更需要有序发展，避免行业过剩和激烈竞争。

―――――― **思考题** ――――――――――――――――――――――――

1. 按照原料来源，乙二醇的生产工艺有哪几种？
2. 简述煤制乙二醇的三种工艺技术路线。
3. 简述通过草酸二甲酯生产乙二醇的化学原理。
4. 简述通过草酸二甲酯生产乙二醇的基本工艺流程。
5. 简述煤制乙二醇工艺的关键技术因素。
6. 简述草酸酯合成催化剂及草酸酯加氢催化剂的发展过程。
7. 简述分离碳酸二甲酯和甲醇的方法及原理。
8. 简述如何精制、分离乙二醇。

第 10 章 | 煤基炭材料

　　由于我国"缺油、少气、多煤"的能源结构，使得煤炭在我国一次能源消费结构中占比较大。然而传统的煤炭利用方式造成了较为严重的环境污染。因此，煤炭工业必须转变经济增长方式，加快结构调整，走资源利用率高、安全有保障、经济效益好、环境污染少、全面协调和可持续发展的道路。高效合理地利用我国丰富的煤炭资源对于保障我国能源安全具有重要的现实意义。目前，煤炭作为原料在非能源利用的行业中所占比例还较小，非能源利用主要是应用于煤化工行业，包括煤焦化、煤气化和煤液化三条工艺路线，另一种煤炭的非能源利用是以煤为原料生产炭材料的炭材料工业。

　　炭材料以炭质固体为主要原料，辅以其他原料经过特定生产工艺制得以碳元素为主体构成的材料。炭材料的固体碳源主要有石油焦、沥青焦、冶金焦、煤炭、天然石墨、人造石墨、炭黑和生产返回料等。煤炭含碳量高，在自然界中储量丰富，价格低廉，因而以煤为主要原料制备的煤基炭材料已成为炭材料中的重要组成部分。

　　煤炭作为炭材料的原料具有以下优点：首先，在煤中碳是主要的成分；其次，煤种尤其是无烟煤，芳香成分占有较大的比例，而这些芳香结构或芳香分子可以在适当的条件下直接参与纳米炭材料的合成。与其他以脂肪化合物为主要成分的原料相比，煤的石墨化程度很高，是制备炭材料的理想原料。

　　煤基炭材料现已被广泛应用于化工、环保、冶金、机械、航空、航天和半导体等领域，产品种类多，性质各异。随着我国能源结构的不断调整，煤的非能源利用比例将会逐年上升，除了现在蓬勃发展的现代煤化工外，煤基炭材料产业将是我国煤炭高效清洁利用的另一重要领域。本章编者抛砖引玉，介绍几种广泛应用的煤基炭材料，希望对广大读者有所启发。

10.1　煤基活性炭

　　活性炭是通过对含碳物质进行加工制得的具有大比表面积、优良吸附性能和稳定物理化学性质的碳基多孔吸附材料，广泛应用于国防、航天、医药卫生、环境保护及人们日常生活等各个领域，特别是近年来随着工业生产的发展，活性炭在环境保护领域发挥着越来越重要的作用。

理论上，大部分含碳材料采用适当的生产工艺均可以生产活性炭，如木屑、果壳和石油焦等。虽然制备活性炭的原料来源广泛，但商业活性炭产品主要为煤基活性炭，这是由于煤炭资源相对丰富，来源稳定可靠，价格低廉，因此以煤作为原料生产活性炭的技术受到越来越广泛的重视，其他含碳材料制备的活性炭多见于实验研究及特殊用途。

煤基活性炭作为性能优异的多孔吸附材料，在气体分离精制、空气净化、有毒有害气体脱除等领域发挥了巨大的作用，但是国内外煤基活性炭使用量最大的领域是水的净化处理。目前，我国煤基活性炭产量约 8×10^5 t/a，占全球活性炭总产量的 2/3，而煤基活性炭中约 60% 用于水处理。

由于公众的环保意识越来越强，使得全球对活性炭的需求持续增长。2018 年全球活性炭需求量约 165.0 万吨，同比增长 6.7%，预计 2021 年全球活性炭需求量接近 210.0 万吨。2018 年中国活性炭产量约 67.0 万吨，其中煤质活性炭产量约 43.0 万吨，木质活性炭产量在 20.0 万吨以上，预计 2021 年我国活性炭产量接近 90.0 万吨。

中国活性炭生产企业众多，但年产能达到万吨规模的屈指可数。2018 年，中国木质活性炭领域的龙头企业是元力股份，市场占比在 20% 以上；煤质活性炭领域的领军企业为金鼎活性炭，市场份额在 15% 以上。

我国煤基活性炭工业生产起步于 20 世纪 50 年代，但初期发展较为缓慢，到 20 世纪 80 年代初全国年产量只有约 4000 t/a。改革开放以来，随着我国经济的不断发展和人民生活水平的逐步提高，国内活性炭需求量不断增长，出口量也逐年上升，煤基活性炭行业发展势头十分迅猛。然而，粗放的经济发展模式，导致了严重的环境污染。到目前为止，我国形成了独立、完整、初具规模的煤基活性炭工业体系，是全球最大的煤基活性炭生产国。同时，由于我国得天独厚的煤炭资源优势和产品价格优势，我国煤基活性炭产品在国际市场上的竞争力很强，是全球最大的煤基活性炭出口国。

可以用于生产煤基活性炭的原料煤很多，主要有无烟煤、长焰煤、弱黏煤、不黏煤、褐煤等，但不同的原料煤生产的活性炭产品性能差距很大。无烟煤、不黏煤和长焰煤是我国生产煤基活性炭的主要原料，而这几种煤主要分布在我国的山西和宁夏两省，因此在山西和宁夏形成了我国两个最大的煤基活性炭生产基地。

10.1.1 煤基活性炭的生产工艺

煤基活性炭的生产工艺过程主要包括：原料煤的预处理、炭化、活化及后处理工艺四个工艺步骤。原料煤的预处理通常又分为破碎、磨粉和成型三个工段。炭化和活化是各种煤基活性炭生产工艺中必须经过的两道工序，是生产中最重要的步骤。

炭化过程就是一个增碳的过程，是活化前的主要准备与基础。具体而言，炭化过程是把物料在隔绝空气的条件下逐步升温、加热，使物料在低温条件下进行干馏，以减少非碳元素，生产出适合活化工序所需要的具有初步发育的孔隙结构和较高机械强度的炭化料。目前，炭化过程控制理论已经发展得较为成熟，可以通过炭化升温速率及炭化终温控制活性炭石墨化程度。

活化是煤基活性炭生产过程中最关键的工序，直接影响到活性炭的性能、成本和质量，同时也是活性炭生产过程中操作复杂、投资较大的核心部位。根据活化工艺的不同，可将活性炭的生产方式分为化学法活化、物理法活化和物理化学法活化。

化学活化法首先是将原料与化学试剂混合，使原料充分浸渍化学试剂，然后再经炭化、活化以及回收化学药品等过程制造活性炭的方法。化学活化法的实质是化学试剂镶嵌入炭颗粒内部结构，通过化学活化剂与碳的活性中心相互作用，形成孔体系。常用的化学活化剂有 KOH、$ZnCl$、H_3PO_4 等化学药品。物理活化法的基本原理是采用水蒸气、CO_2、烟道气等气体在高温下与炭化材料中的碳接触发生弱氧化还原反应，生成 CO、CO_2、H_2 等气体的过程，通过碳的烧失达到开放原来的闭塞孔，同时扩大原有孔隙的目的。

相比于物理活化法，化学活化法制备的活性炭比表面积大，但是化学试剂对设备腐蚀较大，且活性炭产品中会残留一部分活化学药剂，需要用大量的水洗涤，使得生产成本大大增加并且会对环境造成严重的污染，这种活化方法已经被逐渐淘汰。目前，国内外煤基活性炭生产企业基本上采用物理活化法。

还有一种是将化学活化法和物理活化法相结合的活化方法，称为物理化学活化法，也称为催化活化法，是制备特殊孔隙分布活性炭材料的一种方法。其工艺流程是首先在原料煤中加入一定量催化剂，然后加工成型，再经过炭化和气体活化作用后制造出具有特殊性能的活性炭。催化活化的催化剂类型可分为两大类：

第一类：碱金属和碱土金属为主的金属氧化物、金属氢氧化物以及盐类（包括 NaO_2、KO_2、$CaCO_3$、CaO、K_2CO_3、Na_2CO_3 等）；

第二类：过渡金属（主要包括铁、镍、钴），一般认为适用于催化 $C-H_2O$ 反应的催化剂主要有 K、Na、Ca、Fe 和 Ni。

其他一些活化方法包括界面活化法、模板法、凝胶炭化法和表面改性法等。

10.1.1.1　原煤破碎活性炭生产工艺

原煤破碎活性炭生产工艺就是原煤经过破碎处理后直接通过炭化、活化、破碎、包装的一种工艺过程，该生产工艺流程如图 10-1 所示。此工艺流程简单、投资少、成本低，适合物理强度高、反应性强的原煤。生产的活性炭成品主要用于废水处理，部分大粒径活性炭产品也可用于食品工业的脱色、味精精制等。

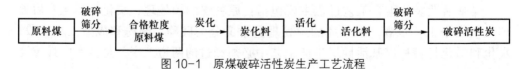

图 10-1　原煤破碎活性炭生产工艺流程

原煤破碎活性炭在 20 世纪八九十年代大同地区生产较为普遍，当时煤矿开采机械化程度较低，会生产出大量的块煤，块煤破碎成一定粒度后仍有较好的强度，可直接通过炭化、活化制成吸附性能较高的活性炭产品。该工艺适合具有较高物理强度和反应活性的原料煤（低变质程度的烟煤，如大同长焰煤等），原煤破碎活性炭的品质与原料煤息息相关。但是近些年来，随着大同地区煤矿开采机械化水平的提高和对小型煤矿落后产能的淘汰，块状原料煤的供应在逐年减少，因此采用原煤破碎生产活性炭的规模也大幅下降。

10.1.1.2 成型活性炭生产工艺

成型活性炭生产工艺是将原料煤通过磨粉、造粒、炭化和活化生产颗粒活性炭的过程。成型活性炭生产工艺相对于原煤破碎活性炭增加了磨粉、成型过程。随着配煤技术在煤基活性炭生产中的应用，成型活性炭工艺可通过调整配入煤的种类和配比有效调节配煤的黏结性和活性炭的孔结构发育。根据成型工艺及成型的形状，成型活性炭可分为柱状活性炭、压块活性炭和粉状活性炭。粉状活性炭生产工艺简单，原煤通过磨粉达到粒度要求后进行炭化、活化即可制得。由于市场售价较低，单独生产粉状活性炭在经济上不可行，一般作为原煤破碎活性炭、成型活性炭的副产品进行生产销售。粉状活性炭用于水处理、土壤改良和垃圾焚烧的烟气处理。因此，本小节重点介绍一下柱状活性炭和压块活性炭的生产工艺。

柱状活性炭生产工艺是一种常见的成型生产工艺，也是较为复杂的一种生产工艺，如图 10-2 所示。首先要将原料煤磨粉到一定细度（一般为 95% 以上通过 0.08 mm），然后加入适量的黏结剂（常用煤焦油）和水在一定温度下捏合、挤压成湿炭条；湿炭条干燥后，再经炭化、活化即为柱状活性炭成品，成品有时需要按照市场需求进行酸洗、浸渍等处理。此工艺在国内外规模化工业生产已有几十年的历史，工艺技术比较成熟，原料来源广泛，可生产高、中、低档各类活性炭品种，产品强度高，质量指标可调范围广，既可用于气相处理，也可用于液相处理。目前该工艺在国内应用比较普遍，尤其是宁夏地区的煤基活性炭生产厂商基本都是采用此工艺。

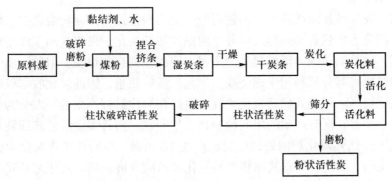

图 10-2 柱状活性炭生产工艺流程

压块活性炭全称为压块破碎颗粒活性炭，此工艺在国外活性炭生产应用比较普遍，国内最早应用于 20 世纪 90 年代后期，目前应用较少。生产压块破碎炭的关键是煤粉成型技术，要保证煤粉成型后仍然保持一定的强度，而且由于生产过程中需要干法造粒，故要求原煤具有一定的黏结性。因而此工艺只对具有一定黏结性的烟煤或低变质程度的烟煤适用，而对高变质程度的无烟煤及没有黏结性的褐煤并不适用。

　　压块活性炭生产工艺流程如图 10-3 所示，首先向原料煤中加入一定数量的添加剂或催化剂（有时加入少量固态黏结剂），磨成煤粉后（一般要求 80% 以上通过 0.043 mm），利用干法高压成型设备对混合均匀的粉料进行压块（或压片），然后经破碎、筛分后再经炭化、活化，即得到压块（或压片）活性炭成品。压块活性炭产品漂浮率低、强度高、产品孔径分布较广泛且可调，因此煤基压块破碎颗粒活性炭成品非常适用于液相处理。

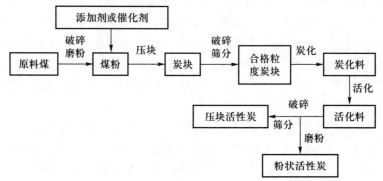

图 10-3　压块活性炭生产工艺流程

10.1.2　煤基活性炭主要生产设备

　　炭化和活化是煤基活性炭生产的重要环节，因此炭化设备和活化设备是煤基活性炭生产的主要设备。本小节简单介绍一下煤基活性炭生产过程中的这两种主要设备。

　　1. 炭化设备

　　目前，我国煤基活性炭生产中使用最广泛的炭化设备是回转炭化炉，根据加热方式的不同分为内热式和外热式两种。内热式回转炭化炉最先应用于煤基活性炭的炭化过程，也是当前国内活性炭生产厂家采用的主要炭化设备。但是，由于内热式回转炉通过牺牲部分原料用于燃烧提供炭化所需的热量，因此炭化收率较低，产能无法大幅度提高。外热式回转炭化炉以原料煤在炭化过程产生的挥发分为热源，因此节能效果显著，同时产生的尾气量少且易于回收；而且多仓式外热回转炉的使用显著增大了外热式炭化炉的处理能力，产能 1.5 万吨 / 年的外热式炭化炉已研制成功并投入生产。因此，外热式回转炉是炭化设备的发展方向，近年来新建的年产超万吨的煤基活性炭生产企业多采用外热式回转炭化炉。

　　2. 活化设备

　　活化过程是水蒸气、氧气等活化气体与碳接触发生弱氧化还原反应，开放原来的闭塞孔的同时扩大原有孔隙，是生产活性炭的关键环节。目前，活化设备主要有斯列普炉和多膛炉。斯列普炉是 20 世纪 50 年代由苏联引进国内，斯列普炉工艺技术成熟，结构简单，易于操作，无需外供燃料，因此是国内煤基活性炭生产的主要活化设备。近年来，国内煤基活性炭生产逐渐呈现规模化生产，然而由于斯列普炉生产规模小、自动化程度低且产品质量易出现波动，现已无法满足煤基活性炭生产发展的需要。国外煤基活性炭生产普遍采用多膛炉活化设备，其自动化程度高且产品质量高，处理能力可达 1×10^4 t/a，因此，国内新建煤基活性炭企业逐渐引进多膛炉用于活性炭的生产。

10.1.3 煤基活性炭生产发展趋势

活性炭广泛应用于水处理、烟道气净化、大气污染物净化等环保领域。随着近年来我国不断强调环境保护及治理的重要性，制定严格的环保法律、法规，使活性炭的需求量不断增加，促进了煤基活性炭产业的快速发展。

与国外活性炭生产企业相比，国内大多数煤基活性炭生产企业规模小，生产设备自动化程度低，使得我国煤基活性炭产量虽位居全球第一，但产品质量欠佳，大多数活性炭产品属于中、低档产品，生产技术薄弱、市场竞争力小。引进国外先进活性炭生产技术和经营理念，实现企业的规模化和生产设备的自动化、大型化是未来我国煤基活性炭产业发展的必然趋势。由于活性炭在环保领域的应用不断扩大，但是气相和液相领域对活性炭孔结构的要求不同，因此，要求活性炭生产企业通过配煤、添加剂和优化炭化、活化工艺参数调控活性炭的孔结构，从而生产出具有不同孔结构的优质专用活性炭，满足不同应用领域的需求。在未来，活性炭产品将呈现多样化和专用化的趋势。

10.2 煤基电极炭材料

煤是炭的主要来源之一，以煤为原料的炭材料所具有的特殊性能决定了它是电领域中其他材料不可替代的电工材料之一。全球炭材料产量的 2/3 是与电相伴产生的，其中自焙电极（电极糊）、石墨电极等占了绝大部分。

10.2.1 自焙电极

自焙电极经常被应用在电石炉、铁合金电炉和制磷电炉等矿热炉中。自焙电极利用的热量来自于生产过程中自身产生的热量，使装入电极壳内的电极糊经过熔化、烧结，形成具有一定机械强度和导电性能良好的碳素电极。电炉在生产过程中，自焙电极不断被消耗，又不断地依靠生产过程产生的热量进行烧结，使消耗掉的部分碳素电极得到相应的补充，维持矿热炉长期稳定运行，这就是自焙电极。

电极糊是自焙电极的原料，它是由颗粒无烟煤、粉状碳素材料（冶金焦、石油焦、石墨碎粉等碳素材料）与黏结剂（煤沥青、蒽油、煤焦油等），经过机械混捏制成的块状物料。电极糊主要分两种：一般在敞口电炉上使用的电极糊通称标准糊

（代号为 THD）；在密闭电炉上使用的叫密闭糊（代号为 THM），通称密闭糊或非标糊。它们的质量指标如表 10-1 所示：

表 10-1 电极糊质量指标

项目	THD	THM
灰分 /%	≤9	≤6
挥发分 /%	12～16	12～16
电阻率 /（μΩ·m）	≤100	≤80
抗压强度 /MPa	≥19.60	≥15.68

电极糊生产采用煅烧后无烟煤、煅烧石油焦、沥青、焦末、石墨粉、炭素粉和返回料等为原料，经破碎、筛分、配料等步骤生产出合格的电极糊，工艺流程如图 10-4 所示。

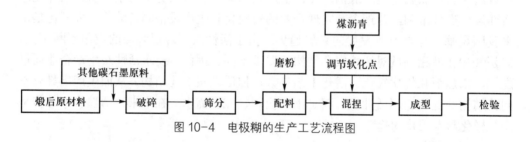

图 10-4 电极糊的生产工艺流程图

10.2.2 石墨电极

石墨电极是指以石油焦、沥青焦为原料，煤沥青为黏结剂，经过原料煅烧、破碎磨粉、配料、混捏、成型、焙烧、浸渍、石墨化和机械加工而制成的一种耐高温石墨质导电材料，称为人造石墨电极（简称石墨电极），以区别于采用天然石墨为原料制备的天然石墨电极，其制造工艺流程如图 10-5 所示。石墨电极是在电弧炉中以电弧形式释放电能对炉料进行加热熔化的导体，根据其质量指标高低，可分为普通功率、高功率和超高功率。石墨电极主要用于电炉炼钢、矿热电炉和电阻炉。

电炉炼钢是利用石墨电极向炉内导入电流，强大的电流在电极下端通过气体产生电弧放电，利用电弧产生的热量进行冶炼。根据电炉容量的大小，配用不同直径的石墨电极，为电极连续使用，电极之间靠电极螺纹接头进行连接。炼钢用石墨电极占石墨电极总用量的 70%～80%。石墨电极矿热电炉主要用于生产铁合金、纯硅、黄磷、冰铜和电石等，其特点是导电电极的下部埋在炉料中，因此除电极和炉料之间的电弧产生热量外，电流通过炉料时由炉料的电阻也会产生热量。每生产 1 t 硅需消耗石墨电极 150 kg 左右，每生产 1 t 黄磷需消耗石墨电极约 40 kg。生产石墨制品用的石墨化炉、熔化玻璃的熔窑和生产碳化硅用的电炉等都是电阻炉，炉内所装物料既是发热电阻，又是被加热的对象。

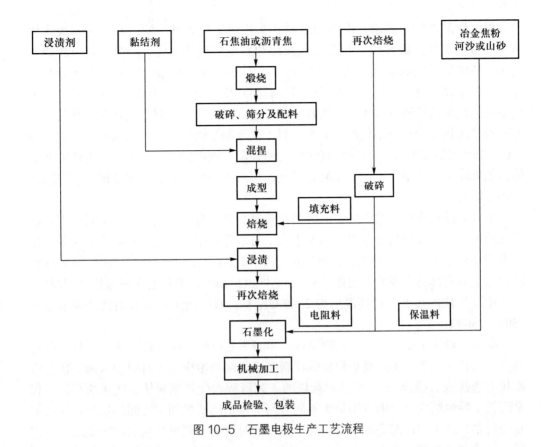

图 10-5　石墨电极生产工艺流程

10.3　炭块

　　炭块是以无烟煤、冶金焦为主要原料，煤沥青为黏结剂，经原料制备、配料、混粘、成型、焙烧、机加工而制成。炭块为冶金行业大量使用的优质耐火材料，要求具有良好的导热性、导电性、化学稳定性、高温体积稳定性及较高的高温强度，炭块可以分为铝电解槽用炭块、高炉炭块和电炉炭块。

　　铝电解槽炭块又称阳极炭块（anode carbon block），是指以石油焦、沥青焦为骨料，煤沥青为黏结剂生产的炭块，用作预焙铝电解槽做阳极材料。这种炭块已经过焙烧，具有稳定的几何形状，所以也称预焙阳极炭块、习惯上又称为铝电解用碳阳极。

　　阴极炭块指的是以优质无烟煤、焦炭、石墨等为原料制成的炭块，用作铝电解槽的阴极，它砌筑在电解槽底部亦称底部炭块。阴极炭块是铝电解槽的重要组成部分，铝电解槽用炭块要求阴极炭块具有足够的机械强度、耐高温、耐冲刷、耐熔盐及铝液侵蚀、高热导率、低电阻率及一定的纯度等特性，从而保证电解槽有较长的使用寿命和有利于降低电解铝的电耗，提高电解槽的使用寿命，并且不使电解铝的品质受到杂质的污染。

根据制品的质量要求、选用的原料和采用的工艺条件不同，我国将阴极炭块基本划分为普通阴极炭块、半石墨质炭块和石墨质炭块 3 大类。普通阴极炭块以 1250～1350℃煅烧的无烟煤为主要原料。半石墨质炭块根据生产工艺不同分为两种：一种是以优质无烟煤，或者以较多的石墨碎块甚至全部用石墨碎块为骨料，成型后的生坯制品只经过焙烧，焙烧温度不超过 1200℃，不再进入石墨化炉热处理；另一种是用较多的易石墨化的焦炭为骨料，生坯制品焙烧以后再进入石墨化炉，在 1800～2000℃的温度下进行热处理。前者的强度、硬度较高，后者的导电性能及整体性效果较好。石墨质炭块，以易石墨化的焦炭为原料，其石墨化处理温度应达到 2500℃左右。

半石墨质炭块与石墨质炭块的区别在于制品晶格有序排列的程度不同，即石墨化度的不同。可以用制品电阻率的大小表示石墨化程度的高低。石墨质炭块的晶格基本完全处于有序排列的状态，电阻率小于 15 $\mu\Omega \cdot m$；半石墨质炭块的石墨化程度较低或只有部分石墨化，电阻率在 15～45 $\mu\Omega \cdot m$。在工艺上表现为热处理温度，半石墨质炭块的热处理最高温度为 2000℃左右，石墨质炭块的石墨化处理温度为 2500～2800℃。

高炉的炭块主要有：普通高炉炭块、半石墨质高炉炭块、石墨块、石墨－碳化硅块、微孔炭块等。生产高炉炭块的原料是无烟煤和冶金焦（有时加入沥青焦及石墨化冶金焦或石墨碎）。生产高炉炭块的工艺流程与生产侧炭块、底炭块相同，仅是配料（颗粒组成与煤沥青用量）不同。高炉炭块的机械加工比侧炭块及底炭块要复杂得多。高炉炭块都是成套订制的，在订货时附有不同形状炭块的图纸及每一水平层炭块的安装图。由于高炉炭块砌筑中的缝隙有的要求不超过 1 mm，所以加工的精确度及光洁度都必须达到较高的水平。每层炭块在单独加工完成后，需在制造厂中按图纸进行预安装，检查它是否符合安装要求，然后依次标号，再包装发货。

10.4 新型炭材料

10.4.1 煤沥青基碳纤维

煤沥青基碳纤维是一种以煤沥青或石油沥青为原料，经沥青的精制、纺丝、预氧化、碳化或石墨化而制得的含碳量大于 92% 的特种纤维材料。煤沥青基碳纤维是一种力学性能优异的新材料，它的相对密度不到钢的 1/4，碳纤维树脂复合材料抗拉强度一般都在 3500 MPa 以上，其抗拉强度是钢的 7～9 倍，同样抗拉弹性模量也高于钢，为 230～430 GPa。煤沥青基碳纤维具有高强度、高模量、耐高温、耐腐蚀、抗疲劳、抗蠕变、导电与导热优良等性能，是现今航空航天工业中不可缺少的工程材料，在交通、机械、体育用品、休闲用品、医疗卫生和土木建筑方面也有广泛应用。碳纤维在工程领域有着广阔的应用前景。

沥青基碳纤维按其性能和用途的不同可分为两种，分别是高性能碳纤维和通用级碳纤维。高性能碳纤维是由中间相沥青（各向异性）制备而成，通用级碳纤维则是由各向同性沥青制备而成。高性能沥青基碳纤维因其较高的性能而广泛地应用于航天、航空、体育、工业等领域，是近年来研究的重点。然而，随着工业化的不断发展，越来越多的民用企业需要碳纤维材料，虽然高性能沥青基碳纤维也可应用于民用企业，但其生产成本特别昂贵，生产工艺相当复杂，导致其价格非常高。通用级沥青基碳纤维具有原料平价且易得、碳化产率较高、产品价格较低等优点，重要的是其性能高于传统材料，能满足一般工业方面需要高性能材料的要求。

通用级沥青基碳纤维的制备工艺主要包括的步骤有：① 原料的前期处理；② 纺丝沥青调制；③ 沥青熔融纺丝；④ 不熔化、碳化或石墨化处理。

1. 原料的前期处理

沥青原料按其来源的不同可分石油沥青、煤焦油沥青及合成沥青。由于一般的沥青原料很难满足碳纤维制备要求的条件，因此，对原料沥青进行前期处理是一个必要的过程，使其能够达到制备沥青基碳纤维的条件。在纺丝过程中，煤焦油沥青中含有的固体杂质、游离炭及喹啉等残留的细小颗粒不溶物会堵塞纺丝孔，因而变成纤维的断裂源。因此原料沥青在前期处理时必须去掉其中的固体杂质。原料沥青精制处理的主要方法有：热熔过滤法、离心分离法、溶剂抽提法、静置沉降分离法、减压蒸馏法等。经过处理，一次不溶物的含量必须低于2%，最好降低到百分之零点几以下。之后对沥青原料进行纯化，特别要除去含 S、N、O 等杂原子的有害化合物，因为它们的存在对于后期处理工艺影响较大。用溶剂抽提方法或热处理方法改变沥青相对分子质量，可以使沥青相对分子质量在一个相对较窄的范围内均匀分布。

2. 纺丝沥青的调制

通用级沥青基碳纤维前驱体沥青为各向同性沥青，而各向同性沥青是指沥青经过调制以后，在结构上存在着有序排列程度高低不同的晶区和非晶区，由无规则取向的片状微晶而组成的网状结构，由于无定形碳组成的非晶区镶嵌在微晶之间的"网眼"中，使其物理性质不随量度方向而变化，而且各个方向的性能相同。沥青纤维必须经过碳化与不熔化处理才能制成碳纤维，在高温下氧化反应生产率快，在提高生产率的同时要确保单丝之间保持纤维状且不出现熔并现象非常关键，故在提高沥青可纺性的同时必须提高其软化点，使其软化点在 260～290℃。通常采用热处理的方法提高沥青软化点和可纺性，具体方法有：直接热缩聚法、高聚物共聚法、氧化热缩聚法等。在氮气减压下通过芳烃溶剂分离除去沥青中的不溶物和热反应组分，便得到适合纺丝条件较佳的沥青原料。调制的最终目的都是想获得软化点高、相对分子质量分布窄、黏度低、流变性好、芳香度高并且在结构中含有一定量的环烷基和脂肪基侧链的各向同性沥青，从而制备高质量的各向同性沥青基碳纤维。

3. 沥青的熔融纺丝

调制好的沥青在纺丝之前必须要进行充分过滤和脱泡，除去一切杂质和气泡，因为它们会严重影响纺丝和碳纤维的力学性能。沥青纺丝一般采用合成纤维工业中常用的熔融纺丝法，如离心式、喷吹式、涡流式、挤压式等。沥青的熔融纺丝时需要注意几点：① 纺丝直径尽可能细，这是因为直径越细，碳纤维的强度越大、性能越好；② 应控制沥青分子沿纤维轴和纤维截面取向，以及分子结晶大小、分子填充密度等关键要素，并确保沥青的熔融黏度；③ 控制纺丝温度、喷丝头孔径、纺丝压力、卷绕速度因素，这些参数均是影响沥青纤维微观结构的重要因素。

因此，只要合理控制这些主要影响因素，便可以制备出直径较细的沥青纤维。

4. 沥青纤维的不熔化、碳化处理

因为沥青纤维是热塑型体，在高温条件下不能以纤维丝的状态存在，所以要对沥青纤维进行不熔化及碳化处理，使其在碳化过程中保持纤维状态以及纤维的择优取向，而且这样还可以提高沥青纤维的力学性能，并且增加其拉伸强度。在沥青纤维的不熔化、碳化处理过程中，沥青分子之间产生一系列物理和化学反应，分子之间主要发生氧化交联反应，使沥青纤维具有不熔融、不溶解的性能。目前，常见的不熔化处理方法有气相和液相氧化法。

10.4.2 富勒烯

富勒烯是一种完全由碳原子组成的中空分子，其形状呈球型、椭球型、柱型或管状。富勒烯的结构与石墨相似又有差别，石墨是由六元环组成的石墨烯层堆积而成的，而富勒烯不仅含有六元环，还有五元环，偶尔还有七元环。1985 年英国化学家哈罗德·沃特尔·克罗托博士和美国科学家理查德·斯莫利在莱斯大学制备出了第一种富勒烯，即 "C_{60} 分子"，因为这个分子与建筑学家巴克明斯特·富勒的建筑作品很相似，为了表达对他的敬意，将其命名为 "巴克明斯特·富勒烯"（巴克球）。

富勒烯的应用研究涉及诸如物理化学、有机化学、无机化学、高分子材料科学、催化科学、电化学、光化学、材料科学等多种学科。研究表明 C_{60} 类球体富勒烯分子在诸多领域具有广阔的应用前景。

（1）C_{60} 的超导性：由于 C_{60} 是球体，电子能在任意方向上移动，比起电子只能做两维移动的铜氧化物超导体有更大潜力。并且发现，当掺杂 Sn、K、Rb、Cs 等元素后，C_{60} 可以成为各向同性且易于加工成型的三维超导体。科学家预言，其实用价值可能超过陶瓷超导体。

（2）在生物化学和生命科学方面：C_{60} 的笼状结构广泛存在于胚细胞和病毒中，且 C_{60} 分子在激光照射下能产生单态氧，单态氧能对癌细胞发生作用。另外，C_{60} 又是一个可以充填的 "壳"，在其中装入放射性元素，使得在进行医院常规造影检查和杀死癌细胞的过程中不会误伤健康细胞，对人体的伤害大大减少。

（3）合成金刚石膜：用射频等离子体、微波等离子体、激光等技术手段在化学气相沉积条件下处理 C_{60} 或 C_{70}，均可合成高性能金刚石膜，这将改变目前用金刚石打磨衬底的传统工艺路线。

（4）做计算机芯片、晶体管、高能电池：C_{60} 具有特别容易接受和放出电子的性能，用其他元素原子取代 C_{60} 上的碳原子，可制得半导体化合物。

（5）合成非线性光学材料：有机非线性材料是国际上研究全光通信及全光计算

机所必需的材料。

（6）合成 C_{60} 机械材料：对 C_{60} 分子施加 20 GPa 的高压，其分子结构没有变化，撤压后恢复到原有体积，故 C_{60} 分子对压力极为稳定，可作为任意压力媒体和缓冲材料。

（7）C_{60} 的化学反应性能：C_{60} 分子几乎具有苯分子具有的所有化学反应性能。因此，C_{60} 化学反应性能的研究是一个较为广阔的领域，有众多问题需要研究，如研究 C_{60} 分子的高分子聚合、开发新的功能材料尤其是光电材料、开发催化材料等。

随着 C_{60} 研究工作的全面扩展、深化及其用途的不断发现，科学家们对 C_{60} 的需求量日益增加。因此，能够大批量地制得廉价的高纯 C_{60} 成为富勒烯研究工作中必须解决的问题。

对于制备足够量高纯度的富勒烯而言，目前较为成熟的制备方法主要有电弧法、热蒸发法、CVD（催化裂解）法和火焰法等。

电弧法：电弧法分为传统电弧法和水下放电法。传统电弧法制备 C_{60}/C_{70} 时，将电弧室抽真空，接着通入氦气。电弧室中安置有制备富勒烯的阴极和阳极，电极阴极材料通常为光谱级石墨棒，制备过程中并不会损耗；电极阳极材料为石墨棒、冶金焦炭或沥青，通常在阳极电极中添加 Cu、Bi_2O_3、W 等作为催化剂。当两根高纯石墨电极靠近进行电弧放电时，炭棒气化形成的等离子体，在惰性气氛下小碳分子经多次碰撞、合并、闭合而形成稳定的 C_{60} 及高碳富勒烯分子，稳定的富勒烯分子存在于大量颗粒状烟灰中，在气流作用下沉积在反应器内壁上，然后将烟灰收集便可。实验中电弧的放电方式、放电间距、放电电流和氦气压力对 C_{60}/C_{70} 混合物产率都会有影响。水下放电法不需要传统电弧法的抽气泵和高度密封的水冷真空室等系统，不仅免除了复杂昂贵的费用，而且还可进一步降低反应温度，能耗更小，并且产物在水表面收集而不是在整个有较多粉尘的反应室。与传统电弧法相比，此法产率及质量均较高。总之，电弧法是目前应用最广泛，而且是有可能进一步扩大生产规模的制备方法。但由于电弧放电通常十分剧烈，难以控制反应进程和产物，合成的沉积物中含有碳纳米颗粒、无定形炭或石墨碎片等杂质，而且碳管和杂质融合在一起，很难分离。

热蒸发法：用人造或天然石墨或含碳量高的煤及其产物等作原料，通过不同方法在极高的温度下，使原料中的碳原子蒸发，在不同惰性或非氧化气氛中（如 Ar、He、N_2 等），在不同的环境气压以及有无不同类型的金属催化剂的存在下，使蒸发后的碳原子簇合成富勒烯。热蒸发法根据热源的不同可以分为电加热石墨蒸发法、激光蒸发石墨法、电弧等离子体蒸发法和太阳能法等。

10.4.3 碳分子筛（CMS）

碳分子筛广义上是拥有纳米级超细微孔的一种非极性炭质吸附材料，狭义上是微孔分布较均匀的活性炭。碳分子筛是由无定形炭与结晶炭组成，所以碳分子筛的孔隙结构较为发达，而且它本身拥有独特的表面特征。因为 CMS 的楔形微孔与被吸附分子直径大小接近，大部分是有效微孔，而且还可以根据分子大小调整 CMS 孔径大小，从而便于筛选分子。

碳分子筛的孔隙结构、机械特性、表面性质、化学稳定性决定了它在废水除杂净化、气体分离提纯、催化剂及催化载体等方面有着广泛的应用。

1. 气体分离与提纯

碳分子筛在气体分离提纯领域的应用包括空分制氮、制氧、回收与精制氢、回收 CO_2、低浓瓦斯浓缩 CH_4。此外，碳分子筛还可以用于处理工业有毒有害气体，去除气体杂质，净化装潢装修后的室内环境。

2. 催化应用

CMS 独特的孔隙结构、机械特性决定了它可以直接用作催化剂，也可以把 CMS 用作催化剂载体，其具有高比表面积和孔隙率，较强的耐酸碱性和高温稳定性等优势，因此，碳分子筛负载酸，负载金属等应用越来越广泛。

3. 液体分离除杂质

在食品、制药和工业水处理时，可去除液体中的微量杂质和进行脱色等操作。

制备碳分子筛的原料较多，来源也较为广泛。理论上可由不同的初始材料经过不同的制备工艺，可以得到孔径大小和分布各异的碳分子筛。实验表明，低灰分产率、高含碳量和高挥发分的原料比较适合制备高性能的碳分子筛。碳分子筛的制备方法一般由以下步骤组成：① 原料碾碎、预处理（有些可以不用）、加黏结剂成型、干燥；② 成型后在惰性气氛下炭化；③ 活化；④ 调孔。其中炭化和活化是制备碳分子筛中最重要的两个步骤。

炭化是在惰性气氛保护下，利用适合的热解条件将成型碳料炭化的方法。原理是在高温状态下含碳材料中的部分不稳定基团与桥键等产生复杂的热分解反应和热聚合反应，使得孔径得到扩张和紧缩，使炭化产物的孔隙得以拓展。在炭化过程中，挥发性小分子如 CO、CO_2，从含碳材质基体中的分子孔道逸出，形成了孔隙结构，从而比表面积也跟着变大。在原料挥发分较高、原料孔隙率很低的情况下，适合使用炭化工艺去除挥发分，形成孔隙结构和增大比表面积。一般情况下，简单的炭化法制备的碳分子筛气体分离效果不好；因此对于分离要求高的碳分子筛，则还需进行进一步的活化或碳沉积等工艺操作。

活化是将成型原料炭化后接着在活性介质条件下缓慢加热处理的方法，目的是拓展其孔隙结构，进一步增加碳分子筛的表面积，得到孔隙结构发达的碳分子筛，一般适用于气孔率低并且挥发分较低的原料。常用的活化剂有空气、氧气、水蒸气（工业生产常用）和二氧化碳等。其原理是在活化剂和适当温度下，炭化制备后的半成品表面不稳定的碳与活化剂发生化学反应，形成新孔或使原来的无效孔形成有效孔，进而达到增大比表面积和孔容的目的。

10.4.4 碳纳米管

碳纳米管，是一种具有特殊结构（径向尺寸为纳米量级，轴向尺寸为微米量级，管子两端基本上都封口）的一维量子材料。碳纳米管主要由呈六边形排列的碳原子构成数层到数十层的同轴圆管。层与层之间保持固定的距离，并且根据碳六边形沿轴向的不同取向可以将其分成锯齿形、扶手椅型和螺旋型三种。其中螺旋型的碳纳米管具有手性，也叫手性纳米管，而锯齿形和扶手椅型碳纳米管没有手性。

碳纳米管可以看作是石墨烯片层卷曲而成，因此按照石墨烯片的层数可分为：单壁碳纳米管（或称单层碳纳米管，single-walled carbon nanotubes，SWCNTs）和多壁碳纳米管（或多层碳纳米管，multi-walled carbon nanotubes，MWCNTs），多壁管在开始形成的时候，层与层之间很容易形成陷阱中心而捕获各种缺陷，因而多壁管的管壁上通常布满小洞样的缺陷。

碳纳米管作为一维纳米材料，重量轻，六边形结构连接完美，具有许多特殊的化学、力学和电学性能。碳纳米管的应用主要有如下几方面：

1. 储氢材料

氢是一种理想的洁净可再生能源，不易储存，如何安全和有效地储氢是重中之重。碳纳米管具有较大的比表面积和大量的微孔，储氢能力远远高于传统材料，被认为是良好的储氢材料。

2. 固相萃取吸附剂

碳纳米管对有机化合物、金属离子和有机金属化合物等环境污染物均具有较强的吸附能力，可以用来制备固相萃取吸附剂。

3. 催化剂

碳纳米管与半导体光催化剂结合能够增强催化剂的吸附能力，提高光催化效率，扩展光响应范围，而且有利于回收催化剂，极大地提高半导体光催化剂的综合性能，可用来制备催化剂或催化剂载体。

4. 树脂基复合材料

力学性能优异的碳纳米管可以极大提高复合材料的强度和韧性。利用碳纳米管对酚醛树脂基碳纤维正交布增强的改进性，可有效提高树脂基材料的模量，并降低其电阻率等。

5. 电子器件

SWCNTs 的准一维纳米结构和良好的导电性等性能，使其易于在修饰电极中引入多种官能团，可用于制备修饰电极和电化学传感器。

近些年随着碳纳米管及纳米材料研究的深入，其广阔的应用前景也不断地展现出来。简单、高效的制备碳纳米管是也是广大研究人员重点研究的方向。目前，制备碳纳米管的技术主要有如下几种：

1. 石墨电弧法

石墨电弧法的原理是在真空反应室中，充入惰性气体或者氢气并且在一定压力下保持恒定，利用电弧放电产生高温使石墨电极上的碳蒸发并且进行结构重排，沉积之后得到碳纳米管。这些沉积物里边含有碳纳米管，但是生产过程中也会产生富勒烯、石墨颗粒、无定形碳和其他形式的碳微粒。石墨电弧法制得的碳纳米管不仅具有管直、壁薄和结晶度高的特点，而且简单快速，但是缺点也十分明显，如制备的碳纳米管缺陷较多，成本偏高，产率低，且电弧放电过程难以控制。

2. 化学气相沉积法

化学气相沉积法（CVD）又叫催化热解法。CVD 法原理是在催化剂的作用下，使化合物中的碳从化合态中分解出来，并在催化剂的作用下生长成为碳纳米管。CVD 法可以分为固定床、移动床、沸腾床和高压 CO 工艺 CVD 法。制得的粗产品中缺陷较多，结晶度较低，但是此方法的反应过程易于控制，反应温度相对较低，产品纯度较高，成本低，产量高，适用性强，并且可以通过改变催化剂和合成条件控制碳纳米管的形貌和结构，以获取优质的碳纳米管，同时也为碳纳米管的形成机理和性能研究提供了条件。因此，CVD 法成为近年来科学家们研究的热点，其也将成为工业生产碳纳米管的一种重要方法。

3. 激光蒸发法

激光蒸发法就是在适宜的温度和气氛环境中，用高能量密度的激光聚焦在含有金属催化剂的石墨靶上，使催化剂气化成颗粒携带气化碳从高温区流向低温区，在这个过程中，气态碳相互作用生成碳纳米管。激光蒸发法制备碳纳米管的外部环境能够控制，又可连续操作，制得的产品纯度高、质量好，但是产量低和成本高却阻碍了其工业化生产的进程。

4. 模板法

模板法就是以多孔材料为模板，使碳原子或离子在催化剂的作用下，在模板的孔壁上重新生长和沉积碳纳米管，该法具有良好的可控性。模板上微孔的空间有限且含有催化剂，可以控制碳纳米管的大小、形貌结构和排布等。用模板法合成制备纳米结构材料具有合成方法简单、产品孔径一致和容易分离等优点。

思考题

1. 煤基活性炭的生产工艺过程主要包括几个工艺过程？其中哪几步是重要的生产步骤？
2. 化学活化和物理活化的原理是什么？各自有什么优缺点？
3. 描述柱状活性炭的生产工艺。
4. 什么是自焙电极？自焙电极的生产原料是什么？
5. 简述石墨电极的工作原理。
6. 简述煤基沥青碳纤维的生产步骤。
7. 简述富勒烯的广阔应用前景。

第11章
煤化工设计基础

进入 21 世纪以来，我国政府基于国家能源战略安全的考虑，大力支持现代煤化工技术的研究和开发，各大煤炭企业基于企业利润及转型升级发展的需求，也争相进入煤化工领域。我国煤化工经过 30 多年的技术攻关和积累，在产业关键技术突破、重大装备自主研制及产品开发和生产规模等方面都取得了巨大的进步，一大批煤化工技术实现了工程示范和商业技术推广。现在我国已经成为全球最大的煤化工产业国，煤化工技术也已经达到全球领先水平。

然而这一切的实现都离不开将"想象"变成"现实"的"化工设计"。设计是一种创造性的劳动，它是工程师从事的工作中最有新意，最能使人获得满足感的工作之一。化工设计是将一个系统（一个工厂、一个车间）按照工厂工艺技术要求，经工程技术人员的创造，将其全部描绘成图纸，表格及必要的文字说明，即把工程技术装备用工程语言表达出来，然后根据这一"语言"，把这个系统建立起来，并投入运行。设计工作是将人们的设想转变成现实的一个重要步骤。

由于设计工作是一项创造性的劳动，对工程设计人员有较高的要求，需要设计工程师具备多方面的综合能力，例如：多专业基础课知识的综合与集成，面向实际化工工艺设计、化工厂设计的工程运用实践经验等。

本章将以化工生产车间（装置）的工艺设计为重点，讲述与国际化工设计相接轨，目前国内通用的化工设计的基本概念、原则、方法、设计程序，化工厂建设程序及主要设计内容，并以典型煤化工生产车间（或装置）为例，从工艺工程师的角度讨论煤化工车间（装置）设计的主要内容和设计过程，进一步体现设计将知识转化为生产力的过程。

11.1 化工设计的基本概念

对于初次接触化工设计的人来说，化工设计、化工厂设计、化工过程设计、化工工艺设计这四个名词常易混淆，较难认清它们之间的联系与区别。化工设计是一个大概念，是泛称，在不同场合可分别指化工厂设计、化工过程设计、化工工艺设计，其内涵最广，但意义不明确。一个化工厂的设计包括核心的化工过程设计和非工艺部分设计，其中化工过程设计又可分为化工工艺设计和公用工程设计、外管设计等。这几个名词之间的关系如图 11-1 所示。

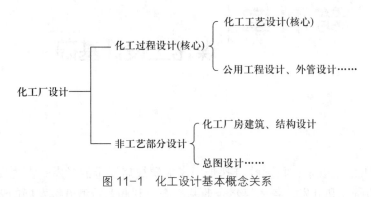

图 11-1 化工设计基本概念关系

化工过程，即化学工业的生产过程，是将原料变为产品的过程，是对原料进行加工处理，改变其化学组成及机械和物理性质，从而生产出合乎要求的产品。该过程包括许多步骤，原料在各步骤中依次通过若干个设备，经历各种方式的处理后才成为最终产品。由此可见，化工过程是由生产流程和装置设备有机组合起来的，化工过程设计即是对化工中的生产流程和装置以系统的、合理的方式进行组合和优化。

化工过程设计的主要目标是确定最佳流程及最佳操作条件，达到最优投入产出比。在定量计算的基础上，结合专家的经验，考虑安全、健康、环保等因素，确定出一个综合的设计方案。化工过程设计的核心内容是化工工艺设计，其附带内容是针对化工工艺设计，对它的配套部分如公用工程、外管等进行深入设计和完善。

化工装置是由各种单元设备以系统的、合理的方式组合起来的整体。它根据现有的原料和公用工程条件，通过最经济和安全的途径，生产符合一定质量要求的产品。化工装置设计必须满足下列要求：① 产品的数量和质量要达标；② 除少数生产只考虑社会效益外，绝大多数化工生产均需考虑经济性；③ 由于化工生产中的特殊性（易燃、易爆、有毒），安全问题不容忽视；④ 符合国家和各级地方政府的环境保护法规，对三废进行处理；⑤ 整个系统必须可操作和可控制。可操作是指设计不仅能满足常规操作，而且也必须满足开、停车等非常规操作；可控制是指系统装置能抑制外部扰动的影响，系统能自动适应扰动和恢复稳定。

由此可见，设计是一个多目标的优化问题。不同于常规的数学问题，不是只有唯一正确的答案，设计师在作出判断和选择时要考虑各种因素——技术、经济和环保等，在允许的时间范围内选择一个兼顾各方面要求的方案，这种选择、决策贯穿整个设计过程。

在我国由于各个工程设计公司和化工设计院的特色和规模不同，对专业的设置也有所不同，一般分为如下几个专业：化学工艺、化工机械、自动化及仪表、总图、概预算、建筑、结构、给排水和强弱电等。其中以化学工艺专业最为重要，化学工艺专业又分为工艺专业和工艺系统专业，如图 11-2 所示。工艺专业大部分为化学工程与工艺专业人员，侧重化工工艺设计，工艺专业侧重出 PID 图、PFD 图。工艺系统专业配备有大量其他辅助专业和少量化学工程与工艺专业人员，侧重化工过程设计中除了化工工艺设计以外与工艺有关的内容，主要出 UID 图、UFD 图。工艺专业部与工艺系统专业部之间，在设计工作过程中有许多需要交流的条件、文件（"条件表"），工艺专业是发出条件的主导专业，工艺系统专业是接收"条件表"的接收专业。表 11-1 给出了化工设计过程中各种图的英文简称、英文全称和中文名称。

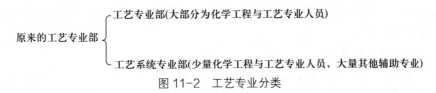

图 11-2 工艺专业分类

表 11-1 化工设计过程中各种图的英文简称、英文全称和中文名称

英文简称	英文全称	中文名称
PID	Process Instrument Diagram	带控制点的工艺仪表管道流程图
PFD	Process Flowsheet Diagram	过程物料流程图
UID	Utility Instrument Diagram	公用工程仪表管道流程图
UFD	Utility Flowsheet Diagram	公用工程物料流程图

11.2 化工设计的种类

　　根据不同的标准，对化工设计有不同的分类，一般化工设计根据项目性质和化工过程开发的程序进行分类。根据项目性质可分为：新建项目设计、重复建设项目设计和已有装置的改造设计三大类。根据化工过程开发程序可分为：新技术开发过程中的设计和工程设计两大类，其中新技术开发过程中的设计按照程序又可分为概念设计、中试设计、基础设计；工程设计按照程序又可分为初步设计、扩大初步设计和施工图设计三大类。化工设计分类如图 11-3 和图 11-4 所示。

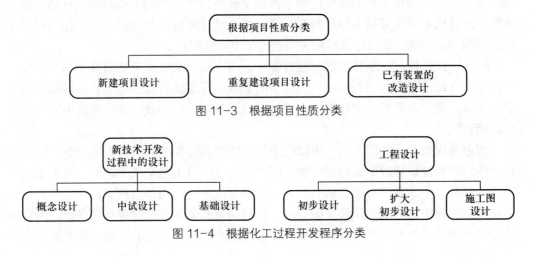

图 11-3 根据项目性质分类

图 11-4 根据化工过程开发程序分类

11.2.1 根据项目性质分类

1. 新建项目设计

新建项目设计包括新产品设计和采用新工艺或新技术的产品的设计。这类设计往往由开发研究单位提供基础设计，然后由工程研究部门根据建厂地区的实际情况作出工程设计。

2. 重复建设项目设计

由于市场需要，有些产品需要再建生产装置，由于新建厂的具体条件与原厂不同，即便是产品的规模、规格及工艺完全相同，还是需要由工程设计部门进行设计。

3. 已有装置的改造设计

一些老的生产装置其产品质量和产量均不能满足客户要求，或者由于技术原因，原材料和能量消耗过高而缺乏竞争能力，必须对老装置进行改造，其中包括去掉影响产品产量和质量的"瓶颈"，优化生产过程操作控制，以及提高能量的综合利用率和局部的工艺或设备改造更新等。这类设计往往由生产企业的设计部门进行。

11.2.2 根据化工过程开发程序分类

化工新技术开发过程是在实验室基础研究的基础上，通过过程研究、工程研究和工程设计，最终完成化工新技术开发。按照化工过程开发程序可分为：新技术开发过程中的设计和工程设计两大类。

1. 新技术开发过程中的设计

新技术开发过程中的设计按照程序又可分为概念设计、中试设计、基础设计。

（1）概念设计（假想设计）：概念设计是在实验室基础研究结束后进行的工作，是以过程研究中间结果（或最终结果）为基础，从工程角度按照工业化时的最佳规模进行的一种假想设计。其做法参照常规的工程设计方法和步骤，设计工艺流程，进行全系统的物料衡算、热量衡算和设备工艺计算，确定工艺操作条件及主要设备的型式和材质，进行参数的灵敏度和生产安全分析，确定三废治理措施，计算基建投资、产品成本等主要技术经济指标。通过概念设计可以及早暴露研究工作中存在的问题和不足之处，从而能及时解决问题，缩短开发周期。

（2）中试设计：在新技术的开发过程中，当完成实验室的基础研究和小试验证后还不能立即进行商业示范和推广，这中间必须进行中试研究和验证，这时就涉及新建中试厂或中试装置，因此在概念设计完成后就要进行中试设计，为建中试厂或中试装置服务。

按照现代技术开发的观点，中试的主要目的是验证模型和数据，即概念设计中的一些结果和设想通过中试进行验证。因此，中试可以不是全流程试验，规模也不是越大越好。中试要进行哪些试验项目，规模多大为宜，均要由概念设计确定。中试设计是为建中试厂或中试装置服务的，其目的是验证基础研究得到的规律，考察从小试到中试的放大效应，解决过程放大、设备放大等问题，并开展一些在实验室无法完成的实验研究。中试设计的工作内容与工程设计基本相同，但规模小，一般不出管道、仪表、管架等安装图。

（3）基础设计：在完成中试设计的基础上，建设中试厂（或中试装置），并完成相应的中试实验，取得中试实验数据后，就进入了新技术开发的下一个阶段——基础设计。进行基础设计的目的是总结整个技术开发阶段的研究成果，因此基础设计是一个完整的技术软件，是新技术开发的最终成果，是下一步工程设计的重要依据。

基础设计的内容包括生产装置的一切技术要点，工程设计单位是根据基础设计要求，结合建厂地区的具体条件由工程设计单位作出完整的设计。基础设计要详细说明工业生产过程、主要工艺特点、反应原理及工艺参数和操作条件；提出管道流程和控制方案，并对特殊管道的等级公称直径提出要求；确定流程中主要方案的原则、控制要求、控制点数据表、主要仪表选型及特殊仪表技术条件；并说明装置危险区的划分，列出所处理介质的特性和允许浓度，安全生产、事故处理及劳动保护设置应用的特殊措施。基础设计除了一般的工艺条件外，还包括了大量的化学工程方面的数据，特别是反应工程方面的数据，以及利用这些数据进行设计计算的结果。基础设计中还要运用系统工程的理论和计算机模拟技术对工艺流程和工艺参数进行优化，力求降低定额和产品成本及项目投资，提高项目的经济效益。基础设计中对关键技术应有详尽的技术说明和数据支撑。

2. 工程设计

工程设计是根据基础设计，结合建厂地区的具体条件由工程设计单位作出完整的设计。根据工程的重要性、技术的复杂性和技术的成熟程度及计划任务书的规定，工程设计可分为三段设计、两段设计和一段设计。

重大项目和使用较复杂的技术时，为了保证设计质量，可以按初步设计、扩大初步设计和施工图设计三个阶段进行。一般技术比较成熟的大中型工厂或车间的设计，可按扩大初步设计和施工图设计两个阶段的设计。技术上比较简单、规模较小的工厂或车间的设计，可直接进行施工图设计，即一个阶段的设计。

（1）初步设计：根据设计任务书和行业标准 HG/T 20688—2000《化工工厂初步设计文件内容深度规定》，对设计对象进行全面的研究，寻求在技术上可能、经济上合理的最符合要求的设计方案。主要是确定全厂性的设计原则、标准和方案，水、电、气的供应方式和用量，关键设备的选型及产品成本、项目投资等重大技术经济问题。编制初步设计书，其内容和深度能使对方了解设计方案、投资和基本出处为准。

（2）扩大初步设计：根据已批准的初步设计，解决初步设计中的主要技术问题，使之明确、细化，编制准确度能满足控制投资或报价使用的工程概算。

（3）施工图设计：根据已批准的扩大初步设计和行业标准 HG/T 20519—2009《化工工艺设计施工图内容和深度统一规定》，结合建厂地区条件，在满足安全、进度及控制投资等前提下开展施工图设计，成品是详细的施工图纸和必要的文字说明及工程预算书。

11.3 化工厂设计、建设工作程序

一个化工项目从设想到建成、投产，需要经历三个阶段：可行性研究决策阶段、设计阶段和建设阶段。

可行性研究决策阶段的主要工作内容是做好技术经济分析，选择最佳技术方案、确保项目顺利进行和获得最佳经济效益。国内包括项目建议书、（预）可行性研究、评估和决策、编制计划任务书等内容。在国外分为机会研究、初步可行性研究、可行性研究、评估和决策。在决策阶段，设计单位最重要的产品是一份详细的"可行性研究报告"，送政府有关部门或建设单位董事会审查批准。

完成可行性决策研究后便进入了设计阶段，根据批准的可行性研究报告，制定设计计划任务书、完成初步设计（基础设计）和施工图设计（详细设计）。设计阶段成果是一套可供施工的图纸和说明文件汇编，作为建设阶段的依据。图11-5是常规化工过程的设计步骤。

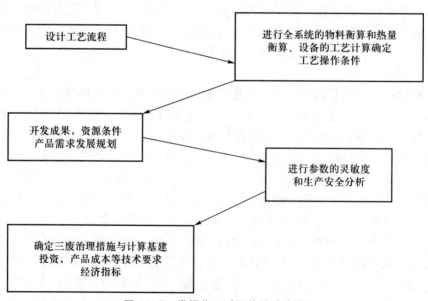

图 11-5 常规化工过程的设计步骤

第三阶段便是建设阶段，根据施工图设计成果，编制基建计划、进行商务和技术谈判，签订合同，进行施工、生产准备、试车、竣工和验收等工作。建设阶段，设计单位需配合建设单位施工，进行现场服务，并委派现场设计代表，对施工图设计负责。必要时下达修改通知单，直至竣工验收。

国家重点行业的化工设计的工作程序是以基础设计为依据提出项目建议书，经上级主管部门认可后写出可行性研究报告，上级批准后，编写设计任务书，进行扩大初步设计，后者经上级主管部门认可后进行施工图设计。在化工基本建设过程

中，化工设计单位根据建设单位的委托，按图 11-6 程序进行工作。

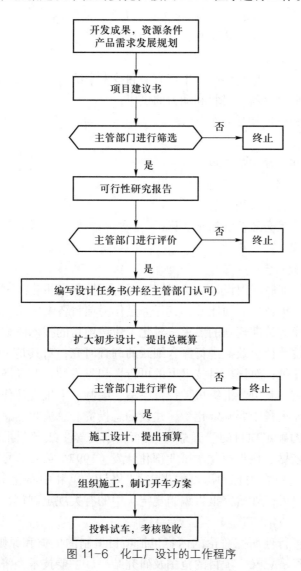

图 11-6 化工厂设计的工作程序

1. 项目建议书

设计单位接受任务后的第一个工作便是编制项目建议书。项目建议书是由部门或企业提出，跨地区、跨行业建设项目及影响国计民生的重大项目，由有关部门和地区联合提出项目建议书。然后由建设单位或建设单位委托专业公司（如有资格的工程公司、咨询公司）完成编制。项目建议书是对拟建设项目的一个轮廓设想，主要是从建设的必要性来衡量，初步分析和说明建设的可能性。目的是协助业主申请项目，报呈各级领导部门审批、汇总平衡，列入规划建设前期规划。项目建议书（可行性研究报告）主要考虑因素为国民经济发展长远规划、地区规划和行业规划、资源情况及设计布局。项目建议书是进行可行性研究和编制设计任务书的依据，根据原化学工业部化计发（1992）第 995 号发布的《化工建设项目建议书内容和深度的规定》（修订本）中的有关规定制订，项目建议书包括以下主要内容：

① 建设的目的和意义；

② 产品需求（市场）初步预测；

③ 产品方案和拟建规模；

④ 工艺技术方案（原料路线、生产方法和技术来源）；

⑤ 资源、主要原材料、燃料和动力的供应；

⑥ 建厂条件和厂址初步方案；

⑦ 环境保护；

⑧ 工厂组织和劳动定员估算；

⑨ 项目实施规划设想；

⑩ 投资估算和资金筹措设想；

⑪ 经济效益和社会效益的初步估算；

⑫ 结论与建议。

2. 可行性研究报告

项目建议书批准后就由设计单位组织完成可行性研究报告。可行性研究是对拟建项目进行全面分析及多方面比较，其任务是作为项目咨询的第二阶段帮助业主立项，并根据国民经济长期规划的要求，对化工建设项目的技术路线、工艺过程、工程条件、经济效益及社会效益进行深入细致的调查研究；对其是否应该建设及如何建设作出论证和评价；对该项目技术上的可行性和先进性，及经济上的合理性和获利性进行调查研究。其可为上级机关投资决策、编制、审批设计任务书提供可靠的依据。可行性研究报告中要确定化工厂建设的总投资、总流程、总平面、总进度和总定员，即常说的确定项目的"五总"。可行性研究经上级部门批准后，可作为化工厂建设的贷款依据。根据原化学工业部化计发（1997）第 426 号发布的《化工建设项目可行性研究报告内容和深度的规定》（修订本）和中石化［1997］咨字 345 号《石油化工项目可行性研究报告编制规定》中的有关规定制订，可行性研究报告包括如下内容：

（1）总论：可行性研究总论的内容包括项目编制的依据和原则、项目的背景、投资的必要性和经济意义、项目的范围及研究结果、主要技术经济指标、结论、存在问题和建议。

（2）需求预测：本部分需要对拟生产的产品国内外需求情况进行详细的调查与预测，如国内外现有生产能力、产量及销售情况；本厂建成投产后产品的销售预测、竞争能力及进入国际市场的前景。

（3）产品的生产方案及生产规模：本部分要详细论述产品的生产规模和装置组成及确定规模的理由；产品方案的选择和对比，包括产品、中间产品和副产品。

（4）工艺技术方案：本部分要详细论述国内外相关工艺技术，对现有工艺技术进行对比和选择，论述新技术的先进性和可靠性。如果要采用国外技术，要对引进技术的来源、特点及推荐理由进行论述，估算转让费，及相应的引进方式及消化吸收建议。说明所采用的生产工艺流程及主要设备的选择，如需引进国外技术应提出国内外设备分交方案。

（5）原材料、燃料及动力供应。

（6）建厂条件、厂址选择：本部分要对几个可供建厂的方案进行比较与论证，给出选定的理由，并对拟建厂址的自然、经济、社会、交通运输等条件进行概述。

（7）总图、储运、土建和公用工程、辅助设施。

（8）环境保护及安全、工业卫生：本部分要对项目产生的环境影响进行评价，对生产过程中产生的三废、粉尘、放射性废物排放情况进行论述，并给出相应的治理措施。

（9）工厂组织、劳动定员和人员培训。

（10）项目实施规划：本部分要详细论述项目建设周期的规划，各阶段实施进度及正式投产的时间，计算建筑安装工作量及编写施工组织计划、进度表等。

（11）投资估算和资金筹措：本部分要论述投资估算的原则、依据并估算建设的总投资；说明项目建设资金来源（包括人民币和外汇来源）、筹措方式、利率及计息方法、贷款偿还年限及偿还方式。

（12）经济效益评价及社会效益评价：本部分要估算产品成本，销售收入；编制财务计算报表，主要有财务现金流量表、利润表、财务平衡表、借款偿还平衡表；涉外项目还要有外汇流量表和资产负债表。按规定计算主要评价指标，静态指标有投资利润率、投资利税率、投资收益率、投资净产值率、投资回收期等；动态指标有财务内部收益率、财务净现值、财务外汇净现值、净现值率、投资回收期。本部分还要分析工厂建成后债务的清偿能力及盈亏平衡分析、敏感性分析、概率分析等；对产生的社会效益进行评价，如节能、环境、节汇创汇、合理利用资源和就业等。

（13）综合评价及结论：最后一部分对项目方案从技术和经济、宏观经济效益与微观经济效益得出结论，并给出主要方案的选择和推荐意见。

相对于项目建议书，可行性研究报告在以下几方面得到了加强：① 重新收集信息资料，尤其是要求重新做市场预测分析；② 做初步的工艺计算，对项目的投资、产品成本、经济效益尽可能详细估算；③ 加强不确定性和风险性的分析；④ 得出明确的结论与建议。

3. 编制设计任务书

可行性研究呈报给上级主管部门，经过论证会（评审会）通过后，上级主管部门将下达"关于 XX 项目可行性研究报告的批复"和"关于 XX 项目的设计计划任务书"。项目批复后便可根据《化工工厂初步设计文件内容深度规定》编写设计任务书，以作为设计项目的依据。设计任务书主要内容包括：

① 设计的目的和依据；

② 生产规模、产品方案、生产方法或工艺原则；

③ 矿产资源、水文地质、原材料、燃料、动力、供水、运输等协作条件；

④ 资源综合利用、环境保护、三废治理的要求；

⑤ 厂址与占地面积和城市规划的关系；

⑥ 防空、防震等的要求；

⑦ 建设工期与进度计划；

⑧ 投资控制数；

⑨ 劳动定员及组织管理制度；

⑩ 经济效益、资金来源、投资回收年限。

设计任务书报批时，还应附上可行性研究报告，征地和外部协作条件意向书，厂区总平面布置图和资金来源及筹措情况。

4. 初步设计

编制完成设计任务书后，设计单位项目部组织各专业完成项目的初步设计，工艺专业总负责。初步设计的任务是根据设计任务书，对设计对象进行全面的研究，寻求在技术上可能、经济上合理的最佳方案，目的是提供给建设单位和主管部门进行审查。

初步设计的主要工作内容是确定全厂性的设计原则、标准和方案及水、电、汽供应方式和用量，关键设备的选型及产品成本、项目投资等重大技术经济问题。

初步设计（总体设计）是设计深度最浅的设计阶段，一般要求确定项目的总投资、总平面、总流程、总进度和总定员。出 PID 图，进行物料及热量计算，对土建、公用工程提出要求，对工厂布置（总图）和车间布置提出要求、建议；进行工程预算和编写初步设计说明书。编制初步设计说明书，其内容和深度能使对方了解设计方案、投资和基本出处。如果是大型项目还要进行扩大初步设计。

5. （扩大）初步设计

根据已批准的初步设计，解决初步设计中的主要技术问题，使之明确、细化。编制准确度能满足控制投资或报价使用的工程概算。（扩大）初步设计的工作程序和内容如图 11-7 所示，左边方框图为工作程序，右边方框图的内容为设计内容。

在初步设计的基础上，针对工程的关键技术（主要指关键设备、关键工艺）工段，补充以下文件：

① 关键设备设计图纸；

② 关键设备的布置图；

③ 关键工艺工段操作说明；

④ 扩大初步设计说明书。

对于有设备创新、工艺技术创新的化工工程，扩大初步设计阶段是十分必要的。但总体而言，扩大初步设计只是初步设计到施工图设计的一个过渡阶段，它还不能指导施工建设。

6. 施工图设计（详细设计）

根据已批准的扩大初步设计，结合建厂地区条件，在满足安全、进度及控制投资等前提下，设计单位项目计划部组织各专业完成施工图设计，一般由工艺和配管专业总负责，开展施工图设计。施工图设计的目的是提供施工用的施工图纸及说明、工程预算书。

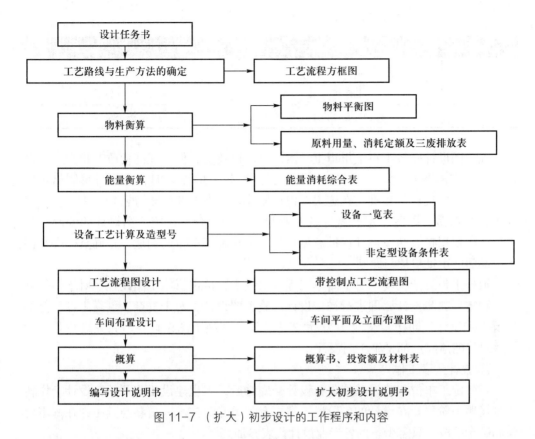

图 11-7 （扩大）初步设计的工作程序和内容

施工图设计的任务是根据扩大初步设计审批意见，解决扩大初步设计阶段待定的各项问题，并以它作为施工单位编制施工组织设计、编制施工预算和进行施工的依据。

施工图设计的内容是在扩大初步设计的基础上，根据行业标准 HG/T 20519—2009《化工工艺设计施工图内容和深度统一规定》，完善流程图设计和车间布置设计，进而完成管道配置设计和设备、管路的保温及防腐设计。其中工艺专业方面的主要内容包括：工艺图纸目录、工艺流程图、设备布置图、设备一览表、非定型设备制造图、设备安装图、管道布置图、管架管件图、设备管口方位图、设备和管路保温及防腐设计等；非工艺专业方面有土建施工图、供水、供电、给排水、自控仪表线路安装图等，如表 11-2 所示。

表 11-2 施工图设计的内容

序号	工业专业施工图设计	非工艺专业施工图设计
1	PID 最终版	土建施工图
2	UID 图	供水、供电、给排水
3	所有设备的施工图	各部分施工说明
4	平立面布置图	安装材料表
5	配管图（配管设计图）	自控仪表线路安装

续表

序号	工业专业施工图设计	非工艺专业施工图设计
6	施工材料明细表	综合材料汇总表
7	工程预算书	施工图预算表
8	施工图设计说明书等	全厂设备一览表等

施工图设计一般不再上报审批，由设计单位负责，但不能随便改变扩大初步设计。如确实需要有改动，且与扩大初步设计有较大的变动时，应另行编制修正概算，上报原审批单位核准。在施工图设计阶段，各专业联系十分密切，内容多、设计条件往返多，因此一定要做好各专业间的协同配合。在施工图设计的编制过程中，还应根据扩大初步设计审批意见加强与基建施工单位的沟通，正确贯彻和掌握上级部门的审批精神与原则。

根据工程复杂程度，对于简单工程可以一步直接进行施工图设计，对于中等复杂工程需要二步设计，即进行初步设计和施工图设计，对于复杂、创新工程，需要进行三步设计，即初步设计、（扩大）初步设计和施工图设计。但无论进行几步设计，最终的落脚点都是施工图设计。

7. 设计代表工作

在向施工单位和建设单位进行设计交底之后，工程建设正式开始，设计工作转入现场服务阶段。在设计的各阶段，需要有各类专业技术人员参与其中，在基本建设和试车阶段，只需少量的各专业设计代表参加。

设计代表的任务是参加基本建设的现场施工和安装（必要时修正设计），装置建成后参加试车运转工作，使装置达到设计所规定的各项指标要求。

现场服务一般抽调相关专业设计人员组成现场小分队，并由设计单位委任一名设计代表，负责组织处理现场出现的相关问题，必要时向设计单位汇报请示处理方案。这一阶段最大的工作量是根据现场情况出修改通知单。

8. 试车、考核、验收

工程建成后，要进行吹扫试密、质检验收、投料试车等工作，直到操作正常，生产出合格产品（各项指标满足设计要求），交付建设单位使用，设计工作才告一段落。

9. 工程总计、设计回访

设计工作全面结束，且试车成功后，应做工程总结，积累经验，以利于设计质量的不断提高。为了设计工作的精益求精，设计回访也是一项有着重要意义的工作，设计人员可以向一线操作人员学习很多有价值的知识。

11.4 化工车间的工艺设计

化工厂通常由化工生产车间、辅助生产装置、公用工程及罐区、服务性工程、生活福利设施、三废处理设施和厂外工程等构成。化工车间（装置）设计是化工厂设计的核心部分、是最基本的内容，而车间（装置）设计的主体是工艺设计。上一节我们介绍了化工厂设计、建设的工作程序，着重介绍了化工厂的设计工作程序，这一小节，我们将缩小范围，重点介绍化工车间（或化工装置）的设计程序及内容，并以煤化工的龙头——煤气化为例介绍如何通过计算确定化工装置的处理量和选择化工装置的类型。

11.4.1 设计程序

1. 设计准备工作

熟悉设计任务书。全面正确深入领会设计提出什么要求，提供了什么情况，必须熟记、贯彻实施。

制订设计工作计划。了解化工设计以及工艺设计包括哪些内容，其方法步骤如何，参照设计进度订出个人工作计划。

查阅文献资料。主要查阅与工艺路线、工艺流程和重点设备有关的文献资料，应对资料数据加工处理，对文献资料数据的适用范围和精确程度应有足够的估计。

收集第一手资料。深入生产与试验现场调查研究，广泛地收集齐全可靠的原始数据并进行整理，这对整个设计来说是一项很重要的基础工作。

2. 方案设计

方案设计的任务是确定生产方法和生产流程，是整个工艺设计的基础。要求运用所掌握的各种信息，根据有关的基本理论进行不同生产方法和生产流程的对比分析。通过定量的技术经济比较，着重评价总投资和成本，选择一条技术先进，经济合理，安全可靠，三废处理妥当，而且又因地制宜可以实施的工艺路线。

方案设计阶段的工作可以培养分析、归纳总结和理论联系实际的能力。工作历程长，从规划轮廓到完善定型涉及面广，需要做细致的分析、计算和比较工作。运用化工系统工程学理论和方法进行生产流程的最优化设计，是一种效果显著的好方法（研究开发阶段），先凭设计者的经验，拟定几种流程方案，再用最优化设计的方法进行计算（计算工作量非常大）和评选。

3. 化工计算

化工计算结果的准确与否关系到整个化工设计的成败，是化工设计的核心。化工计算包括工艺设计中的物料衡算、能量衡算、设备选型与计算三个内容，在这三项计算的基础上绘制物料流程图、主要设备图和带控制点工艺流程图。

经验表明，在化工计算阶段用到大量的基本理论、基本概念和基本技能（数据处理、计算技能、绘图能力等）。它是理论联系实际，学会发现问题、分析问题和解决问题，进一步锻炼独立思考和独立工作能力的主要阶段。搞好计算的必要条件是概念清楚、方法正确、数据齐全可靠（收集大量实际生产数据是保证计算质量的关键），并且必须按一定步骤进行。强调按一定步骤进行的主要原因是避免出错，当计算过程比较复杂时尤为重要。

4. 车间布置设计

车间布置设计的任务是确定整个工艺流程中的全部设备在平面上和空间中的正确具体位置，相应地确定厂房或框架的结构型式。车间布置设计应根据 HG 20546.2—1992《化工装置设备布置设计规定》和 SHT 3032—2002《石油化工企业总体布置设计规范》的有关规定，满足施工、操作和检修的要求。当化工计算结束绘出工艺流程图之后就可以进行车间布置设计，完成之后要绘制平面与立面的车间布置图。这是工艺人员的主要设计任务之一，它也是决定车间面貌的又一个重要设计项目。车间布置对生产的正常进行和经济指标都有重要影响，同时为土建、电气、自控、给排水、外管等专业开展设计提供重要依据。

5. 配管工程设计

配管工程设计的任务是确定生产流程中全部管线、阀门及各种管架的位置、规格尺寸和材料，综合权衡建设投资和操作费用以满足工艺生产的要求。配管工程设计是化工设计最重要的内容之一，应根据 HG/T 20549—1998《化工装置管道布置设计规定》和《石油化工管道布置设计通则》，注意节约管材，便于操作、检查和安装检修，而且做到整齐美观。这项设计任务是在工艺流程设计与车间布置设计都完成的基础上进行的。

6. 提供设计条件

工艺专业设计人员应根据该项目设计全局性的总体要求，向非工艺专业设计人员提供设计条件。设计条件的内容包括：总图、土建、外管、非定型设备、自控、电气、电讯、电加热、采暖通风、空调、给排水和工业炉等。设计条件是各专业进行具体设计工作的依据，因此提好设计条件是确保设计质量的重要一环。为了正确贯彻执行各项方针政策和已定的设计方案，保证设计质量，工艺专业设计人员应认真负责地编制各专业的设计条件，并确保其完整性和正确性。

7. 编制概算书及编制设计文件

概算书是在初步设计阶段编制的车间投资的大概计算，作为银行对基本建设单位贷款的依据。工程概算书应根据中石化［2000］建字 476 号《石油化工工程建设设计概算编制办法》（修订版）进行编制，概算主要提供车间建筑、设备及安装工程费用。经济是否合理是衡量一项工程设计质量的重要标志。编制概算可以帮助判断和促进设计的经济合理性。当完成初步设计和施工图设计后都要编制成设计文件，这不仅是设计成果的汇总也是进行下一步工作的依据，内容包括设计说明书、附图（流程图、布置图和设备图等）和附表（设备一览表、材料汇总表等）。

11.4.2　化工计算举例

煤气化技术是发展煤基化学品、煤基液体燃料、煤制天然气、IGCC 整体煤气化联合循环发电、煤制氢等煤化工产业的龙头技术和关键技术。未来的煤炭高效清洁转化利用将以大型、先进的煤气化技术为核心，以电、化、热等多联产为方向进行技术集成，这对煤气化技术在技术稳定性、环境保护、能源消耗、装备制造、流程优化等方面提出了更高的要求，因此，对煤气化装置的设计、制造、安装也提出了更高的要求。本小节以现代煤化工广泛应用的德士古水煤浆气化炉为例简要介绍煤气化装置的化工设计计算。

对水煤浆煤气化炉进行纯理论计算、设计在目前的技术条件下还是不可能实现的。当前条件下，对水煤浆气化炉的计算、设计是在试烧实验数据的支持下，结合工程师的经验，经过计算得到可以满足设计要求的数据。

下面以年产 50 万吨甲醇工厂为例，介绍水煤浆气化炉基本工艺设计及计算过程，最终确定水煤浆气化炉的生产能力和选型、配置。表 11-3 给出了原料煤的基础分析数据，表 11-4 给出了气化炉操作条件和试烧实验结果及粗煤气的组分及含量。

表 11-3　原料煤的分析数据

元素分析 /%，daf	C		H		O		N		S
	80.88		4.82		12.77		1.11		0.42
工业分析 /%	M_{ad}		A_d		V_{daf}				
	9.19		5.13		36.08				
灰熔点 /℃	DT		ST		HT		FT		
	1147		1192		1202		1249		

表 11-4　气化炉操作条件和试烧实验结果

操作条件	操作温度		操作压力		氧气纯度（40℃）		水煤浆浓度（25℃）		
	1400℃		6.5 MPa		≥99.8%		65%		
煤气组分	H_2	CO	CO_2	N_2	CH_4	H_2S	COS	Ar	NH_3
含量 /%（体积分数）	36.08	39.28	23.43	0.31	0.10	0.66	0.01	0.12	0.01
试烧结果	气化炉碳转化率		激冷捕渣率		渣中含碳量		粗煤气带出飞灰含碳量		
	99%		60%		2%		20%		

1. 基本计算

计算过程以 100 kg 干燥无灰基煤为基准。根据经验公式，可以估算出原煤的热值。

原料煤的热值：
$$Q_{net,daf} = 80 \times C_{daf} + 300 \times H_{daf} + 10 \times N_{daf} + 40 \times S_{daf} - (O_{daf})^2 - 1/2 V_{daf}$$
$$= 80 \times 80.88 + 300 \times 4.82 + 10 \times 1.11 + 40 \times 0.42 - 12.77^2$$
$$- 0.5 \times 36.08$$
$$= 7763.19 (kcal/kg)$$
$$= 32504.5 (kJ/kg)$$

空气干燥基的灰含量为：$A_{ad} = A_d \times (100 - M_{ad})/100 = 5.13 \times (100 - 9.19)/100 = 4.66$

空气干燥基投煤量 X：$X \times (100 - 9.19 - 4.66)/100 =$ 干燥无灰基投煤量

则 X = 干燥无灰基投煤量 × 100/(100-9.19-4.66)

              = 100 × 100/(100-9.19-4.66)

              = 116.1(kg)

投煤中的水量：116.1 × 9.19/100 = 10.67(kg)

投煤中的灰含量：116.1 × 4.66/100 = 5.541(kg)

此处根据经验及试烧结果，及工程师的经验，设定 100 kg 干燥无灰基煤，气化炉排渣量为 3.31 kg，粗煤气带出飞灰量为 2.705 kg。

2. 气化过程物料衡算

以 100 kg 干燥无灰基煤为基准进行计算，设气化过程产干粗煤气 V m³。

（1）碳平衡

入气化炉总碳：$C_入$ = 100 × 80.88% = 80.88 (kg)

出气化炉碳 $C_出$ 包括：

粗煤气含碳：C_{CO} = 12 × 0.3928V/22.4 = 0.210V (kg)

             C_{CO_2} = 12 × 0.2343V/22.4 = 0.126V (kg)

             C_{CH_4} = 12 × 0.001V/22.4 = 5.4 × 10⁻⁴V (kg)

             C_{COS} = 12 × 0.0001V/22.4 = 5.4 × 10⁻⁵V (kg)

粗煤气飞灰带出碳：2.705 × 20% = 0.541 (kg)

渣中残碳：3.31 × 2% = 0.066 (kg)

根据碳平衡，则 $C_出 = C_入$

0.210Vkg + 0.126Vkg + 5.4 × 10⁻⁴Vkg + 5.4 × 10⁻⁵Vkg + 0.541 kg + 0.066 kg = 80.88 kg

0.337V + 0.607 = 80.88

求得干粗煤气产气量为 V = 238.2 m³

（2）氢平衡

入气化炉氢 $H_入$ 包括：

煤中含氢：100 × 4.82% = 4.82 (kg)

煤中水含氢：116.1 × 9.19% × 2/18 = 1.19 (kg)

煤浆中水含氢：62.52 × 2/18 = 6.95 (kg)

出气化炉氢 $H_出$ 包括：

粗煤气含氢：H_{H_2} = 2 × 0.3608V/22.4 = 7.673 (kg)

             H_{CH_4} = 4 × 0.001V/22.4 = 0.043 (kg)

             H_{NH_3} = 3 × 0.0001V/22.4 = 0.003 (kg)

             H_{H_2S} = 2 × 0.0066V/22.4 = 0.140 (kg)

蒸汽含氢：设气化 100 kg 干燥无灰基煤产生蒸汽为 Wkg，则蒸汽中含氢量为

W × 2/18 = 0.111W (kg)

根据氢平衡：$H_出 = H_入$

0.111W + 7.859 = 12.96

算出气化过程产生蒸汽量为 W = 45.95 (kg)

（3）氧平衡

入气化炉氧 $O_入$ 包括：

煤中含氧：$100 \times 12.77\% = 12.77(\text{kg})$

煤中水含氧：$116.1 \times 9.19\% \times 16/18 = 9.484(\text{kg})$

煤浆中水含氧：$62.52 \times 16/18 = 55.573(\text{kg})$

外供氧：设气化 100 kg 干燥无灰基煤需外供氧气 $X \text{m}^3$，则外供氧的量为

$X \times 32/22.4 = 1.429X(\text{kg})$

出气化炉氧 $O_出$ 包括：

粗煤气含氧：$O_{CO} = 16 \times 0.3928V/22.4 = 66.83(\text{kg})$

$O_{CO_2} = 2 \times 0.2343V/22.4 = 79.73(\text{kg})$

$O_{cos} = 16 \times 0.0001V/22.4 = 0.017(\text{kg})$

蒸汽含氧量为 $45.95 \times 16/18 = 40.84(\text{kg})$

根据氧平衡：$O_入 = O_出$

$77.82 + 1.429X = 187.42$

算出需要外供氧量为 $X = 76.70 \text{ m}^3$

3. 气化过程热量衡算

设气化 100 kg 干燥无灰基煤，以 0℃ 为基准进行过程计算。

（1）输入气化炉热量 $Q_入$

由前面估算可知煤的热值：$Q_{daf} = 32504.5 \text{ (kJ/kg)}$

则煤带入热量：$Q_1 = 100 \times 32504.5 = 3250450(\text{kJ})$

设煤为常温物料 25℃，干燥无灰基煤的比定压热容取 $C_{p煤} = 0.265 \text{ kcal/(kg·℃)}$，煤中灰的比定压热容取 $C_{p灰} = 0.23 \text{ kcal/(kg·℃)}$，煤中水的比定压热容取 $C_{p水} = 1\text{kcal/(kg·℃)}$，由此可得

干燥无灰基煤的显热：$Q_2 = 100 \times C_{p煤} \times t = 100 \times 0.265 \times 25 = 662.5(\text{kcal}) = 2773.8 \text{ (kJ)}$；

煤中灰的显热：$Q_3 = 100 \times C_{p灰} \times t = 5.41 \times 0.23 \times 25 = 31.11 \text{ (kcal)} = 130.2 \text{ (kJ)}$；

煤中水的显热：$Q_4 = 10.67 \times C_{p水} \times t = 10.67 \times 1 \times 25 = 266.8 \text{ (kcal)} = 1116.8 \text{ (kJ)}$；

水煤浆中水的显热：$Q_5 = 62.52 \times C_{p水} \times t = 62.52 \times 1 \times 25 = 1563 \text{ (kcal)} = 6542.7 \text{ (kJ)}$。

外供氧气的显热：40℃ 时取氧气的平均比定压热容为 $C_{p氧气} = 0.315 \text{ kcal/(Nm}^3\text{·℃)}$

$Q_6 = 76.70 \times C_{p氧气} \times t = 76.70 \times 0.315 \times 40 = 966.4 \text{ (kcal)} = 4045.4 \text{ (kJ)}$

（2）输出气化炉热量 $Q_出$

表 11-5 给出了粗煤气中主要组分的平均比定压热容（0～1400℃），表 11-6 给出了粗煤气中主要组分热值。

表 11-5　粗煤气中主要组分的平均比定压热容　　　（单位：kcal/(m³·℃)）

组分	CO	CO₂	H₂	CH₄	H₂S	N₂
数值	0.347	0.554	0.324	0.725	0.433	0.343

表 11-6 粗煤气中主要组分热值 （单位：kcal/m³)

组分	CO	H₂	H₂S	CH₄
数值	3034	3052	6100	9527

根据表 11-5 所给数据可算出，粗煤气带出显热：

$Q_7 = (0.3928V \times 0.347 + 0.3608V \times 0.324 + 0.2343V \times 0.554 + 0.001V \times 0.725 +$
$\qquad 0.0066V \times 0.433 + 0.0031V \times 0.343) \times 1400$
$\qquad = 129290.2 \ (kcal) = 541208.8 \ (kJ)$

根据表 11-6 所给出数据可算出，粗煤气所携带热量：

$Q_8 = 0.3928V \times 3034 + 0.3608V \times 3052 + 0.0066V \times 6100 + 0.001V \times 9527$
$\qquad = 558032.04 \ (kcal) = 2335922.1 \ (kJ)$

蒸汽的显热：蒸汽比热容取 2.26 kJ/(kg·℃)

$Q_9 = 45.95 \times 2.26 \times 1400 = 145385.8 \ (kJ)$

蒸汽的潜热：查表得 1atm，0℃下，蒸汽的比热容为 $C_p = 597.3$ kcal/(kg·℃)，
则 $Q_{10} = 45.95 \times 597.3 = 2745.9 \ (kal) = 114888.5 \ (kJ)$

灰渣带出显热，取 $C_{p渣} = 0.262$ kcal/(kg·℃)

$Q_{11} = 5.41 \times C_{p渣} \times t = 5.41 \times 0.262 \times 1400 = 1984.4 \ (kcal) = 8306.7 \ (kJ)$

灰渣和飞灰中碳的热量：取 $C_{p碳1400} = 0.404$ kcal/(kg·℃)，灰中碳的热值取
$Q_{r碳} = 8525$ kcal/kg

则灰渣中碳的热量

$Q_{12} = 3.31 \times 2\% \times 0.404 \times 1400 + 3.31 \times 2\% \times 8525$
$\qquad = 37.44 + 564.36 = 601.8 \ (kcal) = 2519.1 \ (kJ)$

飞灰中碳的热量：$Q_{13} = 2.705 \times 20\% \times 0.404 \times 1400 + 2.705 \times 20\% \times 8525$
$\qquad = 306.0 + 4612.0 = 4918.0(kcal) = 20586.7(kJ)$

因气化过程总热量平衡 $Q_入 = Q_出$

$Q_入 = Q_1 + Q_2 + Q_3 + Q_4 + Q_5 + Q_6$
$\qquad = 3250450 + 2773.8 + 130.2 + 1116.8 + 6542.7 + 4045.4$
$\qquad = 3265058.9(kJ)$

$Q_出 = Q_7 + Q_8 + Q_9 + Q_{10} + Q_{11} + Q_{12} + Q_{13} + Q_损$
$\qquad = 541208.8 + 2335922.1 + 145385.8 + 114888.5 + 8306.7 + 2519.1 + 20586.7 + Q_损$
$\qquad = 3168817.7 \ kJ + Q_损$

$Q_损 = Q_入 - Q_出 = 3265058.9 - 3168817.7 = 96241.2(kJ)$

$\eta = Q_损 / Q_1 \times 100\% = 96241.2 / 3250450 \times 100\% = 2.96\%$

热量损失为煤的发热量的 2.96%

4. 气化过程主要物料消耗

（1）每生产 1000 m³ 粗煤气（干基）的消耗

因为 100 kg 干燥无灰基煤产 238.2 m³ 的粗煤气，所以每生产 1000 m³ 粗煤气
（干基）消耗干燥无灰基煤：1000/238.2 × 100 = 419.82 (kg)

因为 100 kg 干燥无灰基煤对应原煤 116.1 kg，所以每生产 1000 m³ 粗煤气（干基）消耗原煤：$419.82 \times 116.1/100 = 487.41$(kg)

因为对 65% 的水煤浆浓度，100 kg 干燥无灰基煤需要加水 62.52 kg，所以每生产 1000 m³ 粗煤气（干基）消耗水：$419.82/100 \times 62.52 = 262.47$(kg)

因为 100 kg 干燥无灰基煤对应氧耗量为 76.70 m³，所以每生产 1000 m³ 粗煤气（干基）消耗氧气：$419.82/100 \times 76.70 = 322.0$ (m³)

（2）每生产 1000 m³(CO+H₂) 合成气的消耗

因为粗煤气中 CO 和 H₂ 的含量分别为 36.08% 和 39.28%，所以合成气 (CO+H₂) 的总含量为 75.36%。

依同样的原理可以计算可得，每生产 1000 m³(CO+H₂) 合成气的消耗：

消耗原煤：$487.41/0.7536 = 646.78$(kg)

消耗水：$262.47/0.7536 = 348.29$(kg)

消耗氧气：$322.0/0.7536 = 427.28$(m³)

5. 煤气化合成气制甲醇物料消耗计算

根据生产经验，每生产 1 t 甲醇消耗合成气 (CO+H₂) 约 2400 m³，按每年正常生产 300 天，则一个年产 50 万吨的甲醇厂，原料消耗计算如下：

一天消耗合成气 (CO+H₂)：$500000/300 \times 2400 = 4 \times 10^6$ (m³)

由上面计算可知，每生产 1000 m³ 合成气，消耗原煤 646.78 kg，则 4×10^6 m³ 合成气需要消耗原煤：$4 \times 10^6/1000 \times 646.78 = 2587120$ (kg)

同理计算得到

消耗水：$4 \times 10^6/1000 \times 348.29 = 1393160$ (kg)

消耗氧气：$4 \times 10^6/1000 \times 427.28 = 1709120$ (m³)

通过上述计算，甲醇厂每天消耗原煤约为 2587.12 t，所以可以配置单台最大投煤量为 1500 t/ 天的水煤浆气化炉 2 台即可满足日常生产需求，但依据化工设计原则必须配置有一台备用气化炉，所以经初步计算，此甲醇厂需要配置 3 台投煤量为 1500 t/ 天的气化炉 3 台，2 台用于正常生产，1 台用于备用。经过调研，采用 ϕ3200 的德士古水煤浆气化炉可满足要求。同理可以计算出，此甲醇厂需要配置 3 套 40000 m³/h 空分装置，同理采用 2 开 1 备。

化工设计的核心是工艺设计，工艺设计的核心是化工计算，好的化工设计不仅可以节约投资，提高生产效率，还能体现整个化工技术的先进性，因此准确合理的化工计算是整个化工设计成功的关键。

任何工业的发展都离不开设计，工程设计能力体现了一个国家工业体系的整体水平。我国是一个化工生产大国，但还不是化工生产强国，其中主要的原因是我国化工设计水平还与发达国家有一定差距。在化工设计领域，我国是后来者，因此我们有"后发优势"，需要化工设计人员付出更多的精力，学习世界先进化工设计理念，消化吸收世界先进技术，并能在此基础上有所创新，为我国化工设计所用。

━━ **思考题** ┈┈┈┈┈┈┈┈┈┈┈┈┈┈┈┈┈┈┈┈┈┈┈┈┈┈

1. 请写出 PID、PFD、UID 和 UFD 图的中英文全称。
2. 什么是化工过程设计及过程设计的主要目标?
3. 简述化工设计的分类标准及其相应分类。
4. 简述中试设计的内容及其在新技术、新工艺开发过程中的重要性。
5. 简述化工厂设计、建设的工作程序和内容。
6. 简述常规化工设计步骤。
7. 简述化工厂设计的工作程序。
8. 简述化工计算在化工设计过程中的重要性及其主要计算内容。

参考目录